硫化镉基异质结光催化剂

Cadmium Sulfide-based Heterojunction Photocatalysts

陈雯雯 著

化学工业出版社
·北京·

内容简介

本书系统总结了作者在硫化镉基异质结光催化剂设计、构筑及其光催化性能调控方面的系列研究工作。全书围绕“能带结构调控与界面工程”这一核心主线，通过一系列精心设计的模型体系，深入探讨了不同异质结类型（Z型、p-n型）的构筑策略、界面电荷迁移机制及其与光催化活性和选择性方面的内在关联。

本书适合光催化领域的研究生和科研工作者参考。

图书在版编目（CIP）数据

硫化镉基异质结光催化剂 / 陈雯雯著. -- 北京 : 化学工业出版社，2025. 12. -- ISBN 978-7-122-49471-9

Ⅰ. O643.36

中国国家版本馆CIP数据核字第2025QP5507号

责任编辑：李晓红　　装帧设计：刘丽华
责任校对：宋　玮

出版发行：化学工业出版社
（北京市东城区青年湖南街13号　邮政编码100011）
印　　装：涿州市般润文化传播有限公司
710mm×1000mm　1/16　印张11¼　字数184千字
2025年12月北京第1版第1次印刷

购书咨询：010-64518888　　售后服务：010-64518899
网　　址：http://www.cip.com.cn
凡购买本书，如有缺损质量问题，本社销售中心负责调换。

定　　价：98.00元

前言

能源危机与环境污染是21世纪人类社会可持续发展面临的两大严峻挑战。在这一背景下，开发和利用清洁、可再生的太阳能，已成为全球科学研究与技术创新的焦点。光催化技术能够直接将太阳能转化为化学能，实现光解水制氢、二氧化碳还原以及环境污染物的高效降解，为从根本上解决能源与环境问题提供了极具潜力的战略途径。然而，光催化技术的规模化应用仍受制于光催化剂自身的关键科学问题，如光生电子-空穴对易于复合、太阳光利用效率有限以及氧化还原能力难以兼顾等。

为解决上述瓶颈制约，构建异质结光催化剂，特别是能够有效促进载流子分离且同时保持强氧化还原能力的Z型异质结体系，已成为该领域最具前景的研究方向之一。其中，硫化镉（CdS）因其适宜的带隙宽度（约2.4 eV）和良好的可见光响应能力，被视为一种优秀的可见光驱动光催化材料。但其自身也存在光腐蚀严重、载流子复合速率快等固有缺点。通过与其他半导体材料构筑异质结，不仅可以显著提升CdS的光稳定性和电荷分离效率，更能通过能带结构的精准设计，协同发挥不同组分的优势，创造出性能卓越的新型复合光催化体系。

本书系统总结了笔者在CdS基异质结光催化剂设计、构筑及其光催化性能调控方面的系列研究工作。全书围绕“能带结构调控与界面工程”这一核心主线，通过一系列精心设计的模型体系，深入探讨了不同异质结类型（Z型、p-n型）的构筑策略、界面电荷迁移机制及其与光催化活性和选择性的内在关联。本书的研究内容从晶面调控、能带匹配、界面内建电场到反应路径管理，层层递进，不仅展示了一系列高性能CdS基异质结光催化剂的设计与合成策略，更重要的是通过机理研究深刻阐明了“结构-性能”之间的内在关系，为未来理性设计和开发新型、高效、稳定的光催化系统提供了重要的理论依据和实践指导。

本书在撰写过程中广泛参阅并引用了国内外相关学术成果，同时也受益于多位专家同仁的倾力相助与真知灼见。谨此，向所有为本书作出贡献的学者们致以由衷的谢意。受专业领域和实验环境所限，加之笔者研究水平有限，本书难以做到全面系统，书中难免存在疏漏与不足之处，恳请各位专家与读者不吝指正。

陈雯雯

2025 年 11 月 10 日

目录

CHAPTER 1

第1章 导论

工业化与城市化进程的加速在提升人类生活品质的同时，也引发了化石能源过度消耗与生态环境恶化的双重危机[1-4]。据国际能源署统计，全球80%以上的碳排放源于传统能源利用，而化工污染物排放已造成30%的淡水体系生态失衡。在此形势下，建立清洁能源系统并推动绿色生产技术的创新与应用，已成为关乎人类永续发展的紧迫任务。

当前能源结构转型中，以太阳能、风能、地热能为代表的可再生能源展现出显著优势。其中太阳能以其独特的应用价值备受关注：其年辐射总量达 1.73×10^{17} W，相当于全球能耗的 10^4 倍，且具有零碳排放、分布广、可持续等特点。通过光热转换、光伏发电及光催化转化等技术路径，太阳能可有效转化为热能、电能及化学能。特别是光催化技术，通过半导体材料对太阳光谱的全波段捕获，能实现水分解制氢、CO_2 还原合成碳氢燃料等关键反应，为能源存储与化工生产提供了革命性解决方案[5-7]。

值得注意的是，尽管太阳辐照强度高达 1000 W/m^2，但地表实际可利用能量密度受大气衰减、昼夜交替等因素制约。这要求光催化系统需兼具宽光谱响应（300～2500 nm）与高量子效率特性。最新研究表明，通过构建 Z 型异质结、等离子体共振增强及缺陷工程等策略，可将光催化剂的光能转化效率提升至15%以上，为大规模工业化应用奠定了基础。未来开发兼具热力学适配性与动力学传输优势的新型光催化体系，将成为突破清洁能源技术瓶颈的重要方向。

1972 年，日本藤岛昭教授团队在实验中观察到，紫外光照射下的 TiO_2 电极能够催化水分解产生氢气和氧气，这一发现被视为多相光催化研究的重要里程碑[8]。此后，半导体光催化技术迅速发展，多种类型的催化剂，包括金属氧化物、硫化物及非金属基材料等被相继开发[9,10]。历经数十年研究，该技术已在多个领域展现出应用潜力，例如：通过降解有机污染物或去除重金属以修复污染环境[11]，将二氧化碳、氮气和水等资源分子转化为高附加值的燃料与化学品[12]，还可实现有机合成反应的高选择性与高转化率控制[13,14]，已成为一个广泛关注的研究方向。然而，光生电子-空穴对易复合、表面反应位点有限及光吸收范围较窄等问题，仍制约半导体光催化剂的效率，使其尚未达到大规模工业应用水平。因此，提升光催化材料的活性并拓宽太阳光谱利用范围，已成为该领域研究的重点课题。

1.1 半导体光催化简介

1.1.1 半导体光催化技术的发展史

半导体光催化技术作为太阳能转化的重要途径，可将光能转化为电能与化学能，为缓解能源短缺和环境污染提供了创新解决方案[15-17]。该技术的发展历程可追溯至1839年Becquerel发现光电现象[18]，但其理论机制直到1955年才由Brattain和Garrett通过光电效应阐释得以明确[19]。1972年，Fujishima与Honda利用金红石型TiO_2单晶电极在380 nm光照下实现水分解产氢[8]，标志着现代光催化研究的开端。

20世纪70年代中后期，该领域迎来关键突破：Carey等[20]和Bard团队[21]分别证实TiO_2在紫外光下可降解多氯联苯和氰化物，Schrauzer进一步优化金红石/锐钛矿（2∶1）混合晶相TiO_2提升产氢效率[22]。1978年，Bard将光电化学理论拓展至半导体粒子体系[23-26]，为后续催化剂开发奠定理论基础。随着WO_3、ZnO、CdS等新型半导体材料相继涌现[27-35]，研究重点逐步分化为环境修复与能源转化两大方向。前者聚焦污染物降解，后者致力于光解水制氢及CO_2还原，二者共同推动着材料设计、机理解析与性能优化等核心问题的突破。

当前，光催化体系已从单一组分发展为多元异质结结构，量子效率较初期提升两个数量级。研究证实，通过能带工程调控半导体界面特性，可显著增强载流子的分离效率，例如构建梯度能级结构可使电子迁移速率提高3～5倍。这些进展为光催化技术从实验室走向工业化应用提供了关键支撑。

1.1.2 半导体光催化的基本原理

光催化反应通常涉及以下五个基本步骤（图 1-1）：（i）光催化剂的光吸收过

程；（ⅱ）载流子的光激发；（ⅲ）光生电荷的分离、迁移与复合；（ⅳ）反应物吸附与产物脱附；（ⅴ）催化剂表面发生的氧化还原反应[8,36]。当半导体光催化剂被适当波长的光照射时，其价带（VB）中的电子受激跃迁至导带（CB），同时在价带中产生相应的空穴，所产生空穴-电子对（h^+-e^-）也称载流子，光生电子具有还原性而光生空穴具有氧化性，可以与底物分子发生氧化还原反应，因此光生载流子是光催化反应中本质的活性来源。随后，光生电子和空穴向催化剂表面迁移，并在迁移过程中发生复合，以发光或热量的形式释放能量。在步骤（ⅲ）中，复合可通过多种途径进行：最主要的机制是光生电子直接从导带跃迁回价带，发生跨带隙复合；此外，部分电子和空穴也可能被表面或近表面的缺陷态捕获，进而发生捕获态复合。值得注意的是，电荷复合过程的速率远高于迁移速率，导致仅有少量光生载流子能够成功扩散至催化剂表面参与反应。因此，抑制电荷复合成为提高光催化效率的关键。在步骤（ⅳ）和（ⅴ）中，迁移至表面的光生电子和空穴最终抵达活性位点，驱动氧化还原反应的进行。

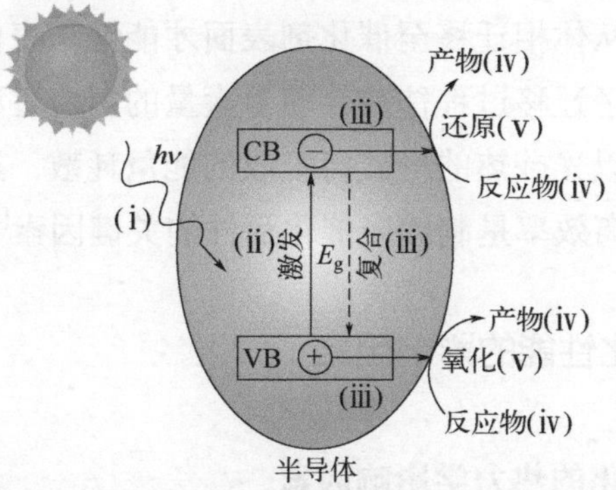

图 1-1 半导体上典型光催化过程的示意图[8]

实际应用中，影响半导体光催化剂催化活性的因素有很多，具体可分为以下三点：

① 光吸收能力。光吸收性能是光催化剂的关键特性之一。通常情况下，半导体带隙越窄，其对光的捕获范围越大，也越容易被光子激发而产生载流子[37]。然而，部分半导体（如 TiO_2）具有较宽的带隙（约 3.2 eV），导致其主要只能吸收紫外光。由于紫外光在太阳光谱中仅占约 5%，而可见光部分约占 48%，这类材料对太阳能的总体利用效率较低，因而在实际光催化应用中常表现出有限的活性。

② 氧化还原能力。当半导体光催化剂被适当波长的光照射时，产生具有氧化性的光生空穴和具有还原性的光生电子。这两种载流子的氧化还原能力强弱由半

导体的能带结构决定。具体表现为：导带的电位越负，电子的还原能力就越强；相应地，价带电位愈正，空穴所具有的氧化能力就愈强（图 1-2）[38]。

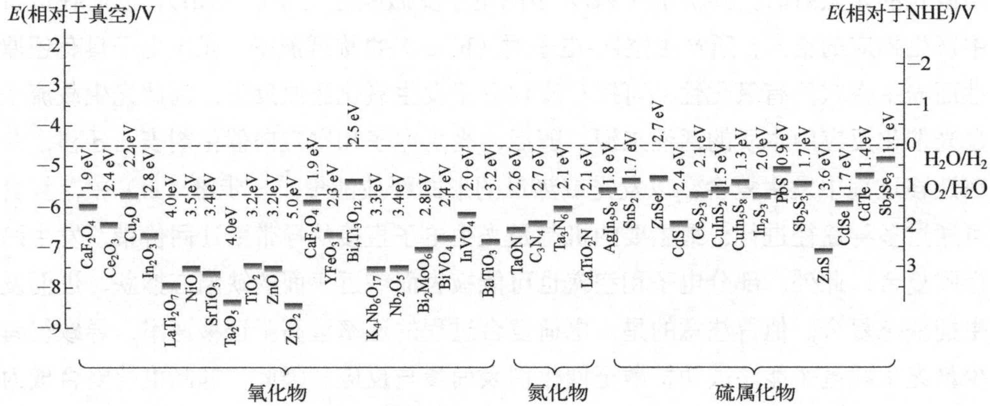

图 1-2　所选半导体的带隙和带边位置[38]

③ 光生载流子的分离效率。光催化反应过程是表面反应过程，半导体光照激发产生的载流子需要从体相迁移至催化剂表面才能够与表面吸附的底物发生氧化还原反应。然而载流子迁移过程往往伴随着大量的复合过程，使得处于激发态的载流子又回到基态并以光或热的形式将吸收的能量耗散，造成量子产率低下。因此，光生载流子的分离效率是制约光催化活性的关键因素[39]。

1.1.3　半导体光催化性能的影响因素

（1）半导体光催化的热力学影响因素

从热力学角度分析，半导体材料实现光激发的基本条件需满足入射光子能量达到或超过其带隙能值（E_g）。当满足该条件时，价带（VB）电子受激跃迁至导带（CB），形成具有库仑相互作用的电子-空穴对（激子）。其中部分高能激子可突破束缚实现空间分离，迁移至催化剂表面参与氧化还原反应，从而将太阳能转化为化学能。该过程的热力学可行性主要受三方面制约：带隙能决定光谱响应范围；导带底与价带顶的相对电位需满足目标反应的氧化还原电势要求；表面吸附物种的活化能垒同样影响反应驱动力[47]。

（2）半导体光催化的动力学影响因素

尽管适宜的能带结构是光催化反应的必要条件，但其活性水平还受多重动力学因素调控。光催化过程本质上包含四个串联的动力学步骤（图 1-3）[48]：光吸收（photon harvesting）、电子-空穴对解离（charge separation）、载流子输运（carrier transport）以及表面反应（surface redox）。因此光催化反应的整体量子效率（η_c）由以下四个分步效率共同决定，包括光捕获效率（η_{abs}）、电荷分离效率（η_{cs}）、电荷迁移与传输效率（η_{cmt}）以及电荷利用效率（η_{cu}）[49]。其相互关系可表述为以下公式：

$$\eta_c = \eta_{abs} \times \eta_{cs} \times \eta_{cmt} \times \eta_{cu}$$

由此可见，提升光催化性能需系统优化上述每个环节。此外，除这些内在过程外，半导体材料的表面状态、界面特性以及颗粒的尺寸与形貌等因素也对光催化效率具有重要影响[50]。上述分析表明，优化光催化体系需协同调控热力学匹配性与动力学传输效率。通过能带工程精确调控半导体电子结构，同时构筑多维传质通道加速载流子迁移，是突破当前光催化效率瓶颈的重要研究方向。

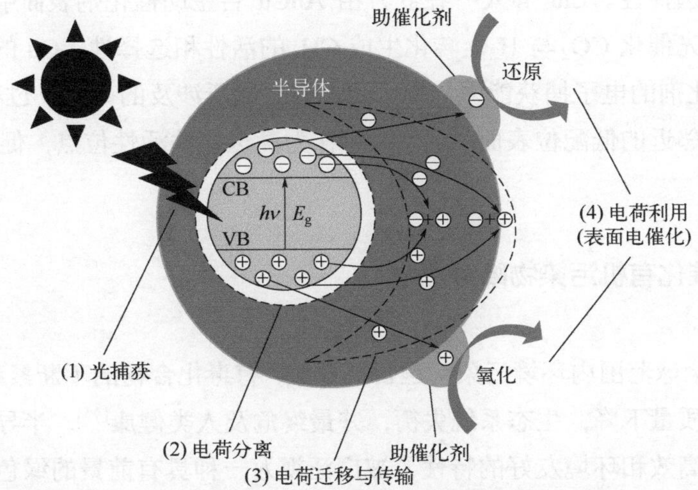

图 1-3 光催化的动力学过程[48]

1.2 半导体光催化技术的应用

1.2.1 光催化 CO_2 还原

在工业化快速推进的背景下，化石燃料的大量消耗导致大气中 CO_2 浓度显著上升，进而引发了一系列环境问题，如土地荒漠化、气候变暖等。因此，采用绿色的太阳光代替传统化石燃料以缓解 CO_2 排放引起的污染问题，已成为当前亟待解决的重要课题。半导体光催化技术能够将 CO_2 转化为甲烷（CH_4）、甲醇（CH_3OH）和乙醇（C_2H_5OH）等小分子燃料，兼具环境保护与能源再生双重价值[12]。然而，该技术在实际应用中仍面临选择性不足的挑战。由于 CO_2 还原为目标产物所需克服的能垒与析氢反应相近，副反应难以避免，导致在水相体系中产物选择性较低。此外，不同 CO_2 还原产物的还原电位较为接近，易造成多种产物共存，增加了分离与利用的难度[40]。因此，提高反应选择性成为光催化 CO_2 还原研究的核心问题。为解决该问题，研究者通过材料结构设计以提高目标产物选择性。Pan 等人[41]合成富含氧空位并负载铂纳米颗粒的氧化镓（Pt/Ga_2O_3）光催化剂，CO_2 分子主要吸附于催化剂的氧空位位点。与此同时，Pt 纳米颗粒促进了水分解反应，并利用产生的氢原子对已吸附的 CO_2 分子迅速氢化。这一协同过程使反应实现了接近 100% 的一氧化碳选择性。Liu 等人[42]在立方相 AuCu 合金助催化剂表面引入铜空位，可显著提升光催化 CO_2 与 H_2O 转化生成 CH_4 的活性和选择性。Cu 的移除增强了 AuCu 助催化剂的电子捕获能力，这对于 CH_4 生成所涉及的 8 电子过程至关重要；同时，空位邻近的低配位表面 Cu 位点可作为高选择性活性位点，促进 CO_2 还原生成 CH_4。

1.2.2 光催化有机污染物降解

当前，全球范围内环境污染问题日益严峻，有毒化合物的不断累积造成水体、大气及土壤质量下降，生态系统失衡，并最终危及人类健康[43]。半导体光催化降解技术因其高效和环境友好的特性，被广泛视为一种具有前景的绿色治理手段。在光照条件下，光生电子和空穴能够与水或氧气反应，产生的活性氧物种可有效分解有机污染物分子；此外，光生载流子也可直接对污染物分子进行氧化或还原[44]。尽管光催化技术能够很好地降解有机污染物，却难以实现将其完全矿化为二氧化碳和水，反应中常伴随中间产物及副产物的生成，潜在地带来二次污染风险。因此，提升光催化过程中污染物的矿化效率已成为该领域的重要研究方向[45]。Zhang 等人[46]在不同 pH 条件下通过简单的水热法合成了富铋光催化剂 Bi_3O_4Br 及 BiOBr。随着 Bi/Br 原子比的增大，材料的导带最小值发生上移，且杂化作用显著增强。这一富铋策略有效增强了分子氧活化能力与内建电场强度，从而显著提升了其对盐酸四环素的光催化降解及矿化性能。Zheng 等人[47]制备了具有层状结构的富氧空位复合材料 g-C_3N_4/LDH-OVs，用于在可见光照射下高效光催化降解并矿化盐酸四环素。通过结构诱导策略在复合材料中构建氧空位，不仅提供了丰富的活性位点，还提高了光生载流子的分离效率，从而增强了盐酸四环素的降解与矿化性能。

1.2.3 光催化有机合成

有机合成广泛存在于医药、材料、生命等学科，与人们的日常生活密切相关。传统工业有机合成路线往往采取热催化途径，需要引入高温等苛刻条件。利用光子引发的光催化反应，不仅可以打破热力学平衡，在室温下推动吸能反应进行，还可以避免高温诱导的副反应发生[48]。同时光子的能量足以在较低的温度下克服化学键活化的反应能垒，或者产生高活性的自由基以实现高效有机合成。合理利用光能有望改变反应路径、减少副反应发生，解决热催化过程中遇到的困难对化工发展具有重要意义。发展光催化有机合成技术，有望推动化工业的生产革新，早日实现低耗能、高效率的可持续发展愿景[49]。

近年来，科研工作者致力于构建高效、高选择性的光催化有机合成体系。例如，Jia 等人[50]通过将低晶体 PdCu 纳米颗粒加载到大型超薄二维氮化碳（UTCN）纳米片上，开发了一种新的 PdCu/UTCN 杂化材料。UTCN 纳米片上负载低结晶度的 PdCu 纳米颗粒，可用于光催化 Suzuki 偶联反应。得益于 UTCN 的二维结构优势以及低结晶度 PdCu 纳米颗粒在电子结构和表面结构上的变化，PdCu/UTCN 在 Suzuki 偶联反应中表现出优异的光催化活性和高选择性。在碘苯与苯硼酸的偶联反应中，其转化频率（TOF）值达到 418.2 h^{-1}，分别是已报道的 Pd-g-C_3N_4 和钯基合金光催化剂在相同反应条件下的 8 倍和 6.2 倍。

Li 等人[51]利用铜修饰的二氧化钛在紫外光照下，对苄溴自身偶联生成联苄反应表现出卓越的表观量子效率。该催化剂中 Cu 物种对苄基自由基的吸附较弱，而对溴原子表现出适中吸附能力，这一特性有效促进 C—C 偶联而抑制加氢副产物（甲苯）的生成，因而在保持高反应转化率的同时，也具备优异的选择性和稳定性。

Sedat 等人[52]制备了 Pt 负载的 TiO_2 光催化剂，在光照下用于 3-吡啶甲醇选择性氧化为 3-吡啶甲醛和维生素 B_3 反应中。在 pH = 12 和紫外光照射下，该催化剂可以达到 50%的转化率及最高的维生素 B_3 选择性（75%），这是因为 Pt 的负载增加了催化剂表面的氧化活性位点，进而增强了其光催化活性。

Lima 等人[53]首次报道了一种含氟聚合物微毛细管系统，并将其应用于苯甲醛的光催化合成中。该系统采用了无金属热改性的氮化碳催化剂，与常规的光催化系统相比，该催化系统增强了苯甲醇光催化合成的转化率和选择性，为后续开发绿色高效的催化剂提供了参考。

Lv 等人[54]考察了一系列过渡金属作为助催化剂负载在 TiO_2 上的复合材料。在醇的光催化活化反应中（图 1-4），金属 Rh 的负载可以使醇在光照下脱氢生成醛，接着与苯胺快速缩合生成亚胺。而金属 Fe 的负载可以使活化的醇与苯胺直接脱水偶联生成仲胺。Fe/TiO_2 和 Rh/TiO_2 光催化剂在选择性、转化率、稳定性以及底物拓展上都表现出了优异的性能。

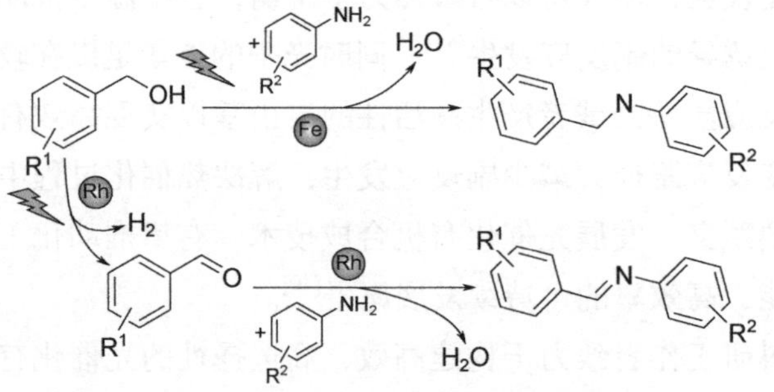

图 1-4　苯胺和芳香醇金属介导的光催化交叉偶联反应[54]

总之，光催化技术可以使有机合成反应在更温和的条件下进行，能够有效地解决有机合成反应中苛刻的反应条件、添加活化剂等要求。

1.2.4　光催化分解水制氢

随着全球经济和工业化的快速发展，人类对能源的需求日益增加，与此同时，人类活动和人口数量的增加进一步加剧了能源短缺和环境污染问题。而氢气因其高能量密度和清洁特性，被视为一种极具发展前景的二次能源，是替代传统化石燃料的重要选择[55]。太阳能作为地球上最丰富的可再生能源，已经引起了科研人员的广泛关注，并成功利用太阳能实现了光催化制氢技术的重大突破，为同步应对环境污染与能源短缺问题提供了新的有效途径。在过去的几十年里，半导体光催化剂因为其容易通过分子工程调整电子的特性被人们广泛研究[56]。

Zhang 等人[57]制备了 $Ag_2S/CdS/Cd_2SO_4(OH)_2$ 复合光催化剂在光催化制氢方面

展现出优异潜力。在光催化过程中，$Cd_2SO_4(OH)_2$ 会被原位还原为金属镉，作为优异的电子陷阱和产氢位点。这一结构促使光生电子和空穴分别定向迁移至金属 Cd 和 Ag_2S，从而实现氧化与还原反应位点在空间上的分离。正如所预期的，$Ag_2S/CdS/Cd_2SO_4(OH)_2$ 及其最终转化形成的 $Ag_2S/CdS/Cd$ 体系，在紫外、可见或近红外光照射下，均表现出优于多数 CdS 基光催化剂的光催化性能。

Yuan 等人[58]采用三维双连续纳米多孔结构还原氧化石墨烯（np-rGO）作为自支撑载体，通过负载 CdS 纳米颗粒，构建了一种高效光催化产氢体系。该三维纳米多孔异质结中的双连续韧带结构与开放孔道可促进入射光的多次反射与散射，从而显著增强材料的光捕获与利用效率。此外，能带交错排列的 p-n 异质结的构建有效促进了光生载流子的分离，CdS/np-rGO 异质结的光催化产氢速率为 2171.23 μmol/(g·h)，是 CdS 的 3.6 倍。

Ding 等人[59]制备了暴露高活性面的中空 CdS 纳米光催化剂，与普通的 CdS 相比，该光催化剂在可见光照射下表现出了优异的析氢性能。晶面的暴露以及中空结构的构建，促进了 CdS 光生电子和空穴的分离以及对光强的吸收。

1.2.5 光催化产过氧化氢

过氧化氢作为一种环保的氧化剂被广泛用于化工生产、消毒、废水处理、漂白等方面。生产过氧化氢的传统方式是蒽醌工艺，但是该工艺会消耗大量能源并产生二氧化碳，引发一系列环境问题[60]。近几年，光催化产过氧化氢以太阳能为能源，氧气和水为原料，为过氧化氢的生成提供了一条可持续、低碳的途径[61]。例如:

Liang 等人[62]通过共热聚合制备了 K 和 Bi 共掺杂的石墨氮化碳（$g\text{-}C_3N_4$），该复合材料保留了更负的导带位置，通过增强的电子吸收能力和降低的氧化还原反应能垒实现了更强的光催化性能（图 1-5）。此外，在合成过程中产生了多孔的层状结构，增强了氧吸附能力。在可见光照射 3 h 后，过氧化氢的产出效率能达到 1207.72 μmol/L。

Lin 等人[63]以中心氮空位的聚合氮化碳（PCN-NVC）为光催化剂进行光催化产过氧化氢，析氢速率为 25.1 μmol/h（λ＞420 nm），是初始 PCN 的 3.5 倍。通过光电化学测试发现，中心氮空位优化了电子-空穴的动力学过程：DFT 计算表明，PCN-NVC 显示出较低的 O_2 吸附能，能够加速 OOH^*的形成，同时降低过氧化氢的生成能垒，进而提高了光催化产过氧化氢的性能。

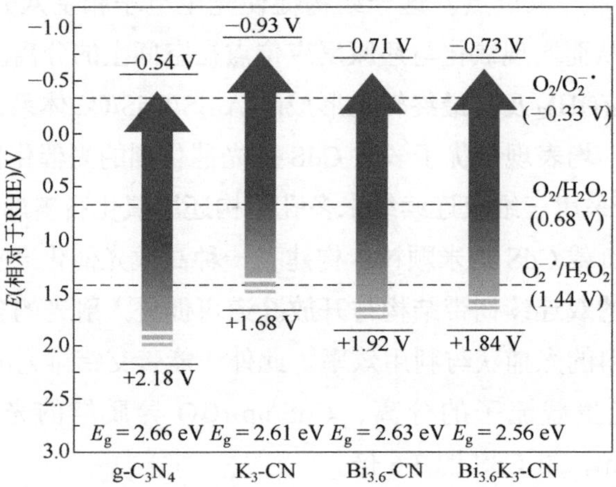

图 1-5 g-C_3N_4、K_3-CN、$Bi_{3.6}$-CN 和 $Bi_{3.6}K_3$-CN 的能带结构[62]

1.3 CdS 基光催化剂的简介及其改性策略

CdS 是一种常见的 n 型半导体，具有约 2.4 eV 的较窄带隙，可有效吸收波长不超过 520 nm 的可见光，并因其导带位置较负而表现出优异的还原性，因此在光催化制氢和污染物降解等领域具有广泛应用[64]。CdS 主要存在两种晶体结构：立方晶相（闪锌矿结构，呈四面体形态）和六方晶相（纤锌矿结构，呈六角锥形），在这两种结构中 Cd 与 S 原子均以四面体形式配位[65]（图 1-6）。其制备方法丰富多样，包括溶剂热法、水热法、化学沉积法、浸渍法和模板法等[66]。

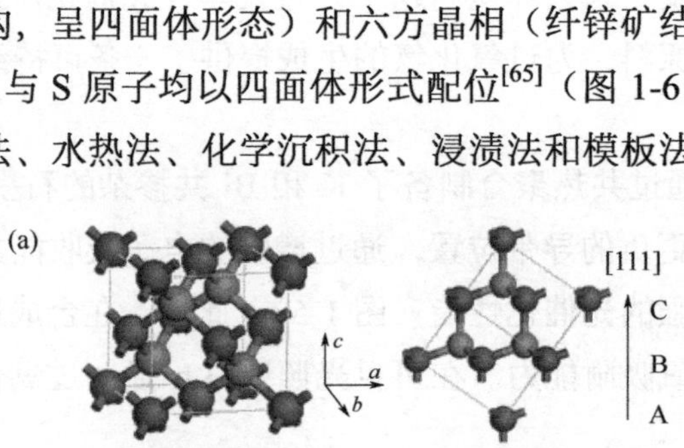

图 1-6 （a）立方晶相 CdS 和（b）六方晶相 CdS 的晶体结构示意图[34]

尽管 CdS 具备优异的光催化性能和良好的可见光响应，但受晶体结构、比表面积和粒径等多种参数的影响，以及低比表面积、表面活性位点有限、光腐蚀和光生载流子快速复合等问题的制约，限制了其在催化反应中的进一步应用[67,68]。因此，为了提升 CdS 的催化性能，我们需要对其进行改性处理。

1.3.1 形貌调控

结构决定性质，半导体材料的形貌作为一种表观结构，对其能带结构、电荷分离效率、电荷传输过程以及界面反应行为具有显著的影响[69]。对于 CdS 光催化剂，微观形貌的调控不仅能改变其比表面特征，还可调节其能带结构与电子性能，从而进一步优化光催化活性。Zhu 等人[70]以 CdS 为模板光催化剂，碳点（CDs）作为助催化剂，制备了纳米棒、纳米片和纳米球等多种形貌的 CDs/CdS 复合材料，在纯水与海水中均实现了高效产氢性能。碳点的存在不仅显著提升了电荷分离效率，更重要的是能有效抵抗海水中多种离子成分的干扰，使复合材料在 420 nm 光照下产氢速率达到 4.64 mmol /(g·h)，表观量子效率（AQE）为 11.8%（图 1-7）。

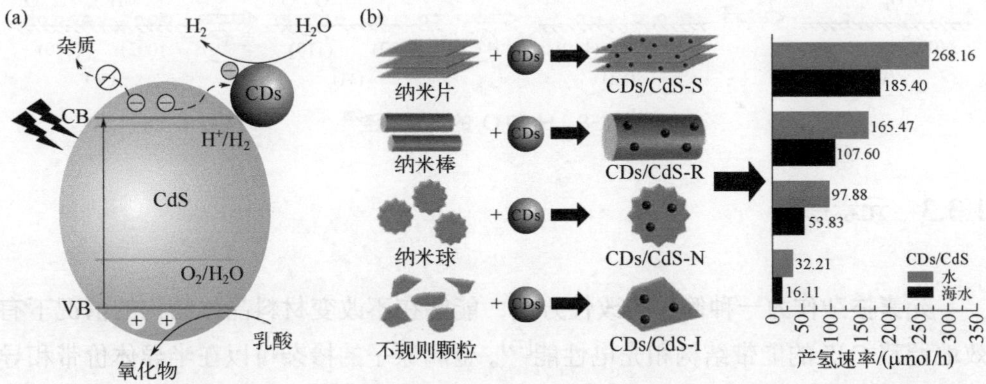

图 1-7 （a）海水中 CDs/CdS 复合材料的工作机制；（b）CDs/CdS 的形态和光催化活性比较[70]

1.3.2 晶面调控

晶面作为调控光催化剂表面反应活性的关键因素之一，长期以来备受关注。早期研究多聚焦于无机半导体材料中晶面的作用。因其原子排列方式各异，不同晶面表现出独特的电子结构（影响反应的热力学过程）与表面反应特性（关联反应物的吸附和键合行为)，因此通过精确调控晶面暴露可显著增强催化剂的光催化性能。同一晶体的不同晶面会使其光催化活性呈现明显差异，且同一晶体中不同晶面可进一步构筑异质结构，促进光生电子与空穴在空间上的有效分离[71]。Wang等人[72]通过构建具有高指数晶面与低指数晶面优化配置的局域CdS同质结，调控d带中心以实现对关键中间体（*-OH和*-O）的化学吸附与活化，从而成功实现了光催化水全分解产氢（图1-8）。密度泛函理论（DFT）计算和原位表征测试表明，由于(002)高指数晶面与(110)低指数晶面之间存在费米能级差异，二者分别成为光生电子与空穴的富集区域：前者促进*-OH的脱氢过程，后者加速*-O的偶联反应，从而协同作用，最终实现了2.20%的太阳能至氢能转化效率。

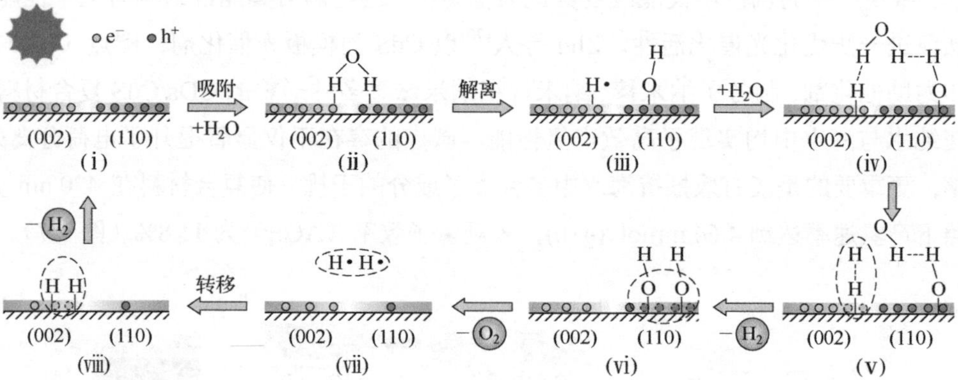

图1-8 H_2和O_2的生成路径[72]

1.3.3 元素掺杂

元素掺杂作为一种简单的改性方法，能够在不改变材料晶体结构的情况下有效地调整CdS的能带结构和光电性能[73]。金属原子的掺杂可以在半导体价带和导带之间形成与掺杂金属相关的过渡态，减小催化剂的带隙并增大其可见光吸收范围。同时，贵金属和过渡金属能够捕获光生电子，增强光生载流子的分离与迁移速率，进而实现光催化性能的提升[74]。同样的，非金属元素的掺杂可以通过引入局域态来改变半导体的电子结构，诱导半导体的表面结构重建，进而促进电荷的转移并增强光吸收能力，最终使光催化性能提升[75]。除此之外，表面元素掺杂所形成的位点还可调控材料的电子态，从而改变半导体表面发生的氧化、还原反应电位[76]。

Shi 等人[77]采用溶剂热法成功制备了具有不同硒掺杂浓度的硒掺杂硫化镉量子点（CdS QDs）。硒掺杂导致 CdS 费米能级上移，从而更有效地通过陷阱位点捕获光生电子，显著抑制电子-空穴对的复合，延长载流子寿命。同时，硒的引入还显著提高了 CdS 中的载流子浓度，有助于生成更多光生电子和空穴。得益于这两方面的作用，所获得的 $CdS_{0.9}Se_{0.1}$ 量子点在模拟太阳光（320～780 nm）照射且未使用任何助催化剂的条件下，表现出 29.12 mmol/(g·h)的光催化产氢速率，其产氢性能为相同条件下原始 CdS 量子点的 23.5 倍。

Wu 等人[78]将高度分散的镍原子引入 CdS 晶格并取代镉原子，成功制备出高性能的镍掺杂硫化镉（Ni-CdS）光催化剂。通过综合多种表征手段与理论计算分析发现，镍掺杂所诱导的局域晶体结构畸变与硫空位缺陷，共同促使偶极矩增大和自旋极化电场增强，从而有效推动了光生电子-空穴对的分离与迁移。研究还进一步揭示，强化后的内建电场引起电荷空间重排，导致硫的 p 带中心位置下移，有利于氢中间体（H^*）的脱附，进而显著提升析氢反应动力学性能，其析氢速率达到 20.28 mmol/(g·h)，是未掺杂 CdS 的 5.58 倍。

1.3.4 金属沉积

近年来，金属沉积被广泛应用于增强半导体光催化剂的催化活性。引进的贵金属不仅具有良好的导电性和电子捕获能力，还可以用作电子介质。在可见光区条件下电子集体激发的特性，称为表面等离子体共振（SPR）效应。该效应能够显著促进光生电子-空穴对的高效分离，从而大幅提升光催化性能[79]。

Zheng 等人[80]采用水热合成与光沉积法相结合的策略，成功制备了三元 Ni/(Au@CdS)核壳纳米结构。将等离子体金纳米球与可见光响应型 CdS 壳层进行有机结合，并进一步引入镍助催化剂进行修饰，所得到的复合结构显著促进了光生电子-空穴对的产生与分离，同时有效降低了析氢反应的过电势（图 1-9）。在厌氧条件下，Ni/(Au@CdS)光催化剂在苯甲醇选择性转化反应中表现出卓越的催化性能，其氢气与苯醛的生成速率分别达到 3882 μmol/(g·h)和 4242 μmol/(g·h)，在 420 nm 单色光照射下的表观量子效率（AQE）为 4.09%。

Xiang 等人[81]通过一种简便的一步原位沉积法，成功制备了具有原子级分散铂的硫化镉量子点（Pt-CdS QDs），并将其作为模型催化体系进行研究。得益于铂助催化剂的高效利用率以及显著的金属-载体电子相互作用，飞秒瞬态吸收光谱分析表明，该体系实现了从 CdS 到 Pt 的超快电子转移（约 1.7 ps）。在优化条件下，该催化剂可同步实现光催化析氢与 2-噻吩甲醇向 2-噻吩甲醛的选择性氧化反应。尤其值得注意的是，其产氢速率显著提高，达到原始 CdS 量子点的 70 倍。在 4 小时反应时间内，2-噻吩甲醇的转化率为 95.3%，2-噻吩甲醛的选择性为 87.2%。

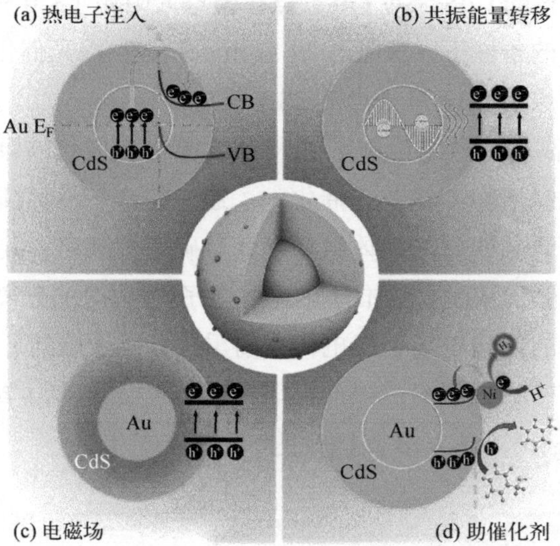

图 1-9 Ni/(Au@CdS)光催化剂上光催化苯甲醇转化为苯甲醛和 H_2 的机理[80]

1.3.5 构建异质结

构建异质结被认为是增强光催化剂性能的有效策略之一，其核心机制在于促进光生电子-空穴对的高效分离。广义而言，异质结是由两种或多种不同半导体材料通过特定方法紧密结合所形成的复合体系，其界面区域因组分材料的带隙差异而发生能带排列变化。该结构不仅保留了各组分材料的本征优势，还通过界面处能带弯曲有效调控光生载流子的分离与迁移行为，从而显著提升光电器件的整体性能与实际应用潜力。

（1）传统异质结

根据两种半导体材料接触后，能带位置的对齐方式不同，传统的异质结光催化剂可分为三种类型，分别为Ⅰ型、Ⅱ型、Ⅲ型异质结（图 1-10）[82]。在Ⅰ型异质结光催化剂中，半导体 A 的导带（CB）和价带（VB）分别高于和低于半导体 B 相应的导带和价带，在光照条件下，两种载流子均富集于同一半导体 B 中。因此，Ⅰ型异质结光催化剂中的电子-空穴对难以实现有效分离。此外，氧化还原反应倾向于在能带位置较低（即氧化还原电位较差）的半导体上发生，导致该类异质结催化剂整体的氧化还原能力显著降低。对于Ⅱ型异质结，半导体 A 的 CB 和 VB 能级均高于半导体 B 的相应能级。在光照条件下，光生电子将迁移至半导体 B 的导带，而光生空穴则倾向于转移至半导体 A 的价带，从而实现光生载流子在空间上的分离。然而，与Ⅰ型异质结类似，Ⅱ型异质结光催化剂的整体氧化还原能力也会减弱。其原因在于，还原反应主要发生在还原电位较低的半导体 B 上，而氧化反应则集中于氧化电位较低的半导体 A 上，导致催化剂在高电位条件下的氧化还原活性受到限制。Ⅲ型异质结在能带排列上与Ⅱ型类似，但其带隙交错程度更大，甚至出现带隙无重叠的情形。该结构严重阻碍界面处的电荷迁移，导致光生载流子无法实现有效分离。因此，并不适用于光催化中的电荷分离增强策略。在以上三类异质结结构中，Ⅱ型异质结因其能够实现光生电子与空穴的有效分离，被视作传统异质结设计中最具效能的一类。但Ⅱ型异质结仍存在缺陷：热力学上，光生空穴与电子的氧化还原能力减弱，会降低其驱动光催化反应的效率；在动力学层面，电子之间与空穴之间的静电排斥作用也会阻碍光生载流子的有效迁移。

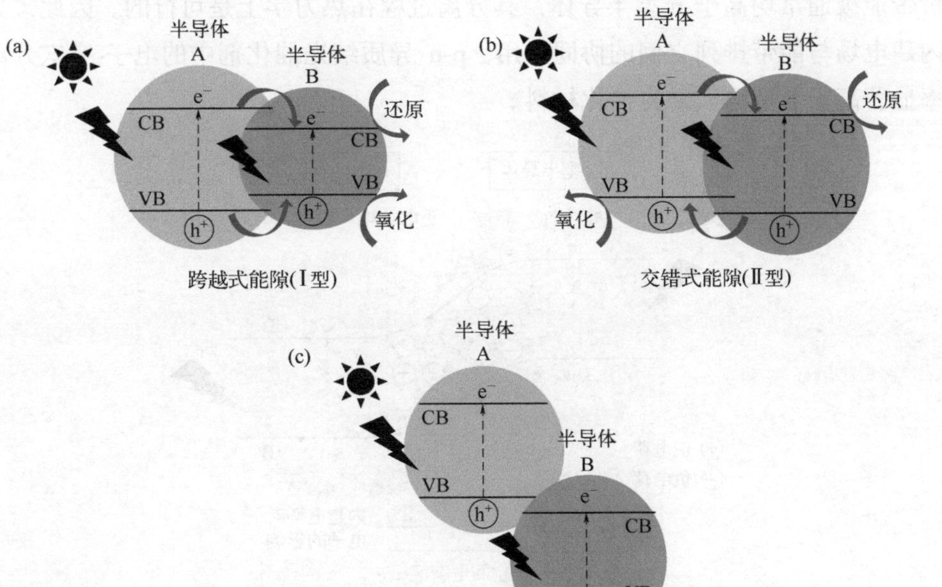

图 1-10　异质结的类型：（a）Ⅰ型异质结；（b）Ⅱ型异质结；（c）Ⅲ型异质结[82]

（2）p-n 型异质结

尽管Ⅱ型异质结能够在空间上有效分离光生电子-空穴对，但其电荷分离效率仍不足以完全抑制半导体材料内部超快速的电子-空穴复合过程。为此，研究人员提出了新的异质结光催化剂的概念，通过能级不同驱动载流子的分离，进一步提高光催化性能[83,84]。根据组成半导体的导电特性，异质结可分为同型（如 p-p 型或 n-n 型）与异型（p-n 型）。其中，p-n 异质结能够在界面处形成内建电场，从而促进光生载流子在异质结上的定向迁移。具体而言，将 p 型与 n 型半导体复合可形成高效的 p-n 异质结光催化剂。在光照前，n 型半导体近界面处的电子会向 p 型区域扩散，留下带正电离子；与此同时，p 型半导体中的空穴则向 n 型区域扩散，留下负电离子（图 1-11）[85,86]。电子-空穴对的扩散将持续进行，直至系统达到费米能级平衡。在此过程中，p-n 界面附近区域形成电荷积累，产生一个空间电荷区，即内建电场。当能量等于或高于带隙的光子照射 p 型和 n 型半导体时，两者均可被激发产生电子-空穴对。在内建电场的作用下，光生电子向 n 型半导体的导带迁移，而光生空穴则向 p 型半导体的价带迁移，从而实现载流子在空间上的有效分离[87-89]。需要指出的是，由于 p-n 异质结光催化剂中 p 型半导体的导带和价带能级通常均高于 n 型半导体，其分离过程在热力学上是可行的。因此，凭借内建电场与能带排列之间的协同作用，p-n 异质结光催化剂中的电子-空穴分离效率显著高于Ⅱ型异质结光催化材料。

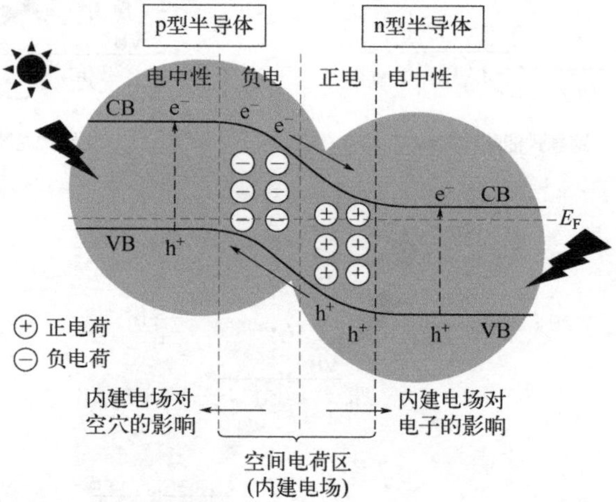

图 1-11　光照下 p-n 异质结光催化剂内建电场影响下的电子空穴分离示意图[89]

p-n 异质结在电荷分离方面表现出独特的优势：

① 能带匹配与内建电场增强电荷分离。p-n 异质结通过能带结构的互补性（如 p 型材料的价带与 n 型材料的导带对齐），形成内建电场，显著提升光生载流子的分离效率。例如，程正旺团队[90]设计的 TiO_2/Cu_3N 异质结通过带隙匹配（从 3.09 eV 降至 2.01 eV），将光响应范围扩展至可见光区，光电流密度提升 14 倍。Fan 等人[91]成功地开发了 α-NiS/CdS p-n 异质结，p-n 异质结所形成的内建电场进一步诱导了 Z 型异质结结构的构建。在该机制作用下，α-NiS/CdS 复合材料表现出更负的导带位置，从而增强了氢离子（H^+）还原为氢气（H_2）的能力，显著提升了光催化析氢性能。

② 光吸收范围扩展与量子效率提升。异质结组合可突破单一材料的带隙限制。如 Cu_9S_5/MoS_2 异质结利用 Cu_9S_5 的高光吸收系数与 MoS_2 的窄带隙，实现响应度 76 A/W 和探测灵敏度 1.6×10^{12} Jones，显著优于单一材料[92]。Wang 等人[93]通过将单斜相 β-$AgVO_3$ 负载于六方相 CdS 纳米棒上，构建了一维/一维（1D/1D）p-n 异质结，从而促进了光生电子和空穴的分离。窄带隙单斜相 β-$AgVO_3$ 的引入有效增强了 CdS 的光吸收能力，有利于提高对可见光的利用效率。p-n 异质结的内建电场能够驱动电子和空穴朝有利于产氢的方向迁移。该复合催化剂具备良好的光催化产氢能力，在 5 小时内产氢量达到 581.5 μmol，是单一 CdS 的 3.8 倍，表观量子效率达 8.02%。

③ 界面钝化与稳定性增强。异质结界面可有效钝化表面缺陷，减少载流子复合。例如，光伏异质结（如 HJT 电池）通过非晶硅钝化晶硅表面，实现更高转换效率（量产效率 25.5%）和更低温度工艺（最高 200 ℃），相比 PERC 工艺更节能。

④ 多功能性与应用兼容性。p-n 异质结可适配光催化、光电探测、光伏等多个领域。如石墨烯 p-n 异质结阵列在光电探测中实现响应度 1.4～4.7 A/W，探测率约为 10^{12} cm·$Hz^{1/2}$/W，适用于大规模集成器件[94]。

尽管上述多种异质结结构具有良好的电子-空穴分离效率，但仍存在一些问题限制其实际应用。如光催化剂上的还原和氧化反应分别发生在还原和氧化电位较低的半导体上，从而大大抑制了它们的氧化还原能力。因此，迫切需要在光催化剂中开发更有效的异质结[95]。

(3) Z 型异质结

① 液相间接 Z 型异质结。为解决上述异质结光催化剂在氧化还原能力方面的局限，Bard 及其合作者于 1979 年开创性地提出了 Z 型异质结光催化体系的概

念。该体系旨在最大程度地保留光催化材料的高氧化还原电势，其通常由两种能带交错匹配的半导体（PCⅠ和PCⅡ）和一对可逆的氧化还原介质［电子受体（A）和电子给体（D），如 Fe^{3+}/Fe^{2+}、IO_3^-/I^-或I_3^-/I^-］共同构成[96]。A通过与PCⅡ导带中的光生电子反应而还原为D。之后，D被价带的光生空穴氧化为A。由于电子在PCⅠ上积累，还原电位较高，空穴在PCⅡ上积累，氧化电位较高，因此可以实现电子-空穴对的空间分离和最佳的氧化还原能力［图1-12（a）］。该电荷迁移机制不仅实现了氧化与还原反应在空间上的分离，也较好地维持了系统强氧化还原的能力。然而，此类Z型体系也存在明显缺点：（a）应用范围受限。该机制严重依赖液相中的离子传输，氧化还原介质必须在溶液中才能实现足够的迁移速率以完成电荷传递，因此也被称为“液相间接Z型异质结”，极大地限制了其实际应用场景。（b）存在竞争性副反应。由于PCⅡ中的光生电子还原能力通常弱于PCⅠ，电子受体A（如Fe^{3+}）更易被PCⅡ的电子还原；同理，PCⅠ的空穴氧化能力强于PCⅡ，使得电子给体D（如Fe^{2+}）更倾向于向PCⅠ提供电子，从而导致目标光催化反应的选择性下降［图1-12（b）］。

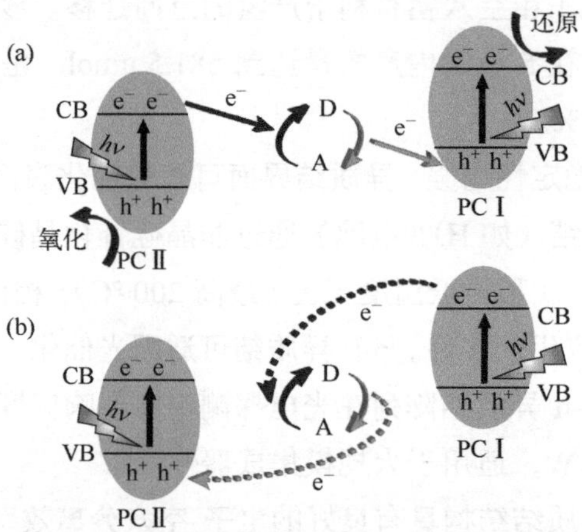

图1-12　液相Z型光催化剂中预设的（a）和实际的（b）电子转移路径示意图[95]

② 全固态Z型异质结。为了解决电荷转移问题并拓宽液相间接Z型异质结的应用范围，2006年，Tada等人[97]制备了CdS-Au-TiO_2三组分纳米结，即全固态Z型异质结。在典型的全固态Z型异质结中，PCⅡ的价带电子受激发跃迁至导带，同时在价带留下空穴。随后，PCⅡ上产生的电子经由金属电子介质（如Pt、Ag、Au等）转移至PCⅠ的价带，并可进一步受激进入其导带。通过这一迁移过程，

光生空穴聚集于氧化电位较高的 PCⅡ，而光生电子则富集于还原电位较高的 PCⅠ，不仅实现了载流子的空间分离，也显著增强了体系的氧化还原能力。此类全固态 Z 型光催化剂摆脱了对液相介质的依赖，可适用于气、液、固等多种反应环境，极大地拓展了其实际应用范围。

尽管全固态 Z 型异质结通过采用固体导体（如 Au、Pt）替代溶液中的氧化还原离子对，在一定程度上拓宽了适用条件，但其预设的电荷转移路径在热力学上仍存在不合理之处（图 1-13）。最主要的问题在于，PCⅡ中的电子还原能力较强，极易通过固体导体与 PCⅠ中的空穴发生复合，这意味着实际更易发生图 1-13（b）所示的电子转移路径，而非理论预期的（a）路径。因此，液相 Z 型体系中存在的电子转移矛盾在全固态系统中仍未彻底解决。其次，以典型的 CdS-Au-TiO_2 三元体系为例，从界面能带结构看，Au 的功函数最高，使其与 CdS 和 TiO_2 分别形成肖特基结，这种能垒结构实际上阻碍了电子按 Z 型异质结预设的从 TiO_2 经 Au 向 CdS 的转移。此外，就材料制备角度而言，将金属导体（如 Au、Pt）精确置于两种光催化剂界面之间仍面临较大技术挑战[98]。

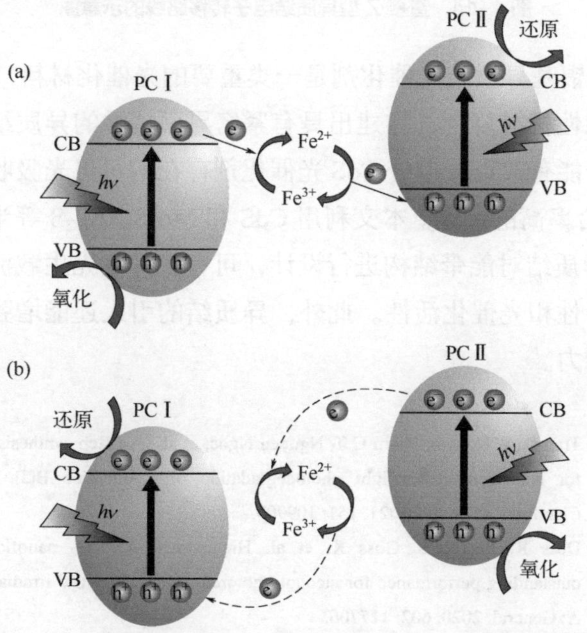

图 1-13　全固态 Z 型异质结中假设的（a）和实际的（b）电子转移路线的示意图[98]

③ 直接 Z 型异质结。近年来，研究者们开发出了一类新型的直接 Z 型异质结光催化剂（图 1-14）[99]。该类材料在结构上与全固态 Z 型异质结类似，但省去

了昂贵且稀缺的电子介体（如贵金属）。在该体系中，光生载流子分别聚集于高氧化电位与高还原电位的催化剂中，从而实现高效的电荷分离与强氧化还原能力的保留。直接 Z 型异质结还展现出多方面的优势。例如，其氧化还原电位可根据目标光催化反应的需求进行灵活调控。此外，相较于Ⅱ型异质结，直接 Z 型结构中的电荷迁移路径在物理过程上更为可行。而在传统Ⅱ型异质结中，由于半导体 B 导带已富集电子，对来自半导体 A 的电子产生显著排斥，从而阻碍电荷的有效迁移。

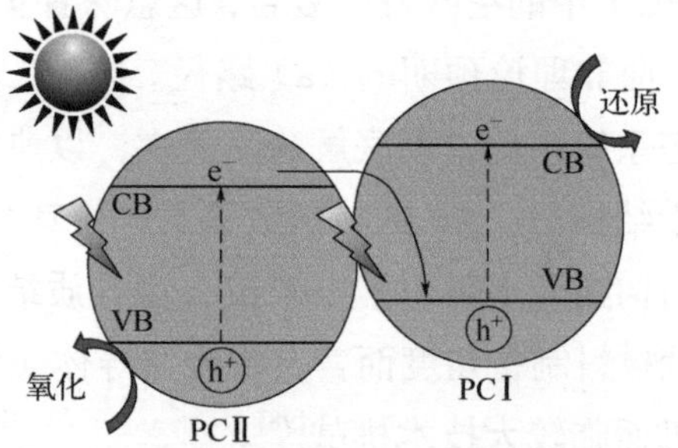

图 1-14　直接 Z 型异质结电子转移路线的示意图[82]

综上，硫化镉基异质结光催化剂是一类重要的光催化材料，通过将 CdS 与其他半导体或功能性材料复合，构建出具有紧密界面接触的异质结构。这类催化剂的核心优势在于能有效克服单一 CdS 光催化剂存在的可见光吸收范围有限和光生电子-空穴对复合率高的问题。本文利用 CdS 和 Mo_2S、Ag_2S 等半导体光催化剂构建 Z 型或 p-n 异质结对能带结构进行设计，可有效抑制光生载流子的复合，大幅提升反应的选择性和光催化活性。此外，异质结的引入还能增强材料的化学稳定性和抗光腐蚀能力。

参考文献

[1] Tran D A, Nguyen Pham C T, Nguyen Ngoc, et al. One-step synthesis of oxygen doped g-C_3N_4 for enhanced visible-light photodegradation of Rhodamine B[J]. Journal of Physics and Chemistry of Solids, 2021, 151: 109900.

[2] Deas R, Pearce S, Goss K, et al. Hierarchical Au/TiO_2 nanoflower photocatalysts with outstanding performance for alcohol photoreforming under UV irradiation[J]. Applied Catalysis A: General, 2020, 602: 117706.

[3] Wang H, Zhu Q-L, Zou R, Xu Q. Metal-organic frameworks for energy applications[J]. Chem, 2017, 2(1): 52-80.

[4] Zhang S, Gu P, Ma R, et al. Recent developments in fabrication and structure regulation of visible-light-driven g-C_3N_4-based photocatalysts towards water purification: A critical review[J].

Catalysis Today, 2019, 335(1): 65-77.

[5] Fujishima A, Honda K. Electrochemical photolysis of water at a semiconductor electrode[J]. Nature, 1972, 238(5358): 37-38.

[6] Fava E, Millet A, Nakajima M, et al. Reductive umpolung of carbonyl derivatives with visible-light photoredox catalysis: direct access to vicinal diamines and amino alcohols via α-amino radicals and ketyl radicals[J]. Angewandte Chemie-International Edition, 2016, 55(23): 6776-6779.

[7] Xu S, Zhou P, Zhang Z, et al. Selective oxidation of 5-hydroxymethylfurfural to 2,5-furandicarboxylic acid using O_2 and a photocatalyst of Co-thioporphyrazine bonded to g-C_3N_4[J]. Journal of the American Chemical Society, 2017, 139(41): 14775-14782.

[8] Wang G, Lv S, Shen Y, et al. Advancements in heterojunction, cocatalyst, defect and morphology engineering of semiconductor oxide photocatalysts[J]. Journal of Materiomics, 2024, 10(2): 315-338.

[9] 闫俊萍，张中太，唐子龙，等. 半导体基纳米复合材料光催化研究进展[J]. 无机材料学报, 2003, (05): 980-988.

[10] Rej S, Bisetto M, Naldoni A, et al. Well-defined Cu_2O photocatalysts for solar fuels and chemicals[J]. Journal of Materials Chemistry A, 2021, 9(10): 5915-5951.

[11] 罗菊仙，赵中一. 半导体多相光催化氧化技术在环境保护中的应用研究进展[J]. 地球科学, 2000, (05): 536-541.

[12] 李孟蝶，王祖民，齐健，等. 金属氧化物异质结的构建及在光催化 CO_2 还原反应中应用的研究进展[J]. 高等学校化学学报, 2023, 44(10): 35-51.

[13] 汪家喜，魏晓骏，沈佳宇，等. 光催化选择性合成有机物[J]. 化学进展，2014, 26(09): 1460-1470.

[14] Liu Y H, Fernández C A, Varanasi S A, et al. Prospects for aerobic photocatalytic nitrogen fixation[J]. ACS Energy Letters, 2022, 7(1): 24-29.

[15] Chu S, Majumdar A. Opportunities and challenges for a sustainable energy future[J]. Nature, 2012, 488(7411): 294-303.

[16] Schneider J, Matsuoka M, Takeuchi M, et al. Understanding TiO_2 photocatalysis: mechanisms and materials[J]. Chemical Reviews, 2014, 114(19): 9919-9986.

[17] Rao Y F, Chu W. Reaction mechanism of linuron degradation in TiO_2 suspension under visible light irradiation with the assistance of H_2O_2[J]. Environmental Science & Technology, 2009, 43(16): 6183-6189.

[18] Becquerel E. Mémoire sur les effets électriques produits sous l'influence des rayons solaires. Comptes Rendus. 1839, 9: 561-567.

[19] Brattain W H, Garrett C G B. Experiments on the interface between germanium and an electrolyte[J]. The Bell System technical journal, 1955, 34: 129-176.

[20] Carey J H, Lawrence J, Tosine H M. Photodechlorination of PCB's in the presence of titanium dioxide in aqueous suspensions[J]. The Bulletin of Environmental Contamination and Toxicology, 1976, 16(6): 697-701.

[21] Frank S N, Bard A J. Heterogeneous photocatalytic oxidation of cyanide ion in aqueous solutions at titanium dioxide powder[J]. Journal of the American Chemical Society, 1977, 99(1): 303-304.

[22] Schrauzer G N, Guth T D. Photocatalytic reactions. 1. Photolysis of water and photoreduction of nitrogen on titanium dioxide. Journal of the American Chemical Society 1977, 99: 7189-7193.

[23] Kraeutler B, Jaeger C D, Bard, A. J. Direct observation of radical intermediates in the photo-Kolbe reaction - heterogeneous photocatalytic radical formation by electron spin resonance[J]. Journal of the American Chemical Society, 1978, 100(15): 4903-4905.

[24] Jaeger C D, Bard A J. Spin trapping and electron spin resonance detection of radical intermediates in the photodecomposition of water at titanium dioxide particulate systems[J]. Journal of Physical Chemistry C, 1979, 83(24): 3146-3152.

[25] Kraeutler B, Bard A J. Heterogeneous photocatalytic preparation of supported catalysts. Photodeposition of platinum on titanium dioxide powder and other substrates[J]. Journal of the American Chemical Society, 1978, 100(13): 4317-4318.

[26] Kraeutler B, Bard A J. Heterogeneous photocatalytic synthesis of methane from acetic acid - new Kolbe reaction pathway[J]. Journal of the American Chemical Society, 1978, 100(7): 2239-2240.

[27] Li D, Chen R, Wang S, et al. Unraveling the kinetics of photocatalytic water oxidation on WO_3[J]. The Journal of Physical Chemistry Letters, 2020, 11(2): 412-418.

[28] Fernández-Domene R M, Sánchez-Tovar R, Lucas-Granados B, et al. Visible-light photoelectrodegradation of diuron on WO_3 nanostructures[J]. The Journal of Environmental Management, 2018, 226: 249-255.

[29] Długosz O, Banach M. Continuous synthesis of photocatalytic nanoparticles of pure ZnO and ZnO modified with metal nanoparticles[J]. Journal of Nanostructure in Chemistry, 2021, 11(4): 601-617.

[30] Hunge Y M, Mahadik M A, Moholkar A V, Bhosale C H. Photoelectrocatalytic degradation of phthalic acid using spray deposited stratified WO_3/ZnO thin films under sunlight illumination[J]. Applied Surface Science, 2017, 420: 764-772.

[31] Cho K M, Kim K H, Park K, et al. Amine-functionalized graphene/CdS composite for photocatalytic reduction of CO_2[J]. ACS Catalysis, 2017, 7(10): 7064-7069.

[32] Solakidou M, Giannakas A, Georgiou Y, et al. Efficient photocatalytic water-splitting performance by ternary CdS/Pt-N-TiO_2 and CdS/Pt-N,F-TiO_2: interplay between CdS photo corrosion and TiO_2-dopping[J]. Applied Catalysis B: Environmental, 2019, 254: 194-205.

[33] Jiao Z-F, Zhao J-X, Guo X-N, Guo X-Y. Photocatalytic C–X borylation of aryl halides by hierarchical SiC nanowire-supported Pd nanoparticles[J]. Chinese Journal of Catalysis, 2020, 41(2): 357-363.

[34] Baig U, Khan, A, Gondal, M A, et al. Single-step synthesis of silicon carbide anchored graphitic carbon nitride nanocomposite photo-catalyst for efficient photoelectrochemical water splitting under visible-light irradiation[J]. Colloids and Surfaces A: Physicochemical and Engineering Aspects, 2021, 611: 125886.

[35] Zhu J, Li, Y-P, Wang X, et al. Simultaneous phosphorylation and Bi modification of BiOBr for promoting photocatalytic CO_2 reduction[J]. ACS Sustainable Chemistry & Engineering, 2019, 7(17): 14953-14961.

[36] Low J, Yu J, Jaroniec M, et al. Heterojunction photocatalysts[J]. Advanced Materials, 2017, 29(20): 1601694.

[37] Li D, Shi W. Recent developments in visible-light photocatalytic degradation of antibiotics[J]. Chinese Journal of Catalysis, 2016, 37(6): 792-799.

[38] Lu Q, Yu Y, Ma Q, et al. 2D transition-metal-dichalcogenid-nanosheet-based composites for photocatalytic and electrocatalytic hydrogen evolution reactions[J]. Advanced Materials, 2015, 28(10): 1917-1933.

[39] Hao L, Huang H, Zhang Y, et al. Oxygen vacant semiconductor photocatalysts[J]. Advanced Functional Materials, 2021, 31(25): 2100919-2100950.

[40] Yao S, He J, Gao F, et al. Highly selective semiconductor photocatalysis for CO_2 reduction[J]. Journal of Materials Chemistry A, 2023, 11(24): 12539-12558.

[41] Pan Y-X, Sun Z-Q, Cong H-P, et al. Photocatalytic CO_2 reduction highly enhanced by oxygen vacancies on Pt-nanoparticle-dispersed gallium oxide[J]. Nano Research, 2016, 9(6): 1689-1700.

[42] Liu Q, Chen Q, Li T, et al. Vacancy engineering of AuCu cocatalysts for improving the photocatalytic conversion of CO_2 to CH_4[J]. Journal of Materials Chemistry A, 2019, 7(47): 27007-27015.

[43] Calvete M J F, Piccirillo G, Vinagreiro C S, et al. Hybrid materials for heterogeneous photocatalytic degradation of antibiotics[J]. Coordination Chemistry Reviews, 2019, 395: 63-85.

[44] He Z, Siddique M S, Yang H, et al. Novel Z-scheme In_2S_3/Bi_2WO_6 core-shell heterojunctions with synergistic enhanced photocatalytic degradation of tetracycline hydrochloride[J]. Journal of Cleaner Production, 2022, 339: 130634-130645.

[45] Wang C-Y, Zhang X, Yu H-Q. Bismuth oxyhalide photocatalysts for water purification: Progress and challenges[J]. Coordination Chemistry Reviews, 2023, 493: 215339-215353.

[46] Zhang W, Peng Y, Yang Y, et al. Bismuth-rich strategy intensifies the molecular oxygen activation and internal electrical field for the photocatalytic degradation of tetracycline hydrochloride[J]. Chemical Engineering Journal, 2022, 430: 132963-132962.

[47] Zheng J, Fan C, Li X, et al. Effective mineralization and detoxification of tetracycline hydrochloride enabled by oxygen vacancies in $g\text{-}C_3N_4$/LDH composites[J]. Separation and Purification Technology, 2023, 305: 122554-122566.

[48] Qi M-Y, Conte M, Anpo M, et al. Cooperative coupling of oxidative organic synthesis and hydrogen production over semiconductor-based photocatalysts[J]. Chemical Reviews, 2021, 121(21): 13051-13085.

[49] Huang Y, Liu C, Li M, et al. Photoimmobilized Ni clusters boost photodehydrogenative coupling of amines to imines via enhanced hydrogen evolution kinetics[J]. ACS Catalysis, 2020, 10(6): 3904-3910.

[50] Jia X, Zhao J, Lv Y, et al. Low-crystalline PdCu alloy on large-area ultrathin 2D carbon nitride nanosheets for efficient photocatalytic Suzuki coupling[J]. Applied Catalysis B: Environmental, 2022, 300: 120756-120765.

[51] Li Y, Ren P, Zhang D, et al. Rationally designed metal cocatalyst for selective photosynthesis of bibenzyls via dehalogenative C-C homocoupling[J]. ACS Catalysis, 2021, 11(7): 4338-4348.

[52] Yurdakal S, Yanar Ş Ö, Çetinkaya S, et al. Green photocatalytic synthesis of vitamin B_3 by Pt loaded TiO_2 photocatalysts[J]. Applied Catalysis B: Environmental, 2017, 202: 500-508.

[53] Lima M J, Silva A M T, Silva C G, et al. Selective photocatalytic synthesis of benzaldehyde in

microcapillaries with immobilized carbon nitride[J]. Chemical Engineering Journal, 2022, 430: 132643.

[54] Lv D, Li Y, Qiao W, et al. Metal cocatalyst mediated photocatalytic dehydrogenative-condensation and direct condensation cross-coupling of aniline and alcohol[J]. Applied Catalysis B: Environmental, 2022, 309: 121264.

[55] Zhao T, Xiong J, Li W, et al. Dual-cocatalysts-embedded hollow photocatalysis system drives solar fuel production[J]. Chemical Engineering Journal, 2025, 506: 160313.

[56] Du C, Jia T, Na W, et al. Synergistic linkage engineering in covalent organic frameworks for boosting photocatalytic hydrogen evolution[J]. Journal of Materials Chemistry A, 2025, 13(8): 5954-5960.

[57] Zhang X, Liu T, Zhao F, et al. In-situ-formed Cd and Ag_2S decorated CdS photocatalyst with boosted charge carrier spatial separation for enhancing UV-vis-NIR photocatalytic hydrogen evolution[J]. Applied Catalysis B: Environmental: Environ, 2021, 298: 120620-120630.

[58] Yuan C, Lv H, Zhang Y, et al. Three-dimensional nanoporous heterojunction of CdS/np-rGO for highly efficient photocatalytic hydrogen evolution under visible light[J]. Carbon, 2023, 206: 237-245.

[59] Ding M, Cui S, Lin Z, et al. Crystal facet engineering of hollow cadmium sulfide for efficient photocatalytic hydrogen evolution[J]. Applied Catalysis B: Environment and Energy, 2024, 357: 124333.

[60] Yu W, Hu C, Bai L, et al. Photocatalytic hydrogen peroxide evolution: what is the most effective strategy?[J]. Nano Energy, 2022, 104: 107906.

[61] Jiang Z, Li C, Qi F, et al. A review on photocatalytic hydrogen peroxide production from oxygen: material design, mechanisms, and applications[J]. ACS Applied Materials & Interfaces, 2025, 17(1): 42-66.

[62] Liang H, Wang A, Cheng R, et al. Bi, K co-doped graphitic phase carbon nitride for efficient photocatalytic H_2O_2 production[J]. Chemical Engineering Journal, 2024, 489: 151145.

[63] Lin F, Wang T, Ren Z, et al. Central nitrogen vacancies in polymeric carbon nitride for boosted photocatalytic H_2O_2 production[J]. Journal of Colloid and Interface Science, 2023, 636: 223-229.

[64] Huang X, Zhang K, Peng B, et al. Ceria-based materials for thermocatalytic and photocatalytic organic synthesis[J]. ACS Catalysis, 2021, 11(15): 9618-9678.

[65] 丁优仙，于迎春，刘建军，等. 不同晶型纳米 CdS 的合成及其光催化活性[J]. 化学研究, 2009, 20(02): 12-16.

[66] Zhang K, Guo L. Metal sulphide semiconductors for photocatalytic hydrogen production[J]. Catalysis Science & Technology, 2013, 3(7): 1672-1690.

[67] Tai Z, Sun G, Wang T, et al. Defected tungsten disulfide decorated CdS nanorods with covalent heterointerfaces for boosted photocatalytic H_2 generation[J]. Journal of Colloid and Interface Science, 2022, 628: 252-260.

[68] Zhang Y, Huang H, Wang L, et al. Cooperation of congenital and acquisitus sulfur vacancy for excellent photocatalytic hydrogen peroxide evolution of CdS nanorods from air[J]. Chemical Engineering Journal, 2023, 454: 140420-140427.

[69] Bie C, Fu J, Cheng B, et al. Ultrathin CdS nanosheets with tunable thickness and efficient

photocatalytic hydrogen generation[J]. Applied Surface Science, 2018, 462: 606-614.

[70] Zhu C, Liu C A, Fu Y, et al. Construction of CDs/CdS photocatalysts for stable and efficient hydrogen production in water and seawater[J]. Applied Catalysis B: Environmental, 2019, 242: 178-185.

[71] Niu P, Li L. Overall photocatalytic water splitting of crystalline carbon nitride with facet engineering[J]. Chem, 2020, 6(10): 2439-2441.

[72] Wang J, Zhang Y, Jiang S, et al. Regulation of d-band centers in localized CdS homojunctions through facet control for improved photocatalytic water splitting[J]. Angewandte Chemie International Edition, 2023, 62(35): 202307808-202307814.

[73] Wu Y, Ji H, Liu Q, et al. Visible light photocatalytic degradation of sulfanilamide enhanced by Mo doping of BiOBr nanoflowers[J]. Journal of Hazardous materials, 2022, 424: 127563.

[74] Cao S-H, Qu J-R, Zhao Y-Q, et al. Visible-light-driven photocatalysis degradation of antibiotic pollutants by La-doped CeO_2 nanorods: synergy of La doping and oxygen vacancy[J]. Rare Metals, 2024, 43(7): 3134-3145.

[75] Wang Y-Y, Chen Y-X, Barakat T, et al. Recent advances in non-metal doped titania for solar-driven photocatalytic/photoelectrochemical water-splitting[J]. Journal of Energy Chemistry, 2022, 66: 529-559.

[76] Yang D, Wang Z, Chen J. Revealing the role of surface elementary doping in photocatalysis[J]. Catalysis Science & Technology, 2022, 12(11): 3634-3638.

[77] Shi J-W, Sun D, Zou Y, et al. Trap-level-tunable Se doped CdS quantum dots with excellent hydrogen evolution performance without co-catalyst[J]. Chemical Engineering Journal, 2019, 364: 11-19.

[78] Wu F, Zhang X, Wang L, et al. Enhanced spin-polarized electric field modulating p-band center on Ni-doped CdS for boosting photocatalytic hydrogen evolution[J]. Small, 2024, 2309439-23009449.

[79] Sun N, Si X, He L, et al. Strategies for enhancing the photocatalytic activity of semiconductors[J]. Int. J. Hydrog. Energy, 2024, 58: 1249-1265.

[80] Zheng Z, Wang T, Han F, et al. Synthesis of Ni modified Au@CdS core-shell nanostructures for enhancing photocatalytic coproduction of hydrogen and benzaldehyde under visible light[J]. Journal of Colloid and Interface Science, 2022, 606: 47-56.

[81] Xiang X, Zhang L, Luo C, et al. Ultrafast electron transfer from CdS quantum dots to atomically-dispersed Pt for enhanced H_2 evolution and value-added chemical synthesis[J]. Applied Catalysis B: Environmental, 2024, 340: 123196-123205.

[82] 黄芳芳. 硫化镉基光催化剂的制备及其性能研究[D]. 太原：山西师范大学，2024.

[83] Qi M-Y, Tang Z-R, Xu Y-J. Near field scattering optical model-based catalyst design for artificial photoredox transformation[J]. ACS Catalysis, 2023, 13(6): 3971-3982.

[84] Zheng J-H, Qi M-Y, Tang Z-R, et al. Manipulating selective amine transformation pathways via cocatalyst-modified monolayer $ZnIn_2S_4$ photocatalysts[J]. Journal of Materials Chemistry A, 2023, 11(8): 4013-4019.

[85] Xu J, Wang L, Sun L, et al. Boosting photocatalytic synchronous production of H_2 coupled with acetone over Co doped Cu_3P quantum dots/$ZnIn_2S_4$ nanosheets p-n nanojunction[J]. Journal of Colloid and Interface Science, 2023, 646: 254-264.

[86] Wang M, Han J, Hu Y, et al. Carbon-incorporated NiO/TiO_2 mesoporous shells with p-n heterojunctions for efficient visible light photocatalysis[J]. ACS Applied Materials & Interfaces, 2016, 8(43): 29511-29521.

[87] Su Q, Zhu L, Zhang M, et al. Construction of a bioinspired hierarchical $BiVO_4/BiOCl$ heterojunction and its enhanced photocatalytic activity for phenol degradation[J]. ACS Applied Materials & Interfaces, 2021, 13(28): 32906-32915.

[88] Chen C, Li M, Jia Y, et al. Surface defect-engineered silver silicate/ceria p-n heterojunctions with a flower-like structure for boosting visible light photocatalysis with mechanistic insight[J]. Journal of Colloid and Interface Science, 2020, 564: 442-453.

[89] 孙海波. Ag_3VO_4/Ag_2CO_3 p-n 异质结的制备及其对水溶液中左氧氟沙星和罗丹明 B 的降解[D]，长沙：湖南农业大学，2020.

[90] Cheng Z, Gan N, Yuan G, et al. Construction of nanorod-shaped TiO_2/Cu_3N p-n heterojunction for efficient visible-light hydrogen evolution. Journal of Materials Chemistry C 2024, 12 (20): 7366-7376.

[91] Fan X, Wang B, Heng Q, et al. Facile in-situ synthesis of α-NiS/CdS p-n junction with enhanced photocatalytic H_2 production activity[J]. International Journal of Hydrogen Energy, 2022, 47(76): 32531-32542.

[92] Yang S, Liu K, Han W, et al. Salt-Assisted Growth of P-type Cu_9S_5 Nanoflakes for P-N Heterojunction Photodetectors with High Responsivity[J]. Advanced Functional Materials, 2020, 30 (7): 1908382

[93] Wang X-P, Jin Z-L, Li X. Monoclinic β-$AgVO_3$ coupled with CdS formed a 1D/1D p-n heterojunction for efficient photocatalytic hydrogen evolution[J]. Rare Metals, 2023, 42(5): 1494-1507.

[94] Wang G, Zhang M, Chen D, et al. Seamless lateral graphene p-n junctions formed by selective in situ doping for high-performance photodetectors[J]. Nature Communications, 2018, 9 (1): 5168-5177.

[95] Xu Q, Zhang L, Cheng B, et al. S-Scheme Heterojunction Photocatalyst[J]. Chem 2020, 6 (7): 1543-1559.

[96] Bard A J. Photoelectrochemistry and heterogeneous photo-catalysis at semiconductors[J]. Journal of Photochemistry 1979, 10 (1): 59-75.

[97] Tada H, Mitsui T, Kiyonaga T, et al. All-solid-state Z-scheme in CdS-Au-TiO_2 three-component nanojunction system[J]. Nature Materials 2006, 5 (10): 782-786.

[98] Zhang L, Zhang J, Yu H, Yu J. Emerging S-Scheme Photocatalyst. Advanced Materials[J]. 2022, 34 (11): 2107668.

[99] Grätzel M. Photoelectrochemical cells[J]. Nature 2001, 414 (6861): 338-344.

CHAPTER 2

第2章

基于晶面调控的 MoS_2/CdS Z 型异质结光催化剂

2.1 引言

金属硫化物由于其独特的高效利用太阳光的能力，在各种光催化材料中脱颖而出[1]。在硫系光催化剂中，硫化镉（CdS）因其带隙较窄（约 2.40 eV）、能带结构适宜，且具备良好的可见光响应能力而备受研究者关注[2]。遗憾的是，CdS 存在光生电子-空穴对复合率高、光腐蚀严重等问题，限制了其进一步应用[3,4]。众所周知，负载助催化剂构建异质结被认为是提高光催化剂催化性能的有效途径[5]。对于传统的Ⅱ型异质结，实现光生载流子有效分离的同时，半导体的氧化还原能力不可避免地被削弱[6,7]。近年来，由于 Z 型异质结不仅能有效地保留半导体材料的强氧化还原能力，还可实现光生载流子的空间分离，成为研究热点[8]。MoS_2 是一种廉价、易得的典型二维层状过渡金属硫族化物，其带隙约为 1.9 eV，已被广泛用作助催化剂[9,10]。考虑到 CdS 和 MoS_2 的能带位置匹配良好，我们构建了 MoS_2/CdS Z 型异质结构来增强 CdS 的光催化活性。

晶面工程作为调控光催化剂性能的前沿策略，近年来在光催化领域引发广泛关注。其核心在于通过控制催化剂晶体的暴露晶面，定向优化表面原子排列与电子结构，从而突破传统材料在光吸收、载流子分离及表面反应动力学等方面的固有局限。由于不同晶面原子排布方式的差异，各晶面在表面能、能带结构及活性位点分布上呈现显著异质性，这种特性为精准设计高性能光催化剂提供了原子尺度的调控维度[11,12]。

晶面工程的具体优势表现在以下几个方面：

① 提高催化活性。不同晶面具有不同的原子排列和电子结构，特定晶面能

提供更多的活性位点，有利于反应物的吸附和活化，从而降低反应能垒，提高催化反应速率。Yang 等人[13]采用湿化学法合成了主要暴露(100)晶面的 CdS 纳米棒和主要暴露(001)晶面的 CdS 纳米片。相对于(001)晶面，(100)晶面更有利于质子吸附且在析氢过程中能够作为反应活性位点，这使得 CdS 纳米棒的光催化性能更优。

② 增强光催化性能。通过调控光催化剂的暴露晶面，使其特定高活性晶面主导表面结构，不仅促进了光生电子-空穴对的分离与迁移，还能增强材料的光捕获能力，并有效抑制载流子的复合过程，最终显著提升光催化反应效率。Zhang 等人[14]使用脲热法制备了 CdS，得到了具有共暴露(0001)和$(10\bar{1}1)$晶面的 CdS。这种独特的晶体结构使得(0001)和$(10\bar{1}1)$晶面之间形成Ⅱ型异质结，从而增强了光催化析氢活性。

③ 优化物理化学性质。晶面工程可以改变材料的表面电荷密度、表面能等理化性质，进而影响其在光催化过程中的表现，如提高光催化剂的稳定性、改善其对反应物的选择性等。

④ 实现多功能催化。特定晶面的暴露可使催化剂适用于多种催化反应，如某些暴露特定晶面的催化剂既可用于光催化降解有机物，也可用于光催化合成等。

正因为晶面工程有以上诸多优势，人们开发出多种晶面调控方法:

① 化学刻蚀法。通过选择合适的化学试剂对晶体进行刻蚀，去除特定晶面，从而改变晶体的形态和晶面组成。这种方法操作相对简单，但需要精确控制刻蚀条件，以避免过度刻蚀或对晶体造成损伤。

② 晶种法。首先制备小尺寸的晶种，这些晶种具有特定的晶面结构，然后将晶种作为模板，在其上进行晶体的生长，最终得到具有特定晶面暴露的较大尺寸晶体。此方法能够较好地控制晶体的生长方向和晶面组成，但制备过程相对复杂，对晶种的质量和生长条件要求较高。

③ 模板法。利用物理或化学方法制备具有特定形状和结构的模板，如纳米颗粒、纳米线等，然后在模板上进行晶体的生长或沉积，模板的形状和结构会引导晶体的生长方向，从而实现对晶面的调控。模板法可以制备出具有复杂结构和特定晶面暴露的纳米材料，但模板的制备和后续的去除等步骤可能会增加工艺的复杂性和成本。

④ 物理气相沉积法（PVD）。利用物理方式使固体材料蒸发或溅射，转化

为气态原子或分子，并在基底表面沉积成膜的技术。在沉积过程中，通过控制基底温度、沉积速率、气压等参数，可以实现对晶面取向和晶面组成的调控。PVD 法能够制备高质量的薄膜和纳米材料，但设备要求较高，成本也相对较高。

⑤ 水热/溶剂热法。在高温高压或特定溶剂环境下，使反应物在溶液中发生化学反应并结晶生长。通过调节反应溶液的组成、温度、压力、反应时间等条件，可以控制晶体的生长速度和方向，从而实现对晶面的调控。水热/溶剂热法具有操作简便、成本较低、能够制备多种形态和组成纳米材料等优点，但反应条件较为苛刻，需要一定的设备和经验来控制反应过程。

⑥ 分子束外延法（MBE）。在超高真空条件下，将纯度极高的固态源物质加热蒸发成分子束，然后使分子束在基底上沉积并逐层生长出晶体薄膜。MBE 法可以精确控制薄膜的厚度、成分和生长速率，从而实现对晶面的原子级精度调控，但设备昂贵、操作复杂，且生长速度较慢，主要用于高质量单晶薄膜的研究。

亚胺是一类含有 C=N 键的重要化合物，在医药、农用化学品、合成化学等领域具有广泛应用。作为合成精细化学品和药物的关键中间体，亚胺参与众多有机合成过程及药物分子构建，如用于合成喹啉、吲哚和噁嗪等化合物，也常用于工业合成中的还原、加成、缩合、环化和氮杂环丙烷化反应[15,16]。然而，传统的亚胺合成方法一般通过胺与醛或酮脱水缩合，该过程通常需要路易斯酸催化剂、脱水剂以及较长的反应时间。反应平衡通常更倾向于羰基化合物与胺一侧，需共沸蒸馏、回流分水或使用分子筛等脱水手段推动平衡正向进行。此外，传统方法还存在选择性差、官能团耐受性差、后处理复杂以及反应条件苛刻等问题[17]。近年来，光催化胺的直接偶联合成亚胺因其绿色、高效的特点而受到广泛关注。光催化可利用光能激发催化剂产生活性物种，促进胺的氧化偶联合成亚胺，无须高温或昂贵催化剂，且反应条件温和，具有良好的应用前景。

本研究采用晶面工程与构建异质结协同改性策略，成功制备了具有不同晶面的 MoS_2/CdS Z 型异质结催化剂。与单一 CdS 相比，MoS_2/CdS 异质结光催化剂性能显著提高，可归因于 Z 型异质结的存在提高了光生载流子的分离效率。此外，即使经过 5 次循环使用，该光催化剂仍表现出高催化活性，证明 Z 型异质结能有效抑制 CdS 的光腐蚀现象。值得一提的是，该反应可在厌氧和需氧条件下通过不同路径进行。本研究为构建 MoS_2/CdS Z 型异质结光催化剂及绿色合成亚胺提供了一种系统性的方法。

2.2 光催化剂的制备

本实验所用化学试剂：二水合醋酸镉［$Cd(CH_3COO)_2 \cdot 2H_2O$］和硝酸银（$AgNO_3$），硫脲［$CS(NH_2)_2$］。所有化学品均为分析级试剂，直接使用未经纯化处理。实验所用水均为超纯水（电阻率 18.25 MΩ·cm），全程用于溶液配制及反应体系构建。

光催化剂合成过程如图 2-1 所示。

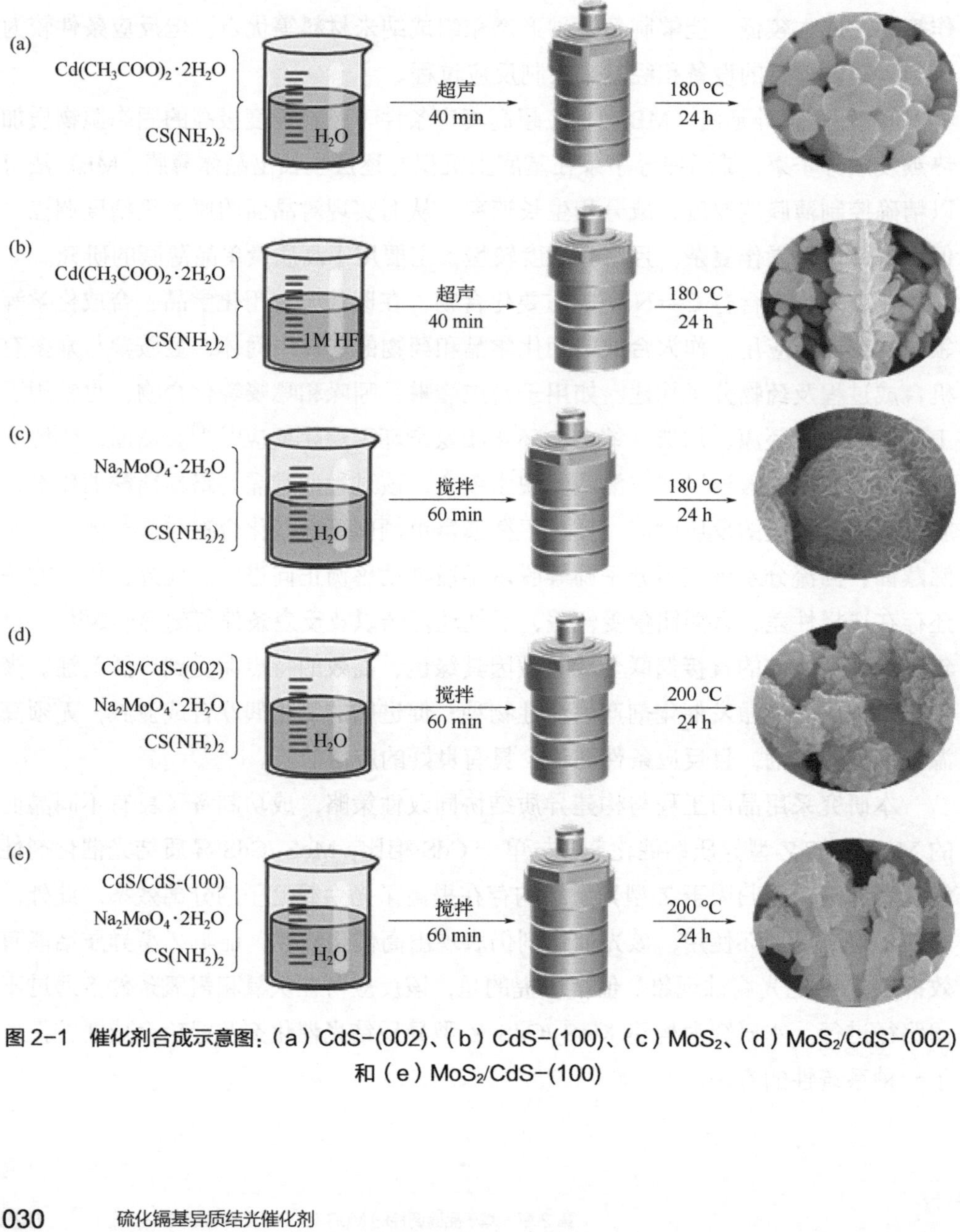

图 2-1 催化剂合成示意图：（a）CdS-(002)、（b）CdS-(100)、（c）MoS_2、（d）MoS_2/CdS-(002) 和（e）MoS_2/CdS-(100)

2.2.1 样品 CdS-(002)的制备

称取 $Cd(CH_3COO)_2 \cdot 2H_2O$（533 mg, 2 mmol）和 $CS(NH_2)_2$（152 mg, 2 mmol），将其溶于 60 mL 去离子水中，对混合溶液进行超声分散处理 40 min 后，将溶液转移至 100 mL 的水热反应釜中。在 180 ℃条件下，让混合物进行水热反应 24 h。反应结束后，对所得产物进行离心分离，并依次用去离子水和无水乙醇多次洗涤。最后，将清洗后的沉淀置于 60 ℃的真空干燥箱中干燥 8 h，最终获得暴露(002)晶面的 CdS 样品，命名为 CdS-(002)。

2.2.2 样品 CdS-(100)的制备

将上述制备过程中的溶剂换成 1 mol/L HF 水溶液，其它反应条件不变，合成具有(100)面暴露特征的 CdS 样品，命名为 CdS-(100)。

2.2.3 样品 MoS_2 的制备

称取 $Na_2MoO_4 \cdot 2H_2O$（2.1 g）和 $CS(NH_2)_2$（3.8 g），溶于 60 mL 去离子水中，在 500 r/min 的搅拌速度下搅拌 1 h，使其充分溶解并均匀分散。将混合溶液注入到 100 mL 水热反应釜中，在程序升温箱中 200 ℃反应 24 h。待反应完成后，对生成的产物离心分离，依次用去离子水和无水乙醇清洗 3 次。最后，将所得沉淀物置于 60 ℃真空干燥箱中干燥 8 h，得到目标样品 MoS_2。

2.2.4 样品 MoS_2/CdS-(100)的制备

将 CdS-(100)（300 mg）、适量的 $CS(NH_2)_2$ 和 $Na_2MoO_4 \cdot 2H_2O$ 溶于 60 mL 去离子水中，在 500 r/min 的搅拌速度下搅拌 1 h，使其充分溶解并均匀分散。将混合溶液注入 100 mL 水热反应釜中，在程序升温箱中 200 ℃反应 24 h。反应结束后，对产物进行离心分离，并依次用去离子水和无水乙醇洗涤 3 次。最后，将所得沉淀物置于 60 ℃真空干燥箱中干燥 8 h，得到目标产物 MoS_2/CdS-(100)。根据制备过程中 MoS_2 和 CdS 的质量比不同，将所得复合材料标记为 x% MoS_2/CdS-(100)（其中 x 分别为 10、20、30、40）。

2.2.5 样品 MoS_2/CdS-(002)的制备

按照 2.2.4 节中的制备方法，将其中的 CdS-(100)换成 CdS-(002)，其它反应条件不变，合成 MoS_2/CdS-(002)复合材料。

2.3 催化剂表征

2.3.1 晶体结构与微观形貌分析

首先通过 X 射线衍射（XRD）对所制备的光催化剂的晶体结构进行了分析。XRD 谱图分析显示，所制备的 CdS 为六方相 CdS，其特征峰标准卡片（PDF 77-2306）[18]高度匹配，且特征峰形尖锐，表明样品具有很高的结晶度［图 2-2（a）］。另外，溶剂对 CdS 主要暴露晶面起主要作用。当制备过程以水为溶剂时，得到主要暴露晶面为（002）的 CdS，其特征衍射峰位于 26.5°；而采用 1 mol/L HF 作为溶剂时，所得到的 CdS 主要暴露（100）晶面，其特征衍射峰出现在 24.8° 处。MoS_2 的 XRD 谱图能够很好地与标准卡片（PDF 37-1492）吻合，但其衍射峰表现为明显的宽峰，表明所制备的 MoS_2 结晶度较低［图 2-2（b）］[8]。对于 MoS_2/CdS 复合材料的 XRD 图谱，CdS 的特征衍射峰仍然明显，且位置与强度未发生显著变化，说明复合后 CdS 的晶体结构和暴露晶面得以保持。此外，图谱中未观察到明显的 MoS_2 衍射峰，这可能归因于 MoS_2 负载量较低及其结晶度较差［图 2-2（c）和（d）］。

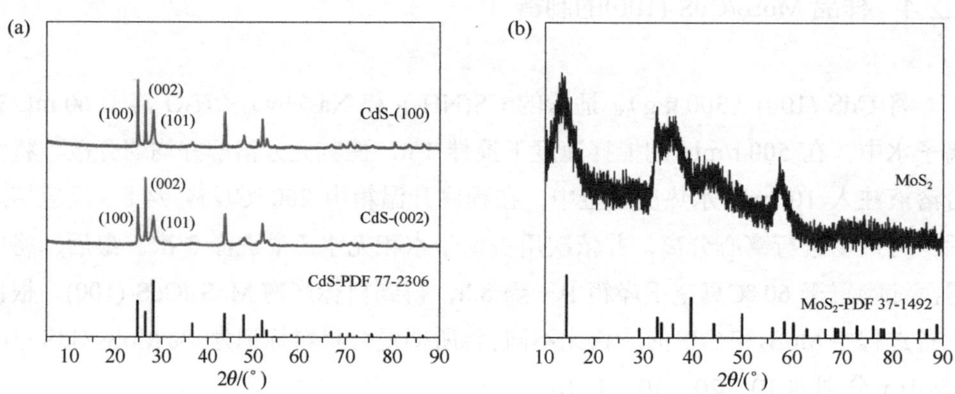

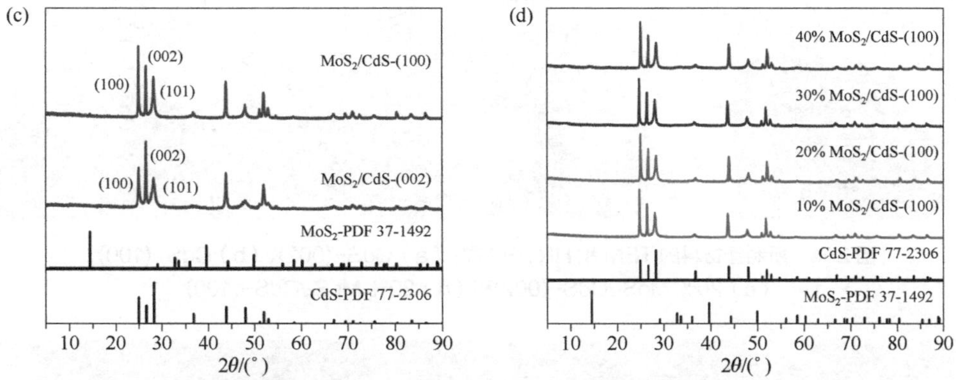

图 2-2　CdS 及复合材料的 XRD 谱图：（a）CdS-(100)和 CdS-(002)；（b）MoS_2；（c）MoS_2/CdS-(100)和 MoS_2/CdS-(002)；（d）质量分数不同的 MoS_2/CdS-(100)

采用扫描电子显微镜（SEM）和透射电子显微镜（TEM）对催化剂的形貌与微观结构进行了系统表征。SEM 图像显示，CdS-(002)呈直径约 500 nm、尺寸均一的纳米球形貌[图 2-3（a）]；而 CdS-(100)则表现出树枝状结构特征[图 2-3（b）]。从图 2-3（c）和（d）中可以观察到花状 MoS_2 均匀分布于两种不同形貌的 CdS 基底表面。高分辨率透射电镜（HRTEM）所显示的清晰晶格条纹表明了材料的高结晶度。其中，0.34 nm 的晶格间距与 CdS 的(002)晶面相符[19]，而 0.36 nm 的间距则归属于 CdS 的(100)晶面[20]［图 2-4（a）和（b）］，证明以简单的一步水热法可以成功合成不同暴露晶面的 CdS 材料。此外，在图 2-4（c）和（d）中也观察到暴露(002)晶面的 MoS_2 和(002)晶面以及(100)晶面的 CdS，表明成功构建了 MoS_2/CdS 异质结[21,22]。EDS 元素面分布结果显示，Cd、Mo 和 S 元素在复合材料中均匀分布（图 2-5 和图 2-6），进一步验证了 MoS_2/CdS 异质结的形成[23]。

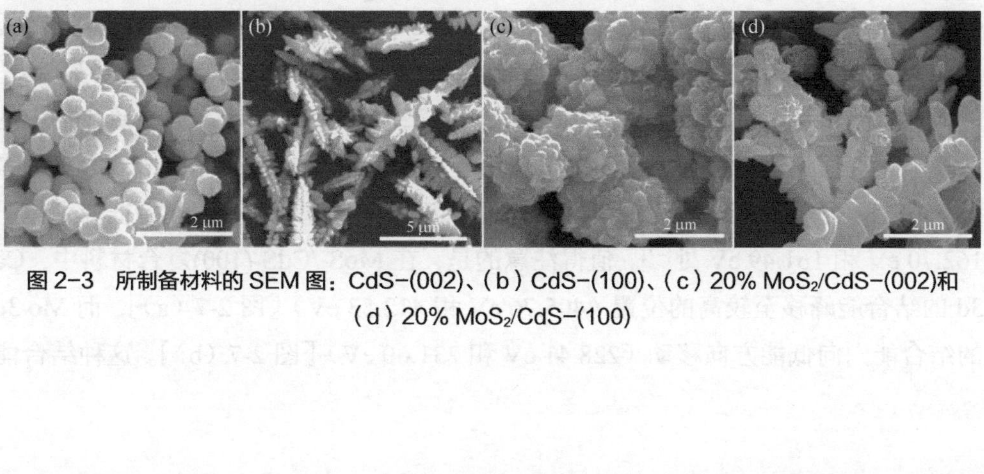

图 2-3　所制备材料的 SEM 图：CdS-(002)、（b）CdS-(100)、（c）20% MoS_2/CdS-(002)和（d）20% MoS_2/CdS-(100)

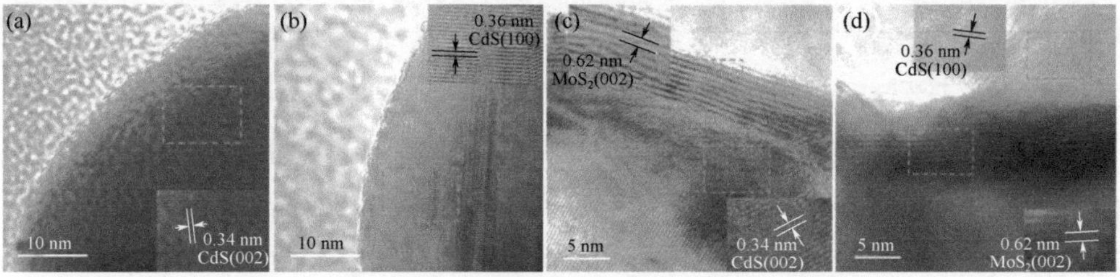

图 2-4　所制备材料的 TEM 和 HRTEM 图：（a）CdS-(002)、（b）CdS-(100)、（c）20% MoS_2/CdS-(002)和（d）20% MoS_2/CdS-(100)

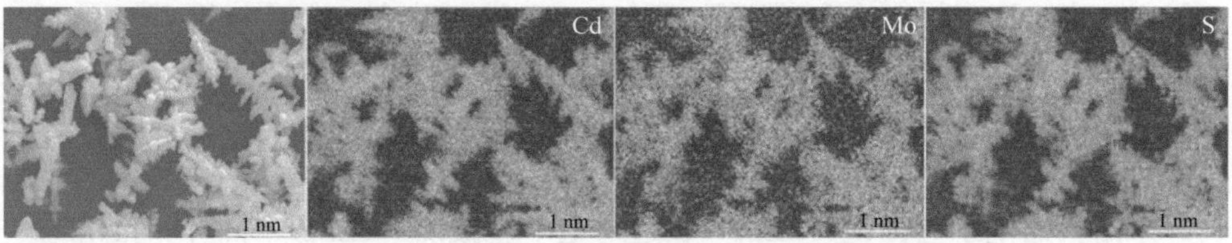

图 2-5　20% MoS_2/CdS-(002)的 EDS 元素映射图

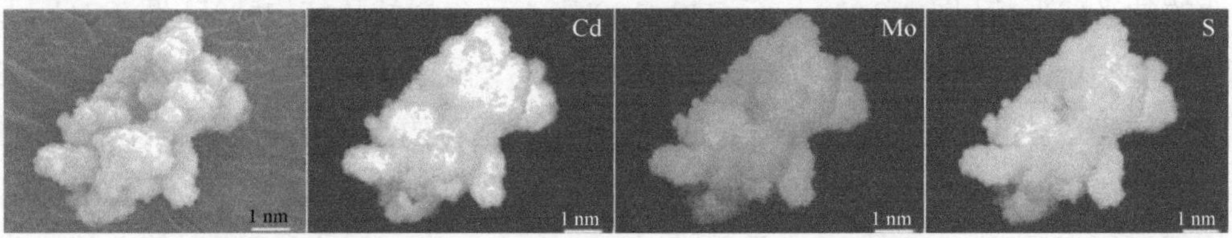

图 2-6　20% MoS_2/CdS-(100)的 EDS 元素映射图

2.3.2　元素组成分析

采用 X 射线光电子能谱（XPS）对催化剂的表面元素组成和化学状态进行了分析（图 2-7）。如图 2-7（a）所示，CdS-(100)样品中 Cd 3d 的 XPS 谱在结合能 412.06 eV 和 405.28 eV 处出现两个峰，分别对应于 Cd^{2+}的 Cd $3d_{3/2}$和 Cd $3d_{5/2}$能级。对于 MoS_2样品，其 Mo 3d 谱［图 2-7（b）］在 232.09 eV 和 228.78 eV 处可见 Mo^{4+}的 Mo $3d_{3/2}$和 Mo $3d_{5/2}$特征峰[24]。同时，位于 225.97 eV 处的峰来源于硫化物中的 S 2s 轨道[25]。在 S 2p 谱［图 2-7（c）］中，MoS_2在 162.90 eV 和 161.64 eV 处显示 S^{2-}的 S $2p_{1/2}$和 S $2p_{3/2}$双峰结构[26]；而 CdS-(100)中相应的 S 2p 特征峰则位于 162.70 eV 和 161.49 eV 处[27]。值得注意的是，在 MoS_2/CdS-(100)复合材料中，Cd 3d 的结合能峰移至较高的位置（405.76 eV 和 412.53 eV）［图 2-7（a）］，而 Mo 3d 的结合能则向低能方向移动（228.41 eV 和 231.60 eV）［图 2-7（b）］。这种结合能

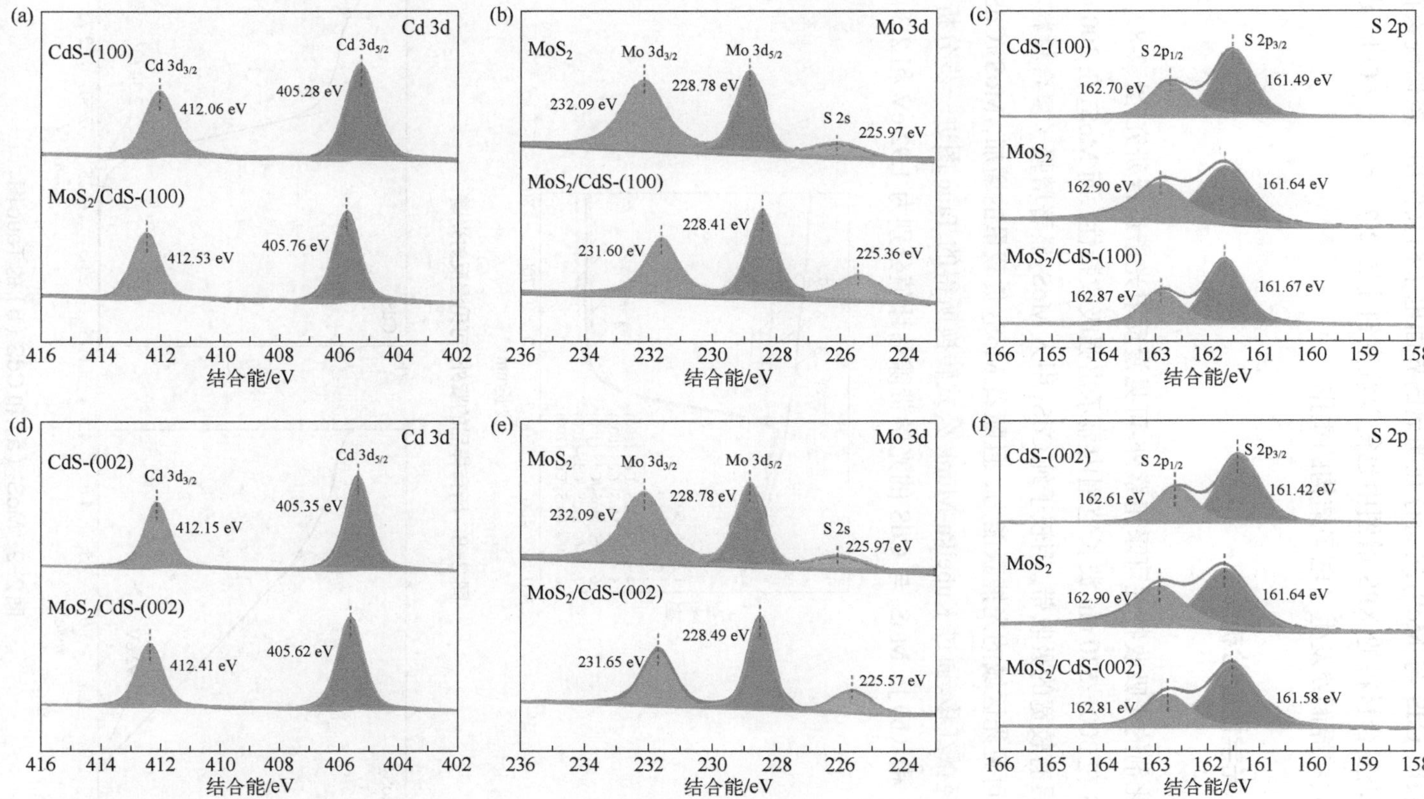

图 2-7　CdS-(100)、CdS-(002)、MoS_2、MoS_2/CdS-(100)和 MoS_2/CdS-(002)样品的 XPS 谱图：(a)和(d) Cd 3d；(b)和(e) Mo 3d；(c)和(f) S 2p

的偏移表明 CdS 与 MoS_2之间存在明显的界面电子相互作用。类似现象在 MoS_2/CdS-(002)复合材料的 XPS 谱图中也得以观察到［图 2-7（d）～（f)]，进一步印证了异质结界面处发生了电子结构的重排。

2.3.3 光学性能分析

催化剂的光吸收特性可采用紫外-可见漫反射光谱进行研究(图 2-8)。结果表明，CdS 在 300～530 nm 波长范围内显示出强吸收特性，而 MoS_2 在 300～800 nm 范围内具有较宽的吸收带。相较于纯 CdS，引入 MoS_2 显著增强了复合材料在 530～800 nm 可见光区域的光捕获能力，且随着 MoS_2 负载量的增加，MoS_2/CdS 的吸收边发生轻微红移。通过 Kubelka-Munk 公式转换所得的 Tauc 图进一步分析显示[图 2-9（a）和（b)]，MoS_2 与 CdS 的光学带隙估计值分别为 1.92 eV 和 2.34 eV。

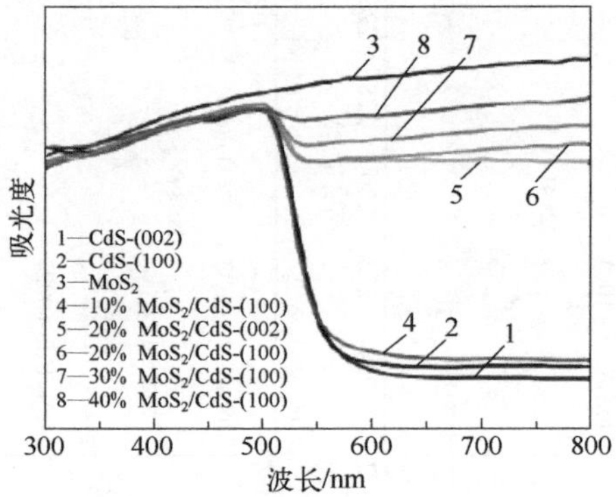

图 2-8 所有样品的紫外-可见漫反射光谱

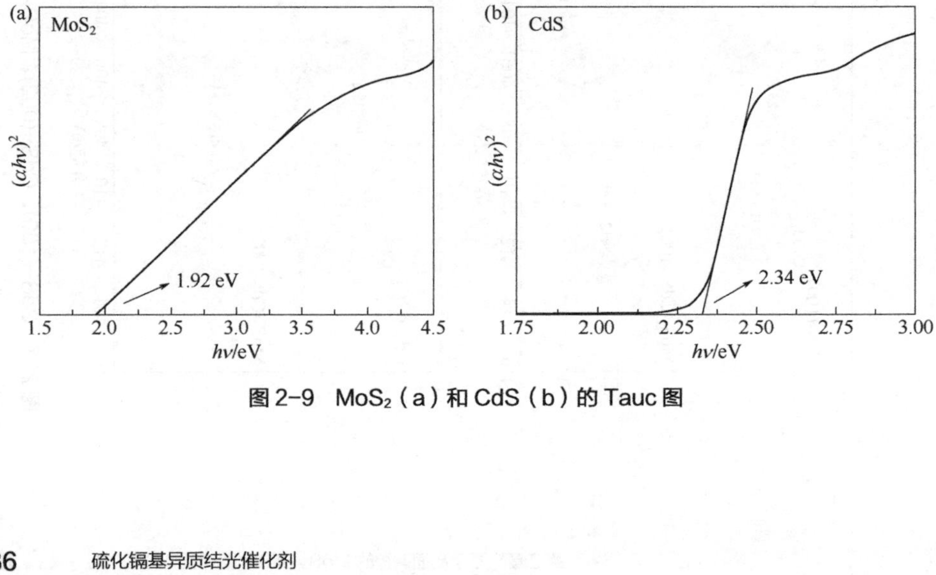

图 2-9 MoS_2（a）和 CdS（b）的 Tauc 图

2.4 光催化苄胺偶联性能测试

以苄胺氧化偶联为模型反应，对 CdS 及 MoS_2/CdS 复合材料的光催化性能进行了系统评估。在标准反应条件下，于 10 mL Schlenk 反应管中，加入 10 mg 半导体催化剂、0.1 mmol 苄胺和 4 mL 乙腈，在黑暗下搅拌 15 min 使其达到吸附平衡。之后在空气下，用 30 W 的白光 LED 光照 2.5 h。反应结束后，取上清液过滤后通过气相色谱检测，计算得到苄胺转化率及 *N*-苄烯丁胺选择性。如图 2-10（a）所示，单独的 MoS_2 催化剂对苄胺偶联反应几乎没有响应，单一的 CdS 能够催化苄胺氧化，但转化率较低，CdS-(100)和 CdS-(002)催化剂的转化率仅为 35%和 24%。MoS_2/CdS 异质结的光催化性能显著优于单一组分，其中 MoS_2 质量分数为 20%的 MoS_2/CdS-(100)效果最佳，转化率达到 89%，高于相同负载量下 MoS_2/CdS-(002)的转化率（73%），表明以(100)晶面为主要暴露面的 CdS 基底更有利于该反应。此外，MoS_2 的负载量对催化性能具有显著影响［图 2-10（b）］：在 MoS_2/CdS-(100)系列复合材料中，质量分数为 20%复合材料的转化率最高。与文献已报道的催化体系相比（表 2-1），本研究所制备的 MoS_2/CdS 复合材料在苄胺光催化偶联反应中表现出更优越的催化效率。

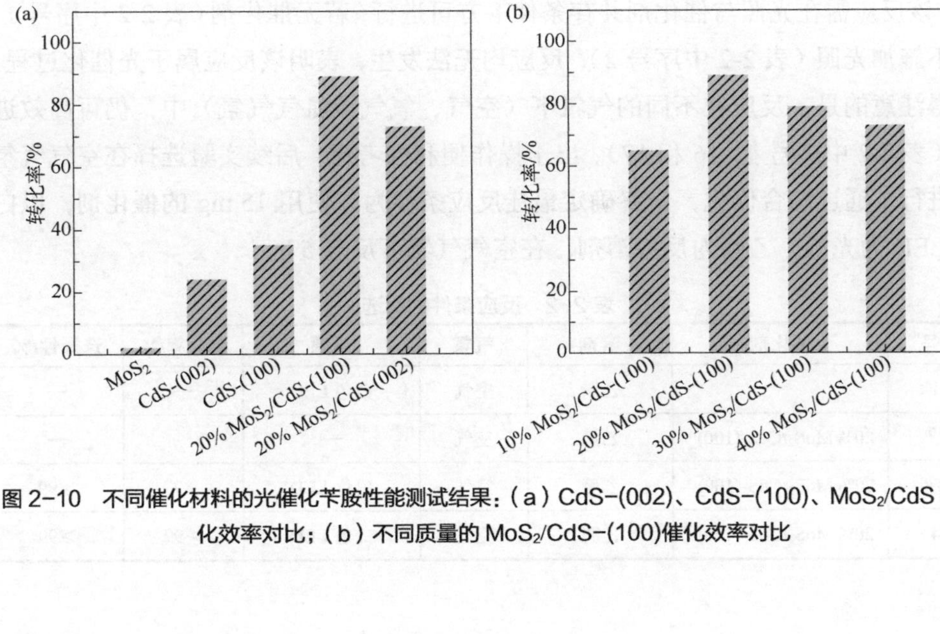

图 2-10　不同催化材料的光催化苄胺性能测试结果：（a）CdS-(002)、CdS-(100)、MoS_2/CdS 的催化效率对比；（b）不同质量的 MoS_2/CdS-(100)催化效率对比

表 2-1 本工作与已报道文献中光催化苄胺氧化性能对比

光催化剂	反应条件	光源	效率 /[μmol/(g·h)]	参考文献
MoS_2/CdS	15 mg 催化剂，0.1 mmol 苄胺，4 mL 乙腈	30 W 白光 LED	667	本工作
$g\text{-}C_3N_4/BiOBr$	100 mg 催化剂，5 mmol 苄胺，25 mL 乙腈	50 W 白光 LED	313	[28]
$TiO_2/g\text{-}C_3N_4$	10 mg 催化剂，0.2 mmol 苄胺，2 mL 甲苯	50 W 卤灯	375	[29]
$CdS/Ti_3C_2T_x$	10 mg 催化剂，5 mL DMF-H_2O 的胺溶液	300 W 氙灯（λ>420 nm）	156	[30]
2D-MoS_2	3 mg 催化剂，80℃，0.1 mmol 苄胺	45 W 白光 LED	23	[31]
TiO_2(B)/anatase	50 mg 催化剂，0.25 mmol 苄胺，10 mL 乙腈	300 W 氙灯（λ>420 nm）	329	[32]
Pd/NH2-MIL-125	5 mg 催化剂，0.1 mmol 苄胺，2 mL 乙腈	300 W 氙灯（λ>420 nm）	819	[33]
PCN	20 mg 催化剂，10 mL 苄胺，50 mL 去离子水	300 W 氙灯（λ>420 nm）	417	[34]
Pd/BiOCl	10 mg 催化剂，0.2 mmol 苄胺，1.5 mL 乙腈	300 W 氙灯（λ>420 nm）	833	[35]
Q-$BiVO_4$	10 mg 催化剂，0.1 mmol 苄胺，5 mL 乙腈	300 W 氙灯（λ>420 nm）	32	[36]
Bi_5O_7I-(010)	100 mg 催化剂，0.1 mmol 苄胺，5 mL 乙腈	15 W 飞利浦灯	28	[37]

接下来，对反应条件进行筛选，以确定最佳反应条件（表 2-2）。实验结果表明，该反应需在光照与催化剂共存条件下方可进行；若无催化剂（表 2-2 中序号 1）或不施加光照（表 2-2 中序号 2），反应均无法发生，表明该反应属于光催化过程。值得注意的是，反应在不同的气氛下（空气、氧气或氮气气氛）中，仍可高效进行（表 2-2 中序号 4、16 和 17）。出于操作便利性考虑，后续实验选择在空气气氛中进行。通过综合优化，最终确定最佳反应条件为：使用 15 mg 的催化剂，以白光 LED 为光源，乙腈为反应溶剂，在空气气氛下反应 5 h。

表 2-2 反应条件的筛选

序号①	催化剂	溶剂	气氛	光源	转化率/%	选择性/%
1	—	乙腈	空气	白色 LED	—	—
2②	20% MoS_2/CdS-(100)	乙腈	空气	—	—	—
3②	20% MoS_2/CdS-(100)	乙腈	空气	白色 LED	89	>99
4	20% MoS_2/CdS-(100)	乙腈	空气	白色 LED	>99	>99

续表

序号[①]	催化剂	溶剂	气氛	光源	转化率/%	选择性/%
5[③]	20% MoS_2/CdS-(100)	乙腈	空气	白色 LED	91	>99
6	20% MoS_2/CdS-(100)	甲醇	空气	白色 LED	87	>99
7	20% MoS_2/CdS-(100)	DMF	空气	白色 LED	>99	92
8	20% MoS_2/CdS-(100)	DCE	空气	白色 LED	>99	97
9	20% MoS_2/CdS-(100)	THF	空气	白色 LED	85	34
10	20% MoS_2/CdS-(100)	DMSO	空气	白色 LED	>99	92
11	20% MoS_2/CdS-(100)	1,4-二噁烷	空气	白色 LED	22	>99
12	20% MoS_2/CdS-(100)	甲苯	空气	白色 LED	18	>99
13	20% MoS_2/CdS-(100)	乙腈	空气	红色 LED	—	—
14	20% MoS_2/CdS-(100)	乙腈	空气	绿色 LED	92	>99
15	20% MoS_2/CdS-(100)	乙腈	空气	蓝色 LED	>99	>99
16	20% MoS_2/CdS-(100)	乙腈	O_2	白色 LED	>99	>99
17	20% MoS_2/CdS-(100)	乙腈	N_2	白色 LED	>99	>99

①反应条件：以 0.1 mmol 苄胺为底物，催化剂用量为 15 mg，溶剂用量为 4 mL，反应时间为 5 h。

②催化剂用量为 10 mg。

③反应时间为 4 h。

在最优反应条件下，对催化剂在苄胺偶联反应中的官能团兼容性进行系统探究，结果如表 2-3 所示。无论苄胺的对位连有吸电子基团（—F、—Cl、—Br）还是给电子基团（—OCH_3、—CH_3），反应均能以较高转化率和选择性（表 2-3 中序号 1～6）进行。但是当邻位或间位连有取代基如—OCH_3、—Cl 时，转化率明显下降（表 2-3 中序号 7～10），尤其是邻位连有取代基的底物，反应转化率仅有 35%。上述结果说明，在该催化体系中，空间位阻是影响反应活性的关键因素，而非电子效应。

表 2-3 反应底物的拓展

序号[①]	底物	产物	转化率/%	选择性/%
1	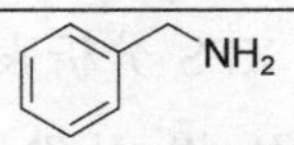	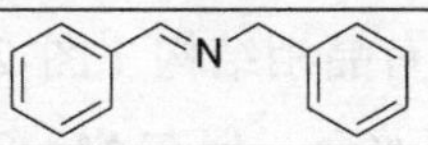	>99	>99
2	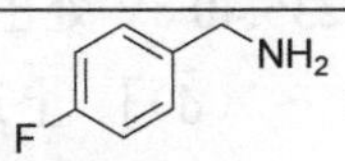	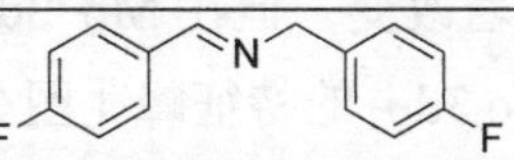	>99	>99

续表

序号①	底物	产物	转化率/%	选择性/%
3	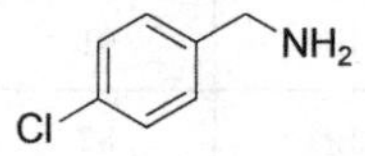	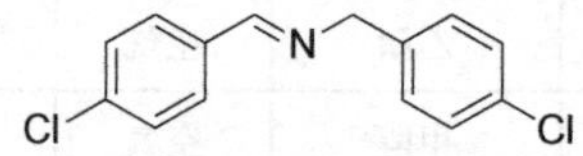	>99	>99
4	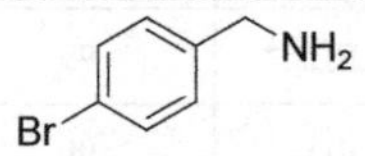	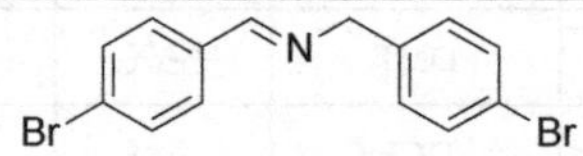	>99	>99
5	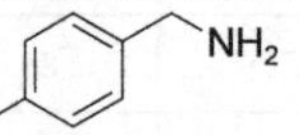	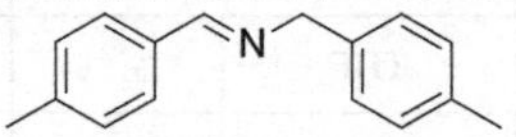	>99	>99
6	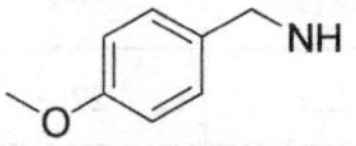	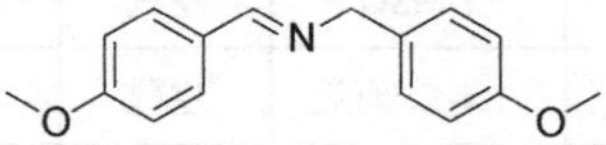	>99	>99
7	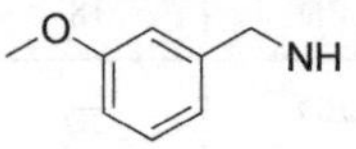	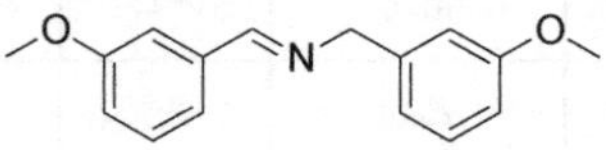	97	>99
8	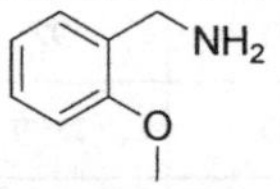	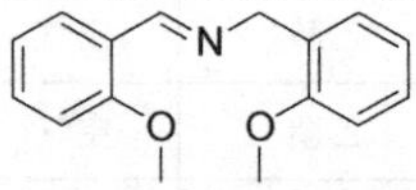	35	>99
9	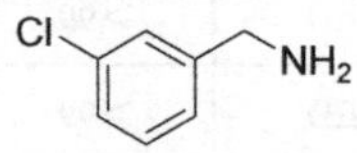	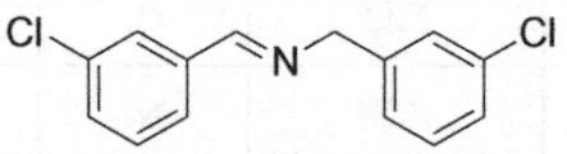	98	>99
10	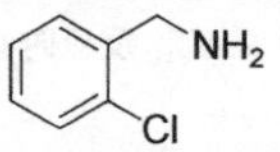	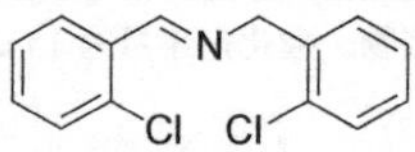	65	>99

①反应条件：取代的苄胺（0.1 mmol），催化剂［20% MoS_2/CdS-(100)，15 mg］，溶剂（4 mL 乙腈），30 W 白色 LED 灯，空气氛围下反应 5 h。

可重复使用性是评估光催化剂实际应用价值的关键参数之一。为此，通过循环实验对所制备催化剂的稳定性进行了系统考察。经过连续 5 次循环使用后，苄胺的光催化转化率仅出现轻微降低（图 2-11），表明 MoS_2/CdS-(100)复合材料仍保持良好的催化活性，并具备较好的可回收性能。为探究活性略微下降的原因，采用 SEM、XRD 和 XPS 对循环使用后的催化剂进行了表征。结果表明，即使经历 5 次反应后，仍可清晰检测到 CdS 与 MoS_2 的物相存在，说明催化剂整体结构保持稳定。循环反应后，SEM 图像显示原始 MoS_2 的花状纳米球形貌发生明显变化，部分结构转变为片状并分布于 CdS 表面（图 2-12）。XRD 谱图表明，反应后的 MoS_2/CdS-(100)仍保持其原有晶相结构［图 2-13（a）］。XPS 分析表明，Cd 与 S 元素的化学状态未发生显著改变，但在 Mo 3d 谱中于 235.40 eV 处出现一新峰，该峰可归属为 MoO_3 中 Mo $3d_{5/2}$ 的特征峰［图 2-13（b）～（d）］。上述结果表明，

MoS_2的部分氧化是造成循环使用 5 次后 MoS_2/CdS-(100)光催化效率略有下降的主要原因。

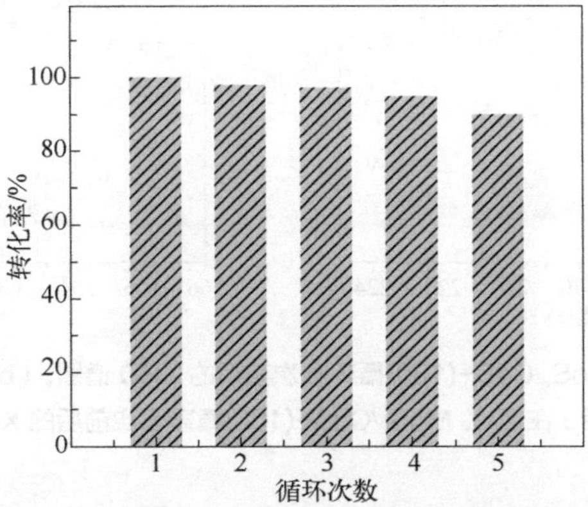

图 2-11　20% MoS_2/CdS-(100)光催化苄胺偶联循环性能测试

图 2-12　20% MoS_2/CdS-(100)循环 5 次后的 SEM 图

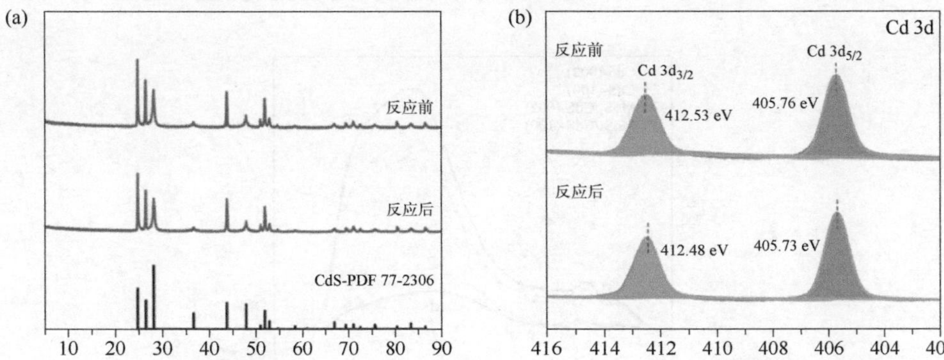

图 2-13

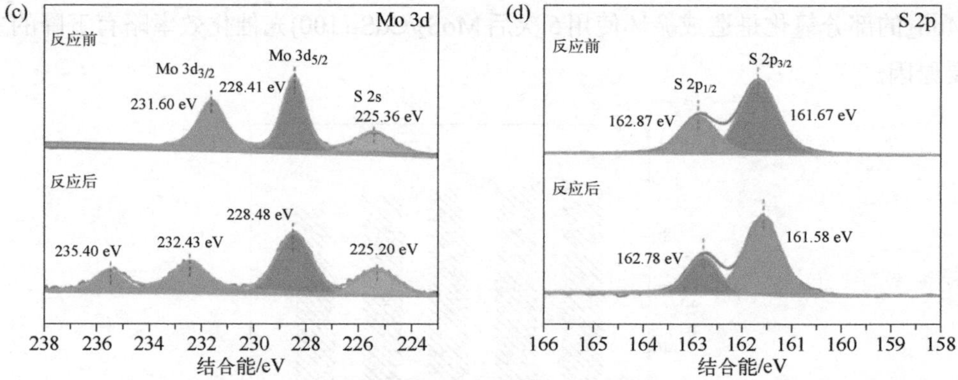

图 2-13 （a）20% MoS_2/CdS-(100)循环 5 次前后的 XRD 谱图；（b）Cd 3d、（c）Mo 3d、（d）S 2p 在 20% MoS_2/CdS-(100)循环 5 次前后的 XPS 谱图

2.5 光电化学性能测试

在 430 nm 单色光激发条件下对样品进行了光致发光（PL）光谱分析，暴露不同晶面的样品，其光生载流子分离效率明显不同，从低到高依次为 CdS-(002)、CdS-(100)、MoS_2/CdS-(002)、MoS_2/CdS-(100)。表明暴露(100)晶面的 CdS 具有更高的载流子分离效率（图 2-14）。单一 CdS 半导体显示出较强的 PL 发射带说明其载流子复合较为严重；而在 MoS_2/CdS 复合材料中，PL 发射强度显著降低，说明 MoS_2 的引入有效抑制了光生电子-空穴对的复合。进一步通过瞬态光电流响应和电化学阻抗谱（EIS）对载流子行为进行了研究。光电流响应强度按从弱到强依

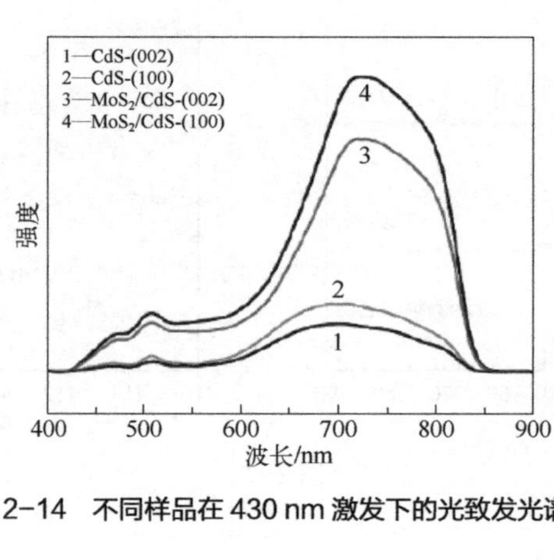

图 2-14 不同样品在 430 nm 激发下的光致发光谱图

次为 CdS-(002)、CdS-(100)、MoS_2/CdS-(002)、MoS_2/CdS-(100)；EIS 谱中的弧半径则按从大到小为 CdS-(002)、CdS-(100)、MoS_2/CdS-(002)和 MoS_2/CdS-(100)［图 2-15（b）和（c）］。这些结果一致表明，(100)晶面的暴露以及 MoS_2/CdS 异质结结构的成功构建有效增强了光生电荷的分离与迁移效率，进而显著提升了光催化苄胺氧化反应的转化率和选择性。

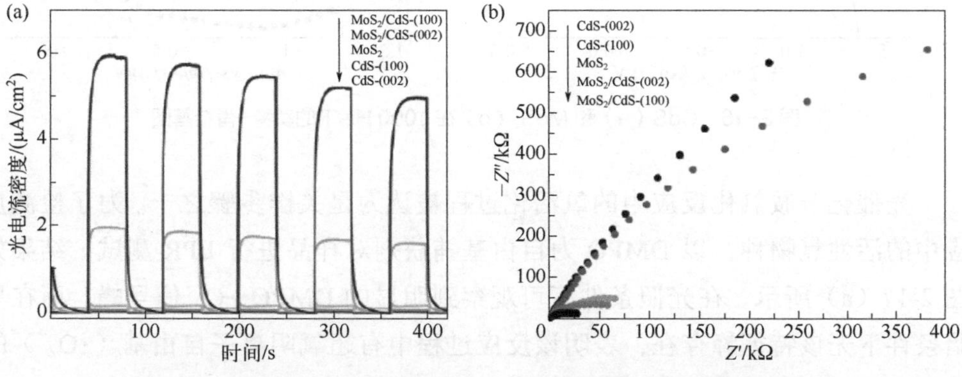

图 2-15　不同样品的瞬态光电流图（a）和电化学阻抗奈奎斯特图（b）

2.6　光催化苄胺氧化机理研究

催化剂的光催化性能在很大程度上受其能带结构的调控。利用莫特-肖特基测试对 CdS 和 MoS_2 的平带电位进行测定，由曲线的正斜率可知，MoS_2 和 CdS 属于 n 型半导体（图 2-16），因为 n 型半导体的平带电位接近导带电位，接着估算出相对于参比电极 Ag/AgCl（pH = 7）的平带电位，CdS 为−1.29 V，MoS_2 为−0.34 V。由于 n 型半导体的导带底（E_{CB}）与其平带电位数值接近，可换算得到相对于标准氢电极（NHE）的导带电位分别为：CdS 为−1.09 V，MoS_2 为−0.14 V（相对于 NHE）[38]。结合此前通过紫外-可见漫反射光谱所获得的禁带宽度数据，并依据公式（2-1）进一步计算，得出 CdS 和 MoS_2 的价带位置分别为 1.25 V 和 1.78 V。

$$E_{VB} = E_g + E_{CB} \tag{2-1}$$

其中，E_{VB} 为价带值，E_{CB} 为导带值，E_g 为带隙。

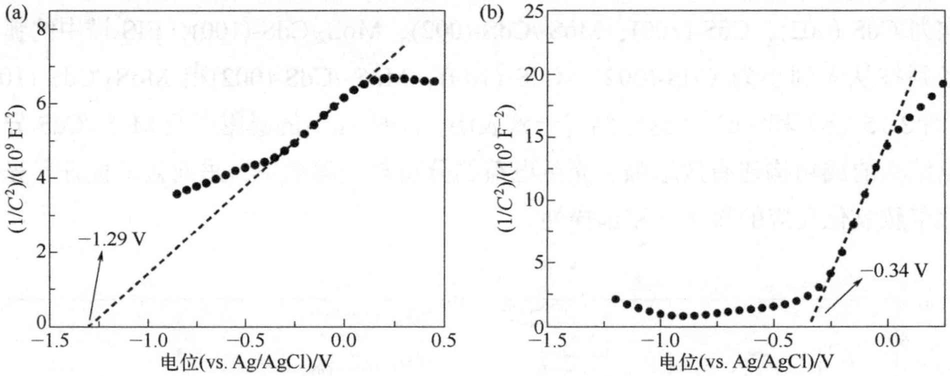

图 2-16 CdS（a）和 MoS_2（b）在 1000 Hz 下的莫特–肖特基图

光催化苄胺氧化反应中的氧活化过程被认为是关键步骤之一。为了检测反应中的活性氧物种，以 DMPO 为自由基捕获剂对样品进行 EPR 测试，结果如图 2-17（a）所示。在光照条件下可观察到明显的 DMPO-$\cdot O_2^-$信号峰，而在黑暗条件下无该特征峰存在，表明该反应过程中有超氧阴离子自由基（$\cdot O_2^-$）的存在。

为进一步识别反应中的关键活性物种，分别在氧气和氮气气氛中开展了自由基猝灭实验［图 2-17（b）］。使用异丙醇（IPA）、对苯醌（*p*-BQ）、乙酸锰［$Mn(OAc)_2$］、碘化钾（KI）分别用于捕获羟基自由基（·OH）、$\cdot O_2^-$、电子（e^-）和空穴（h^+）。在氧气条件下，添加 IPA 对反应转化率影响不大，而对苯醌、KI 和 $Mn(OAc)_2$ 均显著抑制反应进行。同时，通过碘量法检测到 H_2O_2 的生成［图 2-17（c）］，说明在有氧条件下，$\cdot O_2^-$、光生电子和空穴都参与了苄胺偶联生成亚胺的过程。

基于能带结构分析，若遵循传统Ⅱ型异质结机制，光生电子将从 CdS 的导带（$E_{CB}=-1.09$ V）转移至 MoS_2 的导带（$E_{CB}=-0.14$ V）［图 2-17（d）］。然而，MoS_2 导带位置的还原能力不足以将 O_2 还原为$\cdot O_2^-$（$O_2/\cdot O_2^-$的标准还原电位为−0.33 V，相对于 NHE）[39]。因此，MoS_2/CdS 复合材料中的光生电荷迁移行为更符合 Z 型异质结机制［图 2-17（e）］，而非Ⅱ型机制。

在无氧条件下，$Mn(OAc)_2$ 和 KI 的加入会明显降低反应的转化率，说明光生电子和空穴仍发挥关键作用；而对苯醌和 IPA 则未表现出明显抑制效果。此外，通过气相色谱分析产物，观察到氢气的生成［图 2-17（f）］，表明在无氧环境和有氧条件下经历不同反应路径：光生空穴触发苄胺分子发生脱氢氧化，释放出质子；随后，这些质子与光生电子发生还原反应，偶合生成氢气[40]。

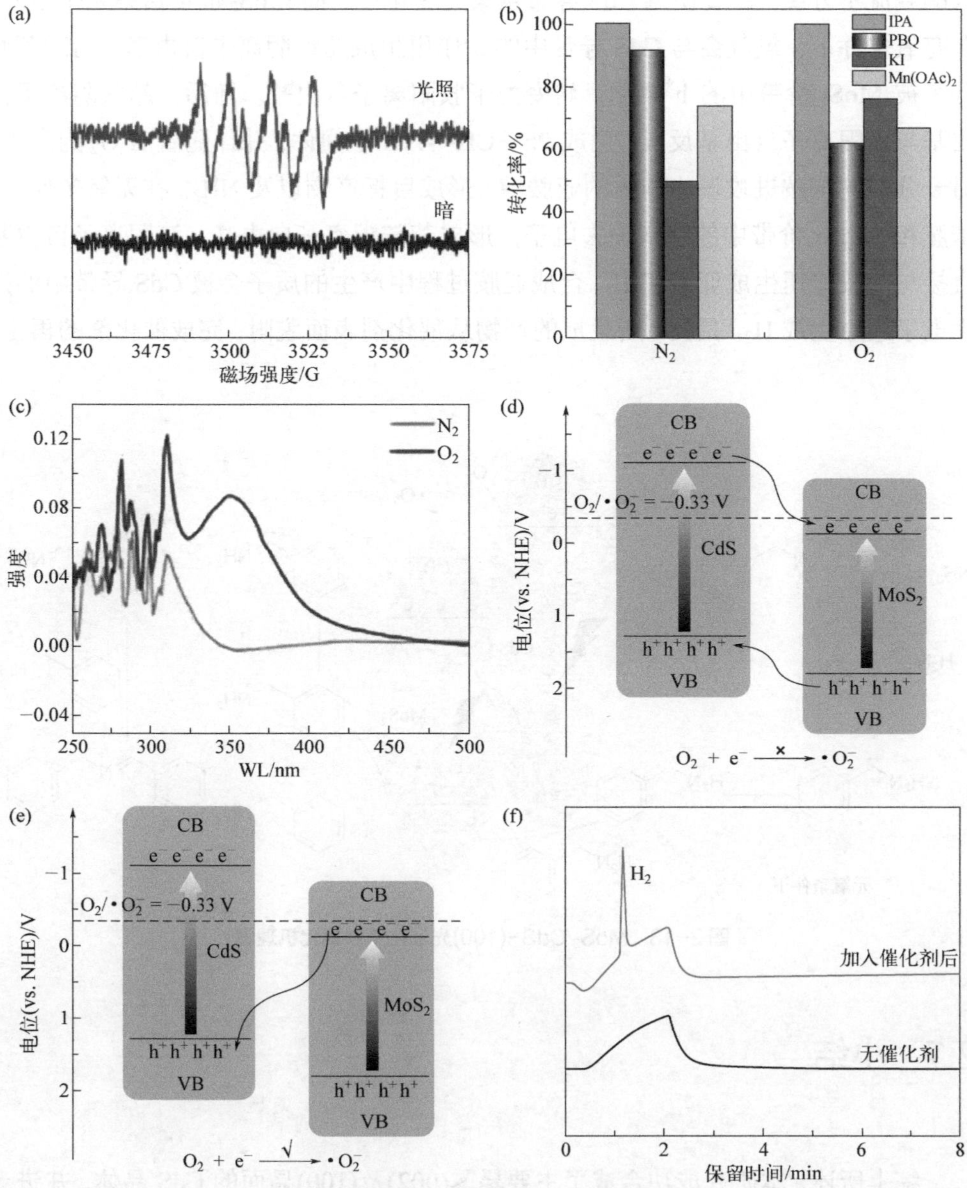

图 2-17　（a）DMPO-·OH 的 EPR 信号；（b）不同自由基清除剂捕获实验；（c）H_2O_2的紫外吸收光谱图；（d）Ⅱ型异质结的电荷转移示意图；（e）Z 型异质结的电荷转移示意图；（f）H_2的气相色谱谱图

根据上述研究结果，本文提出了 MoS_2/CdS 光催化苄胺偶联反应的可能机理，如图 2-18 所示：MoS_2 与 CdS 可同时被光激发，发生电子跃迁，产生光生电子与空穴。随后，MoS_2 导带中的电子迁移至 CdS 的价带并与空穴复合，从而实现有效的载流子分离，最终使得 CdS 导带富集光生电子，而 MoS_2 价带富集光生空穴。在有氧条件下，氧气会与 CdS 导带中的 e^-作用生成超氧阴离子自由基，同时苄胺分子被 MoS_2 价带中的 h^+氧化，转变为苄胺阳离子自由基。随后，超氧阴离子自由基与该阳离子自由基反应，生成 Ph—CH═NH 中间体，并伴随着 H_2O_2 的产生。另一分子的苄胺进攻该中间体的亚胺键，形成目标产物以及 NH_3。在无氧条件下，苄胺和 MoS_2 价带中的空穴失去电子，形成苄胺阳离子自由基。该阳离子自由基直接与苄胺作用生成亚胺和 H^+。合成亚胺过程中产生的质子会被 CdS 导带中的光生电子还原生成 H_2。最终，所生成的产物从催化剂表面脱附，完成催化剂的再生。

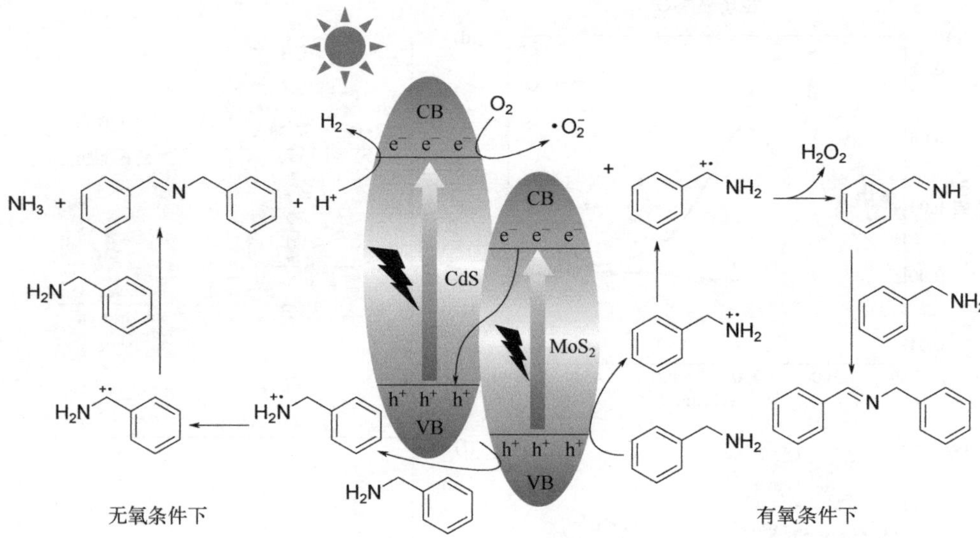

图 2-18　MoS_2/CdS-(100)光催化苄胺氧化机理图

2.7　小结

综上所述，本研究成功合成了主要暴露(002)及(100)晶面的 CdS 晶体，并进一步构建了相应的 MoS_2/CdS Z 型异质结。实验结果表明，该异质结催化剂在苄胺光催化偶联反应中表现出显著增强的活性和稳定性，其性能优于单一 CdS-(002)及 CdS-(100)。光电化学测试证实异质结有效促进了光生载流子的分离与传输。循环实验显示催化剂具有良好的稳定性，证实了异质结结构有效抑制了 CdS 的光腐蚀。机理研究表明，该反应在有氧与无氧条件下分别遵循两种不同路径。本研究为Z型光催化剂的理性设计提供了新思路，并对苄胺选择性氧化偶联反应机制的深入理解具有重要参考价值。

参考文献

[1] Han G, Sun Y. Visible-light-driven organic transformations on semiconductors[J]. Materials Today Physics, 2021, 16: 100297-100323.

[2] Tayyab M, Liu Y, Min S, et al. Simultaneous hydrogen production with the selective oxidation of benzyl alcohol to benzaldehyde by a noble-metal-free photocatalyst VC/CdS nanowires[J]. Chinese Journal of Catalysis, 2022, 43(4): 1165-1175.

[3] Hao X L, Chu X S, Liu X Y, et al. Synergetic metal-semiconductor interaction: Single-atomic Pt decorated CdS nano-photocatalyst for highly water-to-hydrogen conversion[J]. Journal of Colloid and Interface Science, 2022, 621: 160-168.

[4] Huang H, Zhao J, Du Y, et al. Direct Z-Scheme heterojunction of semicoherent $FAPbBr_3/Bi_2WO_6$ interface for photoredox reaction with large driving force[J]. ACS Nano, 2020, 14(12): 16689-16697.

[5] He H, Li Z, Li K, et al. Bifunctional graphene-based metal-free catalysts for oxidative coupling of amines[J]. ACS Applied Materials & Interfaces, 2019, 11(35): 31844-31850.

[6] Xu Q, Feng B, Ye C, et al. Atomically dispersed vanadium sites anchored on N-doped porous carbon for the efficient oxidative coupling of amines to imines[J]. ACS Applied Materials & Interfaces, 2021, 13(13): 15168-15177.

[7] Luo Q, Yin S, Sun X, et al. GaN/BS van der Waals heterostructure: A direct Z-scheme photocatalyst for overall water splitting[J]. Applied Surface Science, 2023, 609: 155400-155408.

[8] Li Y, Yu B, Hu Z, et al. Construction of direct Z-scheme SnS_2@$ZnIn_2S_4$@kaolinite heterostructure photocatalyst for efficient photocatalytic degradation of tetracycline hydrochloride[J].Chemical Engineering Journal, 2022, 429: 132105-132116.

[9] Zhang S, Yang H, Gao H, et al. One-pot synthesis of CdS irregular nanospheres hybridized with oxygen-incorporated defect-rich MoS_2 ultrathin nanosheets for efficient photocatalytic hydrogen evolution[J]. ACS Applied Materials & Interfaces, 2017, 9(28): 23635-23646.

[10] Harish S, Prachi, Archana J, et al. Synergistic interaction of 2D layered MoS_2/ZnS nanocomposite for highly efficient photocatalytic activity under visible light irradiation[J]. Applied Surface Science, 2019, 488: 36-45.

[11] Li N, Zhu Q, Liu G, et al. Modulation of photocatalytic activity of $SrBi_2Ta_2O_9$ nanosheets in NO removal by tuning facets exposure[J]. Journal of Materials Science & Technology, 2022, 122: 91-100.

[12] Ma X, Chen Q, Chen J, et al. Construction and in-situ thermodynamics/kinetics studies on Ag-bridged $g\text{-}C_3N_4$-{002}/BiOBr-{001} facet Z-scheme heterojunction with crystal plane synergistic effect based on photocalorimetry-spectroscopy technology[J]. Journal of Catalysis, 2022, 413: 891-906.

[13] Yang Y, Wang X, Xia Y, et al. The role of facet engineered surface and interface in CdS nanostructures toward solar driven hydrogen evolution[J]. Applied Surface Science, 2023, 615: 156402-156409.

[14] Zhang H, Yu F, Wang Y, et al. Building {0001} and $\{10\bar{1}1\}$ facet heterojunctions on hexagonal

pyramid CdS single crystals with high photoactivity and photostability for hydrogen evolution[J].Chemical Engineering Journal, 2021, 426: 130777-130784.

[15] Zhang Y, Pei L, Zheng Z, et al. Heterojunctions between amorphous and crystalline niobium oxide with enhanced photoactivity for selective aerobic oxidation of benzylamine to imine under visible light[J].Journal of Materials Chemistry A, 2015, 3(35): 18045-18052.

[16] Kobayashi S, Mori Y, Fossey J S, et al. Catalytic enantioselective formation of C-C bonds by addition to imines and hydrazones: a ten-year update[J].Chemical Reviews, 2011, 111(4): 2626-704.

[17] Jin J, Yang C, Zhang B, et al. Selective oxidation of amines using O_2 catalyzed by cobalt thioporphyrazine under visible light[J]. Journal of Catalysis, 2018, 361: 33-39.

[18] Zhang X, Zhao G, Li Z, et al. Spatially isolated noble-metal-free redox cocatalysts on CdS nanorods for increased photocatalytic hydrogen generation[J]. Chinese Journal of Structural Chemistry, 2022, 41(9): 2209105-2209111.

[19] Meng X, Yang J, Xu S, et al. Integrating Mo_2B_x (x = 1, 4) with CdS for efficient photocatalytic hydrogen production[J].Chemical Engineering Journal, 2021, 410: 128339-128347.

[20] Li Y, Zhao Q, Zhang Y, et al. In-situ construction of sequential heterostructured CoS/CdS/CuS for building‘electron-welcome zone’to enhance solar-to-hydrogen conversion[J]. Applied Catalysis B: Environmental, 2022, 300: 120763-120771.

[21] Luo N, Chen C, Yang D, et al. S defect-rich ultrathin 2D MoS_2: The role of S point-defects and S stripping-defects in the removal of Cr(Ⅵ) via synergistic adsorption and photocatalysis[J]. Applied Catalysis B: Environmental, 2021, 299: 120664-120676.

[22] Sun J, Yin M, Li Y, et al. Efficient photocatalytic hydrogen production of ternary composite constituted by cubic CdS, MoS_2 and activated carbon[J]. Journal of Alloys and Compounds, 2021, 874: 159930-159938.

[23] Sun M-H, Qi M-Y, Tang Z-R, et al. Dual cocatalysts decorated CdS nanoparticles for efficient dehydrocoupling of thiols into disulfides[J]. Applied Catalysis B: Environmental, 2023, 321: 122019-122028.

[24] Li P, Zhao H, Yan X, et al. Visible-light-driven photocatalytic hydrogen production coupled with selective oxidation of benzyl alcohol over CdS@MoS_2 heterostructures[J]. Science China-Materials, 2020, 63(11): 2239-2250.

[25] Chen S, Di Y, Li H, et al. Efficient photocatalytic dye degradation by flowerlike $MoS_2/SrFe_{12}O_{19}$ heterojunction under visible light[J]. Applied Surface Science, 2021, 559: 149855-149865.

[26] Wang R, Qiu G, Xiao Y, et al. Optimal construction of $WO_3 \cdot H_2O$/Pd/CdS ternary Z-scheme photocatalyst with remarkably enhanced performance for oxidative coupling of benzylamines[J]. Journal of Catalysis, 2019, 374: 378-390.

[27] Yuan B, Meng L, Zhang C, et al. Enhancement of pollutant degradation and solar-driven water evaporation by architecting hierarchical 1D/2D TiO_2@MoS_2 core-shell networks[J]. Applied Surface Science, 2021, 570: 151143-151151.

[28] Juntrapirom S, Anuchai S, Thongsook O, et al. Photocatalytic activity enhancement of g-C_3N_4/BiOBr in selective transformation of primary amines to imines and its reaction mechanism[J].Chemical Engineering Journal, 2020, 394: 124934-124945.

[29] Zhang Y, Xu J, Mei J, et al. Strongly interfacial-coupled 2D-2D TiO_2/g-C_3N_4 heterostructure for

enhanced visible-light induced synthesis and conversion[J]. The Journal of Hazardous Materials, 2020, 394: 122529-122536.

[30] Wang H, Hu P, Zhou J, et al. Ultrathin 2D/2D $Ti_3C_2T_x$/semiconductor dual-functional photocatalysts for simultaneous imine production and H_2 evolution[J].Journal of Materials Chemistry A, 2021, 9(35): 19984-19993.

[31] Girish Y R, Biswas R, De M. Mixed-phase 2D-MoS_2 as an effective photocatalyst for selective aerobic oxidative coupling of amines under visible-light irradiation[J]. Chemistry - A European Journal , 2018, 24(52): 13871-13878.

[32] Dai J, Yang J, Wang X, et al. Enhanced visible-light photocatalytic activity for selective oxidation of amines into imines over TiO_2(B)/anatase mixed-phase nanowires[J]. Applied Surface Science, 2015, 349: 343-352.

[33] Wang H, Yu J, Wei S, et al. Surface coordination enhanced visible-light photocatalytic coupling of benzylamine to N-benzylidene benzylamine over the Pd/NH_2-MIL-125(Ti) nanosheets[J]. Chemical Engineering Journal, 2022, 441: 136020-136032.

[34] Song M, Song H, Chen P, et al. Polarization reorientation of carbon nitride induced by a local bridge donor for boosting photocatalytic H_2 evolution integrated with selective amine oxidation[J]. ACS Sustainable Chemistry & Engineering, 2023, 11(21): 8096-8105.

[35] Wei S, Zhong H, Wang H, et al. Oxygen vacancy enhanced visible light photocatalytic selective oxidation of benzylamine over ultrathin Pd/BiOCl nanosheets[J]. Applied Catalysis B: Environmental, 2022, 305: 121032-121043.

[36] Lv M, Tong F, Wang Z, et al. $BiVO_4$ quadrangular nanoprisms with highly exposed {101} facets for selective photocatalytic oxidation of benzylamine[J].Journal of Materials Chemistry A, 2022, 10(37): 19699-19709.

[37] Wang F, Han X, Jia Z, et al. Facet effect of Bi_5O_7I nanocrystals on selective oxidation of benzylamine under visible light[J]. Catalysis Science & Technology, 2021, 11(21): 6947-6951.

[38] Huang F, Zhang S, Chang Y, et al. Construction of MoS_2/CdS heterojunction catalysts with crystal plane modulation for photocatalytic coupling of benzylamines under aerobic and anaerobic conditions, Catalysis Science & Technology, 2023, 13: 6823-6831.

[39] Zheng Z, Han F, Xing B, et al. Synthesis of Fe_3O_4@CdS@CQDs ternary core-shell heterostructures as a magnetically recoverable photocatalyst for selective alcohol oxidation coupled with H_2O_2 production[J]. Journal of Colloid and Interface Science, 2022, 624: 460-470.

[40] Huang Y, Liu C, Li M, et al. Photoimmobilized Ni clusters boost photodehydrogenative coupling of amines to imines via enhanced hydrogen evolution kinetics[J]. ACS Catalysis, 2020, 10(6): 3904-3910.

第 3 章

Ag_2S@CdS p-n 型异质结半导体光催化剂

3.1 引言

随着全球工业持续快速发展，人类对能源的需求持续攀升，而以石油和天然气等为代表的传统化石燃料正面临储量减少和供应压力加大的挑战[1]。光催化技术因其条件温和、环境友好、能够利用太阳能驱动反应等优势，被认为是应对能源危机和环境问题的一种具有广阔前景的解决方案[2]。亚胺是一类含有碳氮双键（C═N）的重要有机化合物，广泛存在于多种有机分子的骨架中，在合成化学、医药、农药化学等领域都有广泛的应用[3]。因此，发展高效、高选择性合成亚胺的方法一直是有机合成和催化研究的热点之一。近年来，借助光催化技术在常温常压条件下实现胺类物质的高效转化，为绿色合成亚胺提供了具有广阔前景的技术路径[4,5]。在众多光催化体系中，半导体光催化材料因其价格低廉、易于制备、可循环使用以及良好的稳定性，显示出重要的应用潜力[6]。此外，该类催化剂对特定反应路径表现出良好的选择性，因而有助于实现反应过程的精准调控[7]。目前，半导体光催化技术已在 C—H 键活化、水分解制氢、光催化固氮等多个前沿领域蕴藏着巨大的应用价值[8,9]。半导体的光吸收能力是决定其性能的核心因素之一，直接影响到光生电子-空穴对的产生效率和后续表面氧化还原反应的进行。由于可见光在太阳光谱中约占 43%，远高于紫外区，因此开发具有强可见光吸收能力的光催化剂对提高太阳光利用效率、降低能耗具有重要意义[10,11]。理想的可见光响应型半导体应具备较窄的带隙、合适的能带位置以及良好的载流子分离效率。

Ag_2S 作为一种 p 型半导体，其带隙较窄（约 1.0 eV），表现出从紫外到近红外区域的宽谱光吸收能力，同时具有良好的化学稳定性和抗光腐蚀性[12]，不仅在光催化降解污染物和有机合成中得到应用，还广泛用于光电探测器、生物成像剂和光热治疗剂等领域[13,14]。然而，单一 Ag_2S 仍面临载流子复合率高、量子效率有限等问题。通过将窄带隙半导体（如 Ag_2S）与宽带隙半导体（如 CdS）复合，构建异质结结构，既可扩展材料的光响应范围，又能借助界面内建电场促进光生电子和空穴的有效分离，显著提高光催化活性与稳定性[15-17]。

本文采用原位离子交换法成功构建了 Ag_2S@CdS p-n 异质结，并将其应用于光催化苄胺偶联反应。相较于单一 CdS，该异质结催化剂在苄胺氧化偶联反应中表现出显著提升的光催化性能。在太阳光照射 90 min 后，苄胺的转化率超过 99%。通过不同波长下的光催化性能测试，发现 Ag_2S@CdS 拓宽的光吸收范围显著增强了对可见光的捕获能力。光电测试结果表明，p-n 结内建电场的存在有效促进了光生电子-空穴对的分离。此外，该催化剂对多种苄胺衍生物均显示出良好的底物普适性。本研究进一步探讨了 Ag_2S@CdS 催化苄胺氧化的反应路径与机理，该工作为面向有机选择性合成的高效可见光催化剂设计提供了新的见解与思路。

3.2 光催化剂的制备

3.2.1 样品 CdS 的制备

准确称取 $Cd(CH_3COO)_2 \cdot 2H_2O$（1.33 g, 5 mmol）和 $CS(NH_2)_2$（1.52 g, 20 mmol），将其溶于 60 mL 去离子水中，对混合溶液进行超声分散处理 30 min 后，将混合溶液转移至 100 mL 水热反应釜中，在 140 ℃条件下，让混合物进行水热反应 20 h。反应结束后，对所得产物进行离心分离，并依次用去离子水和无水乙醇多次洗涤。最后，将清洗后的沉淀置于 60 ℃的真空干燥箱中干燥 8 h，最终获得 CdS 样品。

3.2.2 样品 Ag_2S 的制备

称取 $Na_2S \cdot 9H_2O$（156 mg，2 mmol）溶于 20 mL 去离子水中，形成 Na_2S 水溶液，在磁力搅拌条件下，将 5 mL 含 $AgNO_3$（1 mmol）水溶液以逐滴加入的形式缓慢加入上述溶液中，持续搅拌 8 h。反应结束后，对所得产物进行离心分离，并依次用去离子水和无水乙醇清洗 3 次。最后，将所得沉淀置于 60 ℃的真空干燥箱中干燥 8 h，最终获得 Ag_2S 样品。

3.2.3 样品 $Ag_2S@CdS$ 的制备

如图 3-1 所示，$Ag_2S@CdS$ 复合材料采用原位阳离子交换法制备。该方法通过在 CdS 水溶液中引入 Ag^+溶液，利用离子交换反应实现复合。具体实验过程如下：将已制得的 CdS（300 mg）分散于 20 mL 水中形成悬浊液，在持续搅拌条件下向其中缓慢滴加特定浓度的 $AgNO_3$ 水溶液（5 mL），持续反应 8 h。反应结束后，对所得产物依次用水和乙醇进行多次洗涤，并于 60 ℃真空干燥箱中干燥 8 h。根据投料中 Ag/Cd 摩尔比的不同，最终所得复合材料分别标记为 $Ag_2S@CdS$-x（x 取值为 0.05、0.075、0.1、0.125 和 0.15）。

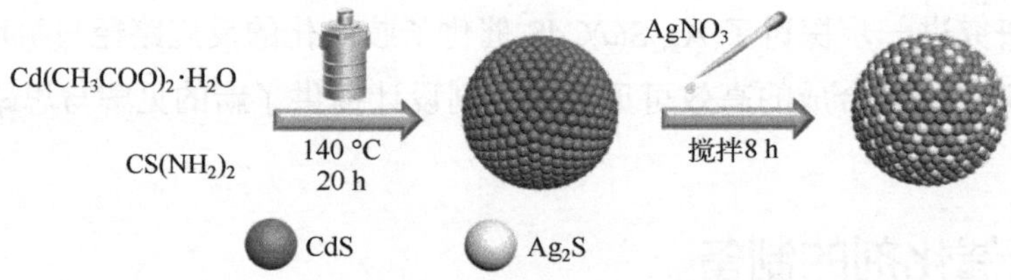

图 3-1 CdS 和 $Ag_2S@CdS$ 的合成示意图

3.3 催化剂表征

3.3.1 晶体结构与微观形貌分析

通过扫描电子显微镜（SEM）和透射电子显微镜（TEM）对催化剂进行微观结构表征。SEM 结果显示，CdS 样品呈直径约 300 nm、尺寸均一的纳米球形貌［图 3-2（a）和（b）］。而 $Ag_2S@CdS$ 复合样品虽然仍基本保持球状形貌和原有粒径，但其表面粗糙度显著增大［图 3-2（c）和（d）］。该现象在相应的 TEM 图像中也得到清晰印证（图 3-3）。通过高分辨透射电子显微镜（HRTEM）分析可见清晰的晶格条纹，其中晶格间距为 0.335 nm 的晶面对应于 CdS 的(002)晶面［图 3-4（a）和（b）］[18,19]。$Ag_2S@CdS$ 的 HRTEM 图中，0.243 nm 和 0.335 nm 的晶格间距分别对应于 Ag_2S 的(121)晶面和 CdS 的(002)晶面［图 3-4（d）］[20]。元素映射图结果表明，$Ag_2S@CdS$ 中存在 Ag、Cd 和 S 元素三种元素，且分布均匀（图 3-5）。

以上多项表征共同证实了 $Ag_2S@CdS$ 的成功制备。

图 3-2　CdS（a, b）和 $Ag_2S@CdS$（c, d）的 SEM 图

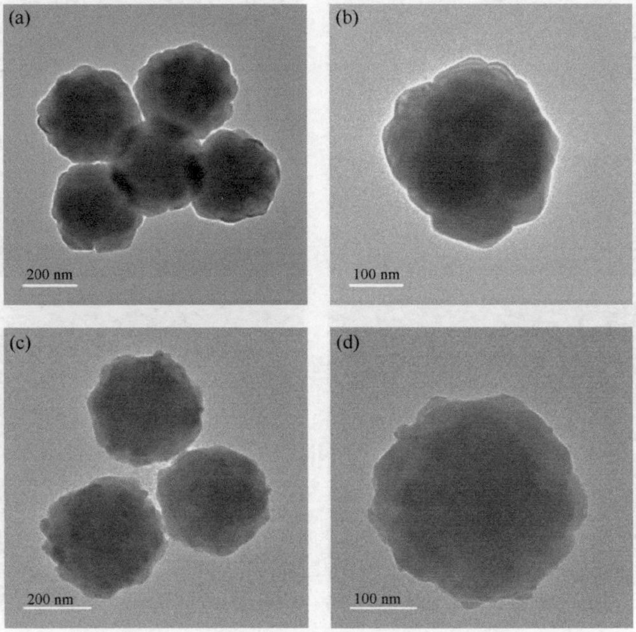

图 3-3　CdS（a, b）和 $Ag_2S@CdS$（c, d）的 TEM 图

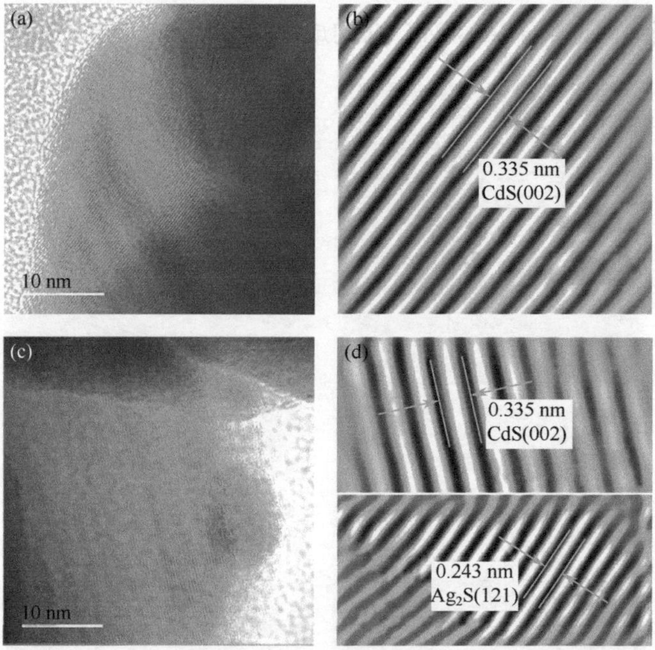

图 3-4　CdS（a, b）和 Ag_2S@CdS（c, d）的 HRTEM 图

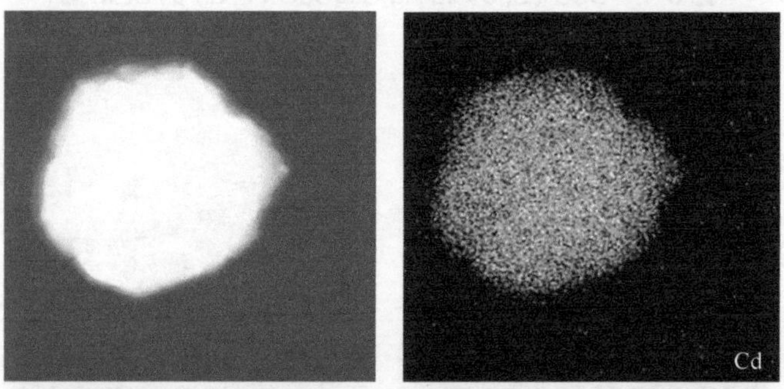

图 3-5　Ag_2S@CdS 的 EDS 元素映射图

采用 X 射线衍射（XRD）对 CdS 和 Ag_2S@CdS 复合材料的晶体结构进行分析，结果如图 3-6 所示。纯 CdS 样品的特征衍射峰与六方相 CdS（JCPDS 41-1049）相吻合[21]。Ag_2S 的标准衍射谱与单斜晶相（JCPDS 14-0072）一致[22]。在 Ag_2S@CdS 复合材料的 XRD 谱中，可以清晰地观察到 CdS 的主要衍射峰仍然存在，且位置未发生明显偏移，表明在通过离子交换法引入 Ag_2S 的过程中，CdS 的晶体骨架结构得以保持，没有发生明显的晶格畸变或相转变。随着 Ag_2S 负载量的增加，可以观察到属于单斜相 Ag_2S 的特征峰，以上结果表明复合材料的成功制备。

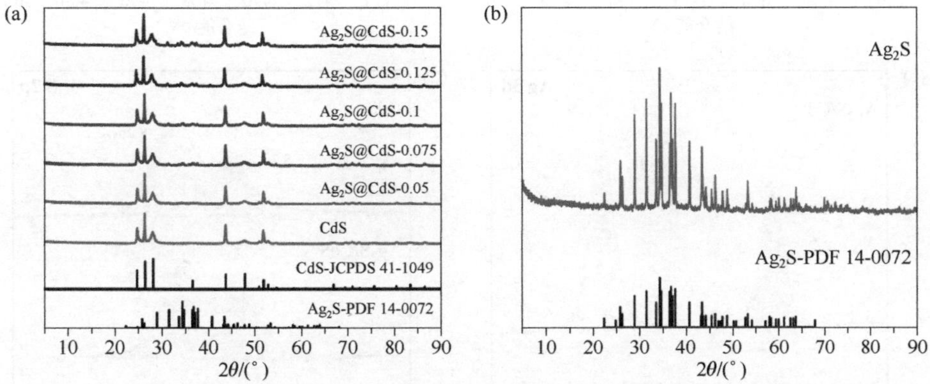

图 3-6　催化剂的 XRD 谱图：（a）CdS 和 Ag_2S@CdS；（b）Ag_2S

3.3.2　元素组成分析

X 射线光电子能谱（XPS）用于样品的表面成分分析。从 Ag_2S@CdS 的 XPS 总谱图揭示了样品中存在 Cd、Ag 和 S 元素［图 3-7（a）］。Cd 3d 高分辨率 XPS 谱图［图 3-7（b）］中，结合能位于 404.8 eV 和 411.5 eV 处出现两个特征峰，对应于 Cd^{2+}的 Cd $3d_{5/2}$和 Cd $3d_{3/2}$[23]。S 2p 谱图[图 3-7（d）]在 162.4 eV 和 161.2 eV 处的结合能峰分别对应于 S^{2-}的 S $2p_{1/2}$和 S $2p_{3/2}$[24]。在 Ag_2S@CdS 样品的 Ag 3d XPS 谱图中［图 3-7（c）], 373.9 eV 和 367.9 eV 处的两个特征峰属于 Ag^{+}的 Ag $3d_{3/2}$和 Ag $3d_{5/2}$[20]。需要指出的是，Ag_2S@CdS 中 Cd 和 S 元素的结合能相较于纯 CdS 均发生正移。综上所述，我们成功制备了一种 Ag_2S@CdS 复合材料，相比于单一 CdS，Ag_2S 的引入增强了两者之间的电子相互作用，促进了电子由 CdS 流

向 Ag_2S[25]。

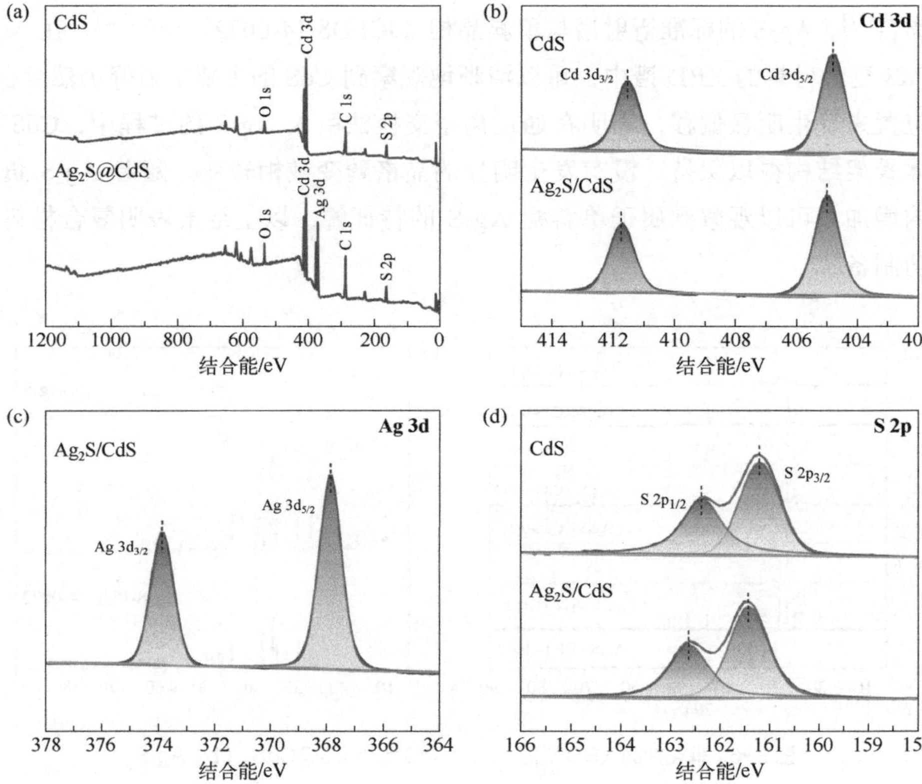

图 3-7　CdS 和 Ag_2S@CdS 样品的 XPS 谱图：（a）总谱；（b）Cd 3d；（c）Ag 3d；（d）S 2p

3.3.3　光学性能分析

通过紫外-可见漫反射光谱（UV-Vis DRS）检测了光催化剂的光吸收能力，结果如图 3-8 所示。从图中可以看出，Ag_2S 在 300～800 nm 范围内具有较宽的吸收带。CdS 与 Ag_2S@CdS 均在可见光区域表现出较强的光吸收能力。其中，纯 CdS 的吸收边位于 550 nm 附近，而 Ag_2S@CdS 复合材料的吸收边发生红移，移至约 610 nm 处，表明其可见光响应范围明显拓宽。这一结果说明，Ag_2S 的负载明显增强了 CdS 的可见光吸收能力。通过基于 Kubelka-Munk 函数转换所得的 Tauc 图（图 3-9），估算出 Ag_2S 和 CdS 的带隙大小分别为 1.05 eV 和 2.34 eV[26]。

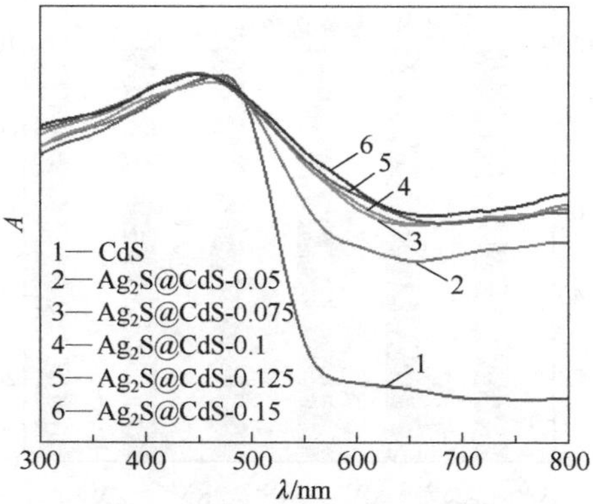

图 3-8 样品的紫外-可见漫反射光谱

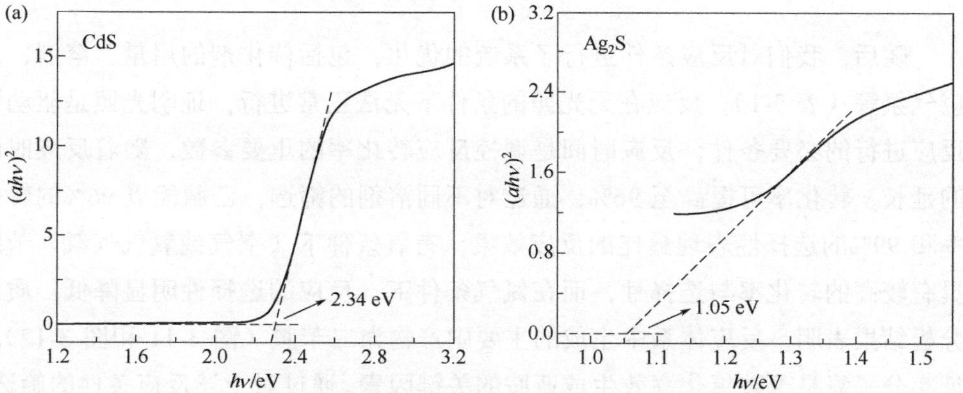

图 3-9 CdS（a）和 Ag_2S（b）的 Tauc 图

3.4 光催化苄胺氧化性能测试

以苄胺氧化偶联反应为探针反应，评估了不同光催化剂的催化性能。从图 3-10 可以看出，未改性的 CdS 表现出较低的光催化活性，其苄胺转化率仅有 17%。在相同反应条件下，Ag_2S 未表现出明显的光催化活性。相比之下，Ag_2S@CdS 复合材料的催化活性较单一 CdS 或 Ag_2S 有明显提升。Ag_2S/CdS 摩尔比对催化性能具有重要影响，Ag_2S@CdS-0.1 对苄胺氧化表现出最高的活性，可达 85%，是单一 CdS 的 5 倍。此外，该系列催化剂对目标产物 *N*-苄烯丁胺均表现出极高的选择性（>99%）。

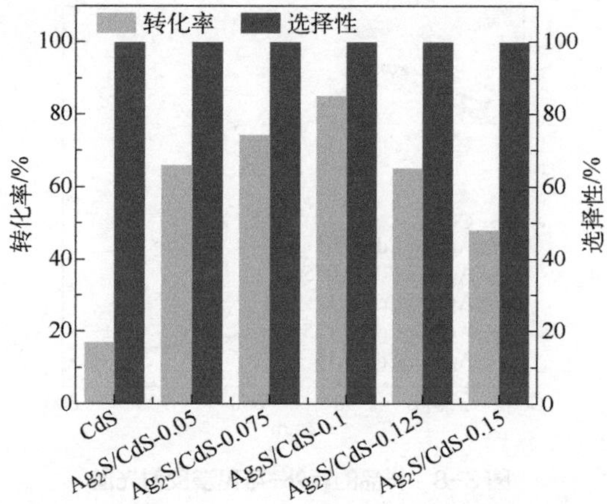

图 3-10　所有样品的光催化苄胺氧化性能测试

随后，我们对反应条件进行了系统的优化，包括催化剂的用量、溶剂、反应气氛等（表 3-1）。反应在无光照的条件下无法正常进行，证明光照是驱动该反应进行的必要条件；反应时间是调控反应转化率的重要参数，随着反应时间的延长，转化率可提高至 96%；通过对不同溶剂的筛选，乙腈能以 96%的转化率和 99%的选择性表现最佳的反应效果；有氧条件下（空气或氧气气氛）苄胺具有较高的转化率与选择性，而在氮气条件下，反应的选择性明显降低，质谱分析结果表明，反应体系中生成的主要副产物为二苄胺（图 3-11 和图 3-12），证实分子氧是苄胺氧化高效生成亚胺的关键因素。通过对上述反应条件的筛选，确定最优反应条件为：催化剂用量 5 mg，反应时间 2.5 h，乙腈为溶剂，空气气氛。与文献中报道的苄胺氧化偶联反应相比，Ag_2S@CdS 表现出更高的反应效率（表 3-2）。

表 3-1　反应条件的优化

序号①	催化剂	溶剂	气氛	转化率/%	选择性/%
1	—	CH_3CN	空气	—	—
2②	Ag_2S@CdS-0.1	CH_3CN	空气	—	—
3③	Ag_2S@CdS-0.1	CH_3CN	空气	85	>99
4	Ag_2S@CdS-0.1	CH_3CN	空气	96	>99
5	Ag_2S@CdS-0.1	CH_3OH	空气	32	>99
6	Ag_2S@CdS-0.1	DMF	空气	52	>99
7	Ag_2S@CdS-0.1	1,2-二氯乙烷	空气	81	>99

续表

序号①	催化剂	溶剂	气氛	转化率/%	选择性/%
8	Ag_2S@CdS-0.1	THF	空气	＞99	23
9	Ag_2S@CdS-0.1	DMSO	空气	60	＞99
10	Ag_2S@CdS-0.1	1,4-二噁烷	空气	＞99	71
11	Ag_2S@CdS-0.1	甲苯	空气	16	＞99
12	Ag_2S@CdS-0.1	CH_3CN	O_2	97	＞99
13	Ag_2S@CdS-0.1	CH_3CN	N_2	97	58

①反应条件：苄胺（0.1 mmol），催化剂（5 mg），溶剂（4 mL），在 30 W 白光 LED 照射下反应 2.5 h。

②无光照射。

③反应时 2 h。

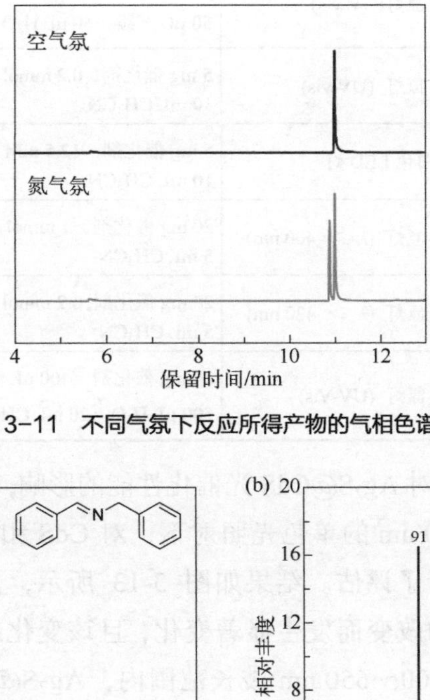

图 3-11　不同气氛下反应所得产物的气相色谱图

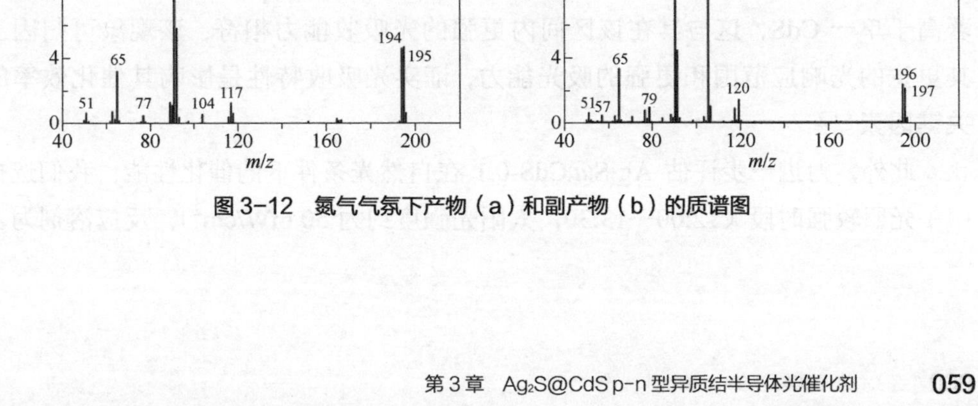

图 3-12　氮气气氛下产物（a）和副产物（b）的质谱图

表 3-2　本工作与已报道文献中光催化苄胺氧化性能对比

光催化剂	光源	反应条件	效率 /[μmol/(g·h)]	参考文献
Ag_2S@CdS	30 W 白光 LED	5 mg 催化剂，0.1 mmol 苄胺，4 mL CH_3CN	3840	本工作
AuNC/2D-BiOCl	455 nm LED	10 mg 催化剂，70 μmol 苄胺，3 mL CH_3CN	2287	[27]
ZnS-C_3N_4	300 W 氙灯（λ ＞ 400 nm）	50 mg 催化剂，0.5 mmol 苄胺，2 mL CH_3CN	892	[28]
$WO_3·H_2O$/Pd/CdS	300 W 氙灯（λ ＞ 420 nm）	6 mg 催化剂，0.05 mmol 苄胺，2 mL CH_3CN	3100	[29]
CdS/$Ti_3C_2T_x$	300 W 氙灯（λ ＞ 420 nm）	10 mg 催化剂，5 mL DMF-H_2O 溶液	156	[30]
Pt/PCN-777	300 W 氙灯(UV-vis)	10 mg 催化剂，5 mL DMF，50 μL 苄胺，50 μL H_2O	335	[31]
$Ag_{0.5}Pt_{0.5}$/TOH550-1	300 W 氙灯（UV-vis）	5 mg 催化剂，0.2 mmol 苄胺，10 mL CH_3CN	2910	[32]
BiOI/Bi_2WO_6	50 W 白色 LED 灯	5 mg 催化剂，12.5 mM 苄胺，10 mL CH_3CN	243	[33]
UiO-66-NH_2@Au@COF	300 W 氙灯（λ ＞ 400 nm）	20 mg 催化剂，1 mmol 苄胺，3 mL CH_3CN	810	[34]
CN/BW	300 W 氙灯（λ ＞ 420 nm）	20 mg 催化剂，0.2 mmol 苄胺，5 mL CH_3CN	1601	[35]
$BaTiO_3$@$ZnIn_2S_4$	300 W 氙灯（UV-Vis）	20 mg 催化剂，400 μL 苄胺，500 μL H_2O，20 mL CH_3CN	5593	[36]

为研究光吸收波长对 Ag_2S@CdS 光催化性能的影响，分别在 420 nm、450 nm、500 nm、550 nm 和 600 nm 的单色光照射下，对 CdS 和 Ag_2S@CdS-0.1 催化苄胺氧化反应的性能进行了评估。结果如图 3-13 所示，两种催化剂对苄胺的转化率均随入射光波长的改变而发生显著变化，且该变化趋势与它们各自的光吸收光谱高度一致。在 500～650 nm 波长范围内，Ag_2S@CdS-0.1 的催化效率显著高于单一 CdS，这与其在该区间内更强的光吸收能力相符，该现象可归因于其更宽的光响应范围和更强的吸光能力，证实光吸收特性是影响其催化效率的关键因素。

此外，为进一步评估 Ag_2S@CdS-0.1 在自然光条件下的催化性能，我们选择中午光照较强时段（12:00—13:30，太阳光强度约为 50 mW/cm^2），反应溶剂为乙腈（4 mL），催化剂用量为 5 mg，反应体系温度基本维持在 31 ℃，系统考察了复合材料的光催化苄胺氧化性能（图 3-14）。随着反应时间延长，苄胺转化率呈近似线性增长，反应 90 min 后转化率超过 99%，表明 Ag_2S@CdS 在实际太阳能驱动催化应用中具备良好的潜力。

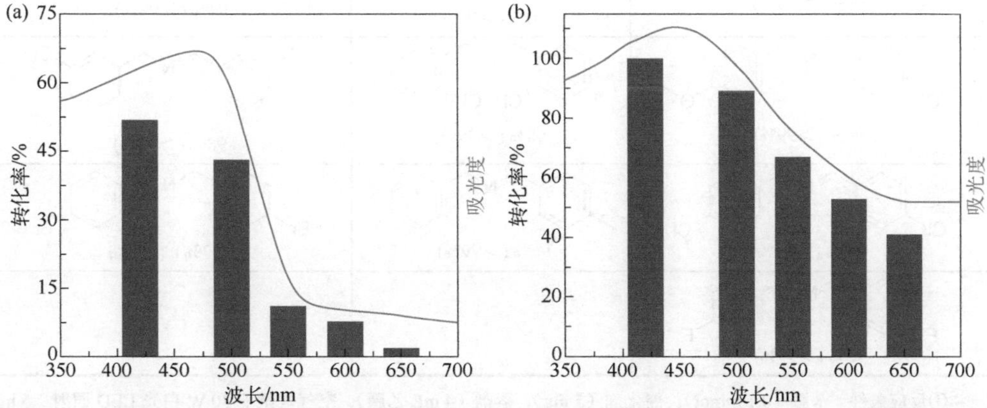

图 3-13　CdS（a）和 Ag_2S@CdS-0.1（b）在不同波长光照射下的光催化性能测试（氙灯的光功率密度：100 mW/cm^2；CdS 和 Ag_2S@CdS-0.1 的反应时间分别为 6 h 和 1.5 h）

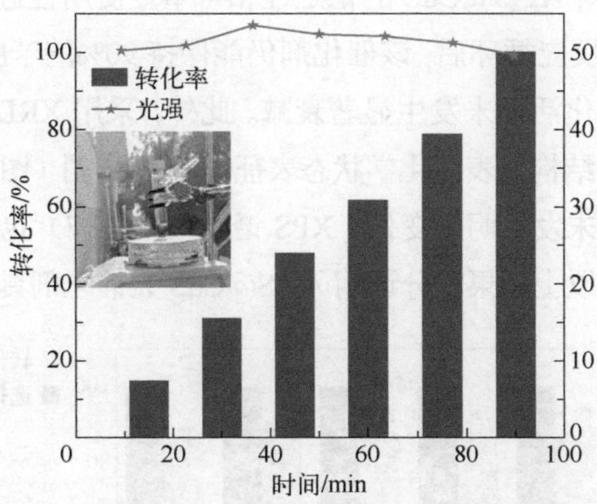

图 3-14　自然太阳光下的催化实验

在最优反应条件下，对催化剂在苄胺偶联反应中的官能团兼容性进行系统探究，结果如表 3-3 所示。无论苄胺的对位连有吸电子基团（—F、—Cl、—Br）还是给电子基团（—OCH_3、—CH_3），反应均能以较高转化率和选择性进行。但是当邻位连有取代基如—OCH_3、—Cl 时，转化率明显下降。上述结果说明，在该催化体系中，空间位阻是影响反应活性的关键因素。

表 3-3 反应底物的拓展①

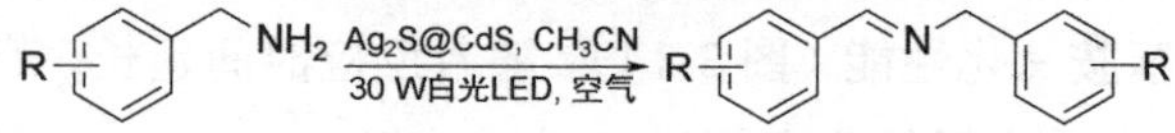

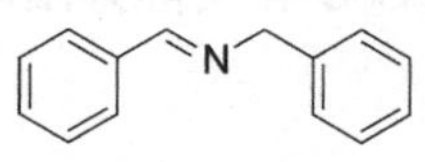 96% (>99%)	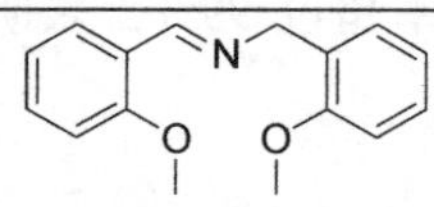 16% (>99%)	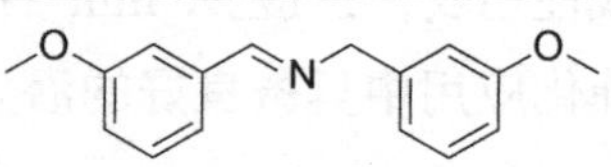 94% (>99%)
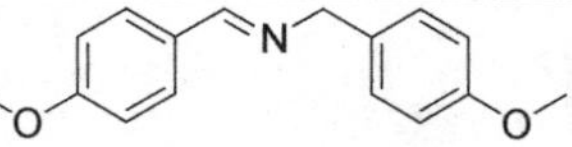 96% (>99%)	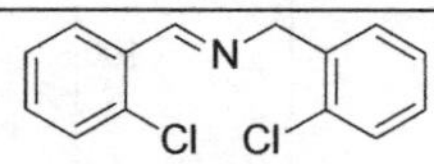 68% (>99%)	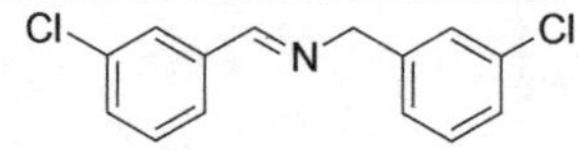 98% (>99%)
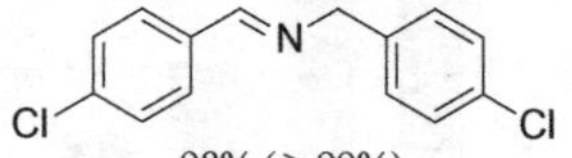 98% (>99%)	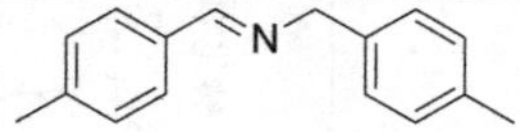 96% (>99%)	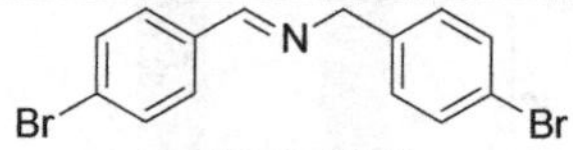 97% (>99%)
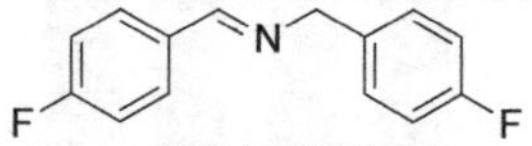 95% (>99%)		

①反应条件：苄胺（0.1 mmol），催化剂（5 mg），溶剂（4 mL 乙腈），空气气氛下 30 W 白光 LED 照射 2.5 h。

良好的稳定性是高性能光催化剂的基本特征，直接关系到催化体系的可持续运行效率。通过循环实验对 Ag_2S@CdS 的稳定性和可重复使用性进行了评估。如图 3-15 所示，在连续进行 5 次反应循环后，该催化剂仍能保持 90%的苄胺转化率和超过 99%的选择性，表明其光催化活性未发生显著衰减。此外，采用 XRD 和 XPS 对反应后的 Ag_2S@CdS 样品进行了结构及表面化学状态表征。XRD 谱图（图 3-16）显示循环后材料的晶体结构和结晶度未发生明显变化；XPS 谱图（图 3-17）也表明各元素的特征结合能未出现明显位移。以上结果充分证明 Ag_2S@CdS 光催化剂具有优异的稳定性。

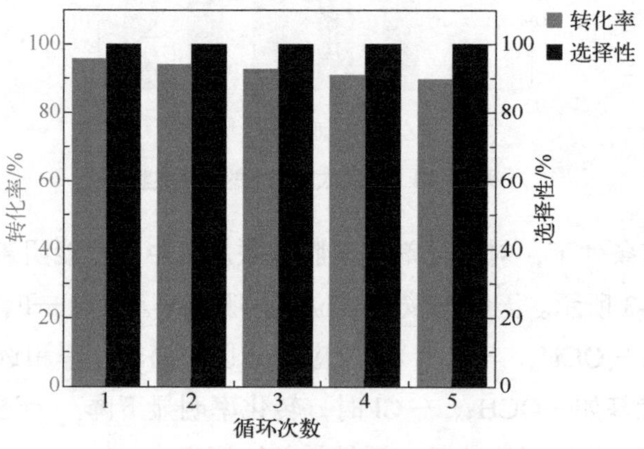

图 3-15 催化剂的循环性能测试

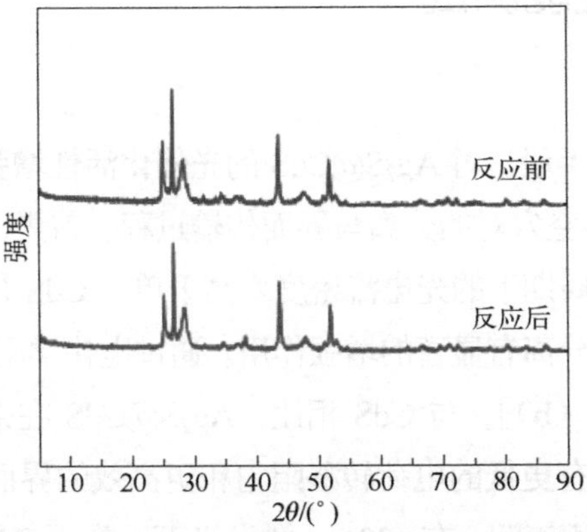

图 3-16　Ag_2S@CdS-0.1 循环 5 次反应前后的 XRD 谱图

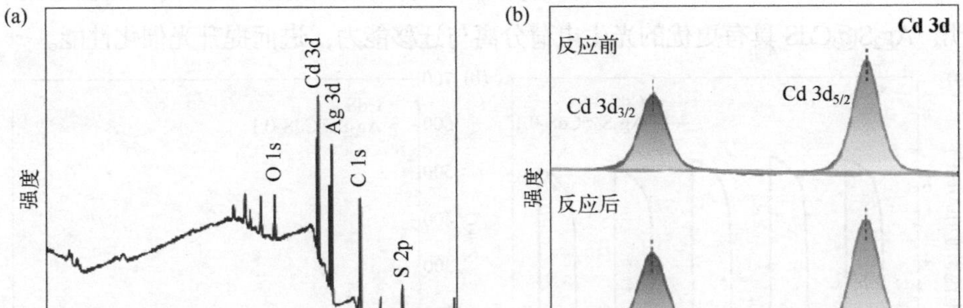

图 3-17　反应前后催化剂的 XPS 谱图：（a）总谱；（b）Cd 3d 谱；（c）Ag 3d 谱；（d）S 2p 谱

3.5 光电化学性能测试

借助光电化学表征手段，对 Ag_2S@CdS 的光催化活性增强机制进行了深入探究，以更好地理解光生电子-空穴对的分离与界面传输过程。首先，瞬态光电流响应测试显示，Ag_2S@CdS 在 5 个周期下的光电流密度均高于单一 CdS［图 3-18（a）］，说明异质结界面对光生载流子的分离有显著的增强作用。通过电化学阻抗谱（EIS）进一步分析电荷传输行为［图 3-18（b）］。与 CdS 相比，Ag_2S@CdS 在奈奎斯特图中显示出更小的电弧半径，表明其具有更低的电荷转移阻力和更高效的界面电荷传输性能。此外，稳态光致发光（PL）光谱表明，在 430 nm 激发光下，单一 CdS 表现出更高的 PL 发射峰［图 3-18（c）］，表明 CdS 在可见光区载流子的复合较为显著；相比之下，Ag_2S@CdS 的 PL 强度明显降低，说明异质结结构的存在可有效促进载流子的分离。上述结果共同表明，Ag_2S@CdS 具有更优的光生电荷分离与迁移能力，进而提升光催化性能。

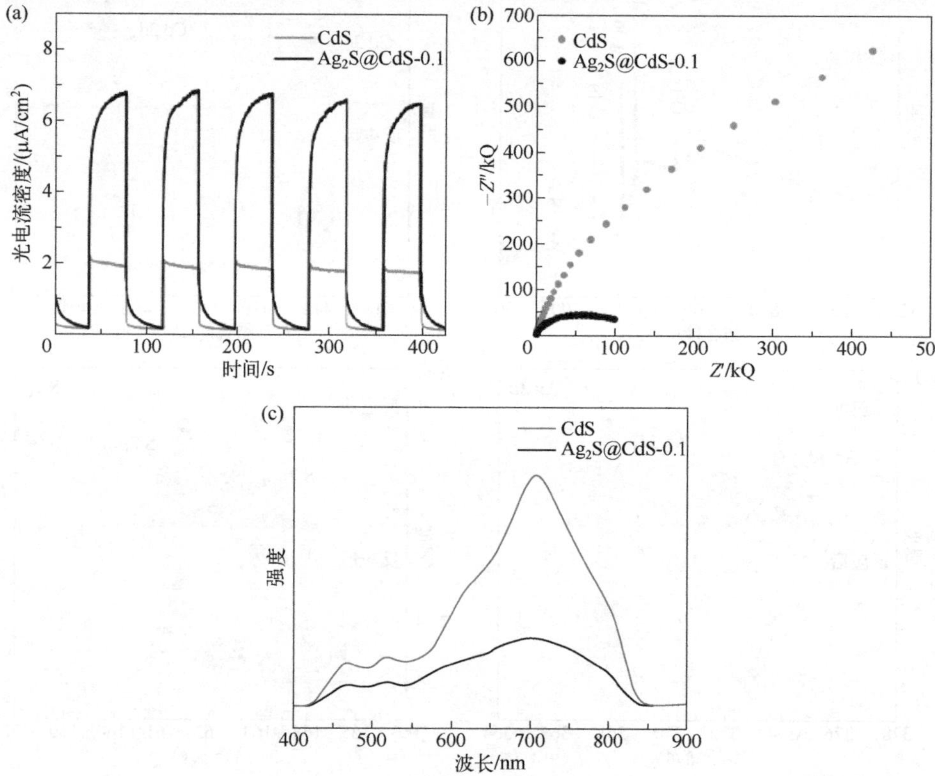

图 3-18　CdS 和 Ag_2S@CdS-0.1 的（a）瞬态光电流谱；（b）电化学阻抗奈奎斯特图；（c）在 430 nm 激发波长下的光致发光谱图

3.6 光催化苄胺氧化机理探究

通过莫特-肖特基测试确定了 CdS 和 Ag_2S 的平带电位分别为−1.15 V 和 0.31 V（相对于 Ag/AgCl，pH = 7）[图 3-19（a）]。n 型半导体的平带电位通常与其导带底位置较为接近，而 p 型半导体的平带电位则更偏向于价带顶一侧[37]，由公式（3-1）:

$$E(\text{vs. NHE}) = E(\text{vs. Ag/AgCl}) + E^{\ominus}(\text{Ag/AgCl}) + 0.059\text{pH} \tag{3-1}$$

可计算得到 CdS 的导带电位为−0.95 V，Ag_2S 的价带电位为 0.51 V（相对于 NHE）[28]。结合已经得到的 CdS 和 Ag_2S 的带隙，再由公式 $E_{VB} = E_g + E_{CB}$ 计算出 CdS 的价带电位为 1.39 V，Ag_2S 的导带电位为−0.54 V。由此，我们得到了 CdS 和 Ag_2S 的能带结构示意图［图 3-19（b）］。

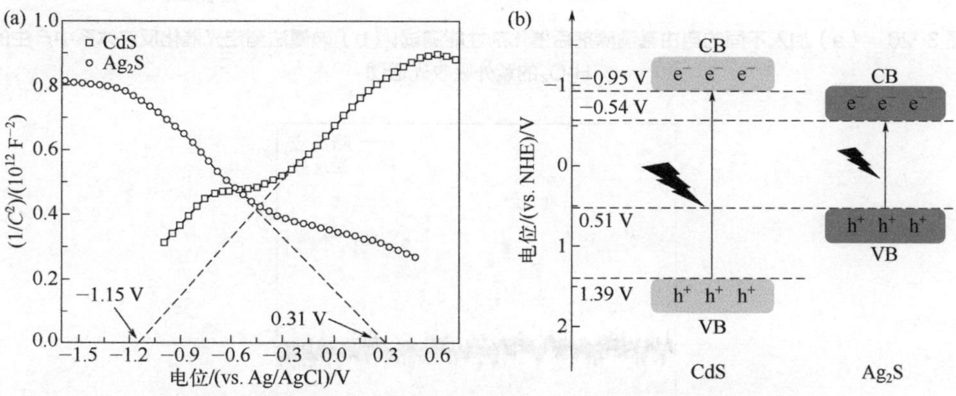

图 3-19 CdS 和 Ag_2S 的莫特-肖特基图（a）和能带结构示意图（b）

为明确光催化苄胺氧化反应中的主要活性物种，本研究利用多种选择性自由基捕获剂开展了系统的捕获实验，用以评估不同活性物种在反应中的相对贡献，从而深入揭示催化剂的作用机制［图 3-20（a）］。加入异丙醇（IPA）作为·OH 清除剂后，反应转化率未发生明显变化，表明·OH 并非该反应的活性自由基；空穴清除剂 KI 加入或电子清除剂 $Mn(OAc)_2$ 的引入均导致反应活性大幅降低，说明光生电子和空穴共同参与并主导反应进程。此外，使用对苯醌捕获超氧自由基（$\cdot O_2^-$）后，转化率同样受到明显抑制，反映出$\cdot O_2^-$也是不可或缺的活性物种之一。为进一步验证$\cdot O_2^-$的作用，我们采用碘量法检测反应液中 H_2O_2 的生成［图 3-20（b）］[38]，结果支持超氧自由基参与反应路径。通过以 DMPO 为捕获剂的电子顺磁共振（EPR）测试（图 3-21），进一步证实了超氧阴离子自由基的存在：在光照条件下则观察到清晰的 DMPO-$\cdot O_2^-$特征峰，而黑暗条件下未观察到明显信号，直接证明$\cdot O_2^-$是该光催化反应中的主要活性物种之一[39, 40]。

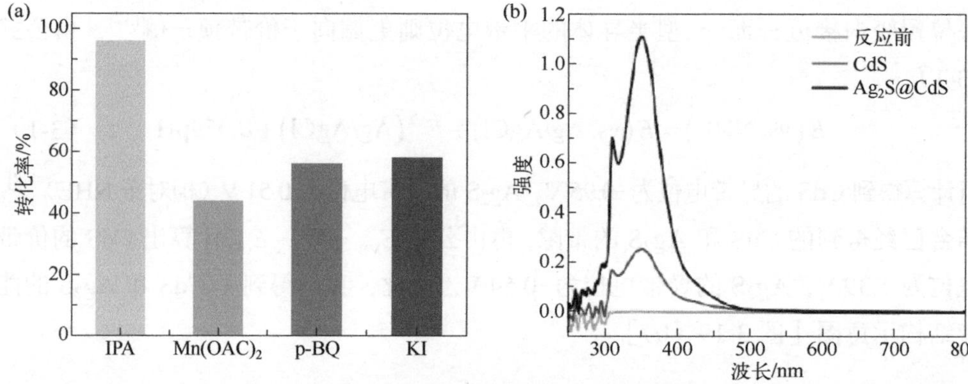

图 3-20　（a）加入不同的自由基清除剂后催化剂性能测试；（b）碘量法测定光催化反应体系中产生的 H_2O_2 的紫外吸收光谱图

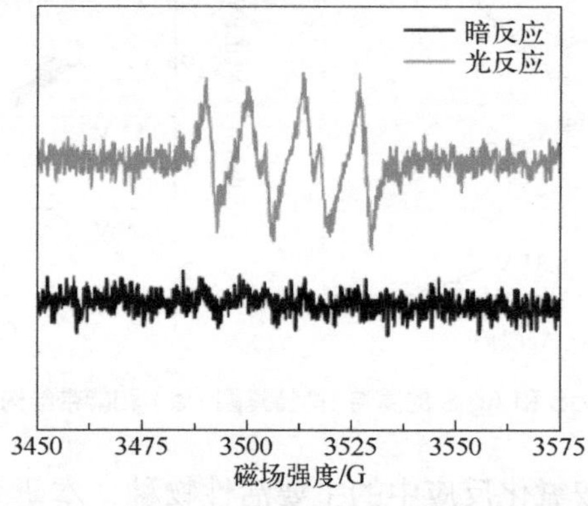

图 3-21　DMPO-$\cdot O_2^-$在 Ag_2S@CdS-0.1 光催化体系中的 EPR 信号

根据光谱表征与活性测试结果，我们提出了 Ag_2S@CdS 光催化苄胺氧化可能的反应路径（图 3-22）：光激发诱导 CdS 产生电子-空穴对，p-n 异质结内建电场驱动光生电子从 CdS 转移至 Ag_2S，实现高效电荷分离。迁移至 Ag_2S 导带的电子还原 O_2 生成$\cdot O_2^-$，CdS 价带空穴氧化苄胺产生阳离子自由基中间体。超氧阴离子自由基与该阳离子自由基反应，生成 Ph—CH═NH 中间体与 H_2O_2。最终，该中间体与苄胺经亲核反应生成目标产物。

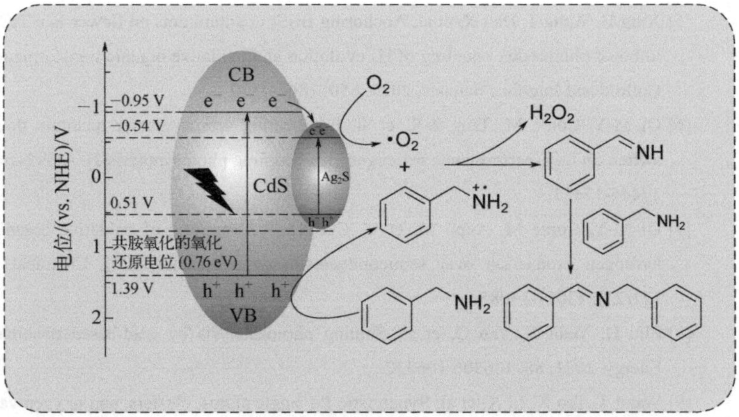

图 3–22 $Ag_2S@CdS$ 光催化苄胺氧化可能的反应机理

3.7 小结

综上所述，利用原位离子交换策略，本文构建了 $Ag_2S@CdS$ p-n 异质结光催化材料。异质结界面产生的内建电场可驱动光生电荷的定向迁移，大幅提高载流子的分离效率。同时，窄带隙 Ag_2S 的引入使复合材料能带结构进一步窄化，从而显著拓宽了对可见光区域的吸收能力。$Ag_2S@CdS$ 的光催化性能与其增强的光吸收行为高度一致，表明吸收范围的扩展直接促进了其在苄胺光催化氧化偶联反应中的活性。上述协同效应使 $Ag_2S@CdS$ 在苄胺氧化偶联反应中展现出优异的可见光驱动催化性能。该催化剂在 5 次循环使用后仍保持高活性与稳定性，表明其具有良好的可再生性能。最后，基于光谱分析和自由基捕获实验等结果，提出了可能的反应路径，为开发高效可见光响应型光催化剂提供了新策略与实验依据。

参考文献

[1] Tong H, Ouyang S, Bi Y, et al. Nano-photocatalytic materials: possibilities and challenges[J]. Advanced Materials, 2012, 24(2): 229-251.

[2] Hu C, Tu S, Tian N, et al. Photocatalysis enhanced by external fields[J]. Angwandte Chemie International Edition, 2021, 60(30): 16309-16328.

[3] Wang T, Tao X, Xiao Y, et al. Charge separation and molecule activation promoted by Pd/MIL-125-NH_2 hybrid structures for selective oxidation reactions[J]. Catalysis Science & Technology, 2020, 10(1): 138-146.

[4] Liu Y, Chen C, He Y, et al. Rich indium-vacancies In_2S_3 with Atomic p-n homojunction for boosting photocatalytic multifunctional properties[J]. Small, 2022, 18(34): 2201556-2201565.

[5] Xing B, Wang T, Han X, et al. Anchoring Bi_2S_3 quantum dots on flower-like TiO_2 nanostructures to boost photoredox coupling of H_2 evolution and oxidative organic transformation[J]. Journal of Colloid and Interface Science, 2023, 650: 1862-1870.

[6] Qi M-Y, Conte M, Tang Z-R, et al. Engineering semiconductor quantum dots for selectivity switch on high-performance heterogeneous coupling photosynthesis[J]. ACS Nano, 2022, 16(10): 17444-17453.

[7] Qi M-Y, Conte M, Anpo M, et al. Cooperative coupling of oxidative organic synthesis and hydrogen production over semiconductor-based photocatalysts[J]. Chemical Reviews, 2021, 121(21): 13051-13085.

[8] Zhu H, Yuan X, Yao Q, et al. Shining photocatalysis by gold-based nanomaterials[J]. Nano Energy, 2021, 88: 106306-106332.

[9] Wang T, Tao X, Li X, et al. Synergistic Pd single atoms, clusters, and oxygen vacancies on TiO_2 for photocatalytic hydrogen evolution coupled with selective organic oxidation[J]. Small, 2020, 17(2): 2006255-2006264.

[10] Li J, Wu C, Li J, et al. 1D/2D TiO_2/$ZnIn_2S_4$ S-scheme heterojunction photocatalyst for efficient hydrogen evolution[J]. Chinese Journal of Catalysis, 2022, 43(2): 339-349.

[11] Gong L, Chu Q, Liu X, et al. Plasmonic platinum nanoparticles-tungsten oxide nanoarchitectures as visible light photocatalysts for highly efficient overall water splitting[J]. Journal of Materials Chemistry A, 2022, 10(39): 21161-21176.

[12] Zhao J, Zhang M, Piao H, et al. ZnS/Ag_2S decorated PES membrane with efficient near-infrared response and enhanced photocatalysis for pollutants photodegradation on high-turbidity water[J]. Applied Surface Science, 2023, 635: 157728-157742.

[13] Lei Y, Xu S, Ding M, et al. Enhanced photocatalysis by synergistic piezotronic effect and exciton-plasmon interaction based on (Ag-Ag_2S)/$BaTiO_3$ heterostructures[J].Advanced Functional Materials, 2020, 30(51): 2005716-2005725.

[14] Geng W-C, Li D-L, Sang J-L, et al. Engineering one-dimensional trough-like Au-Ag_2S nano-hybrids for plasmon-enhanced photoelectrodetection of human α-thrombin[J]. Journal of Materials Chemistry B, 2020, 8(45): 10346-10352.

[15] Liu X, Liu Z, Lu J, et al. Silver sulfide nanoparticles sensitized titanium dioxide nanotube arrays synthesized by in situ sulfurization for photocatalytic hydrogen production[J]. Journal of Colloid and Interface Science, 2014, 413: 17-23.

[16] Cao Q, Cheng Y-F, Bi H, et al. Crystal defect-mediated band-gap engineering: a new strategy for tuning the optical properties of Ag_2Se quantum dots toward enhanced hydrogen evolution performance[J]. Journal of Materials Chemistry A, 2015, 3(40): 20051-20055.

[17] Qi K, Wang Z, Xie X, et al. Photocatalytic performance of pyrochar and hydrochar in heterojunction photocatalyst for organic pollutants degradation: Activity comparison and mechanism insight[J]. Chemical Engineering Journal, 2023, 467: 143424-143437.

[18] Wang Y, Zhao J, Hou W, et al. Decoration of CdS nanowires with Ni_3S_4 nanoballs enhancing H_2 and H_2O_2 production under visible light[J]. Applied Catalysis B: Environmental, 2022, 310: 121350-121356.

[19] Li X, Shen D, Liu C, et al. Fabricated rGO-modified Ag_2S nanoparticles/g-C_3N_4 nanosheets photocatalyst for enhancing photocatalytic activity[J]. Journal of Colloid and Interface Science,

2019, 554: 468-478.

[20] You Z, Yue X, Zhang D, et al. Construction 0D/2D heterojunction by highly dispersed Ag_2S quantum dots(QDs) loaded on the g-C_3N_4 nanosheets for photocatalytic hydrogen evolution[J]. Journal of Colloid and Interface Science, 2022, 607(Pt 1): 662-675.

[21] Guo C, Li L, Chen F, et al. One-step phosphorization preparation of gradient-P-doped CdS/CoP hybrid nanorods having multiple channel charge separation for photocatalytic reduction of water[J]. Journal of Colloid and Interface Science, 2021, 596: 431-441.

[22] Zhang X, Liu T, Zhao F, et al. In-situ-formed Cd and Ag_2S decorated CdS photocatalyst with boosted charge carrier spatial separation for enhancing UV-vis-NIR photocatalytic hydrogen evolution[J]. Applied Catalysis B: Environmental, 2021, 298: 120620-120630.

[23] 汪家喜，魏晓骏，沈佳宇，等. 光催化选择性合成有机物[J]. 化学进展，2014, 26(09): 1460-1470.

[24] Xu C, Li D, Liu H, et al. Construction of 1D/0D CdS nanorods/Ti_3C_2 QDs Schottky heterojunctions for efficient photocatalysis[J]. Journal of Environmental Chemical Engineering, 2023, 11(1): 109191-109203.

[25] Liu H, Tan P, Liu Y, et al. Ultrafast interfacial charge evolution of the Type-Ⅱ cadmium Sulfide/Molybdenum disulfide heterostructure for photocatalytic hydrogen production[J]. Journal of Colloid and Interface Science, 2022, 619: 246-256.

[26] Xiao Y, Wang T, Qiu G, et al. Synthesis of EDTA-bridged CdS/g-C_3N_4 heterostructure photocatalyst with enhanced performance for photoredox reactions[J]. Journal of Colloid and Interface Science, 2020, 577: 459-470.

[27] Chen H, Peng L, Bian Y, et al. Exerting charge transfer to stabilize Au nanoclusters for enhanced photocatalytic performance toward selective oxidation of amines[J]. Applied Catalysis B: Environmental, 2021, 284: 119704-119712.

[28] Chen P, Meng L-H, Chen L, et al. Double-shell and flower-like ZnS-C_3N_4 derived from in situ supramolecular self-assembly for selective aerobic oxidation of amines to imines[J]. ACS Sustainable Chemistry & Engineering, 2019, 7(16): 14203-14209.

[29] Chen S, Di Y, Li H, et al. Efficient photocatalytic dye degradation by flowerlike MoS_2/$SrFe_{12}O_{19}$ heterojunction under visible light[J]. Applied Surface Science, 2021, 559: 149855-149865.

[30] Wang H, Hu P, Zhou J, et al. Ultrathin 2D/2D $Ti_3C_2T_x$/semiconductor dual-functional photocatalysts for simultaneous imine production and H_2 evolution[J]. Journal of Materials Chemistry A, 2021, 9(35): 19984-19993.

[31] Liu H, Xu C, Li D, et al. Photocatalytic hydrogen production coupled with selective benzylamine oxidation over MOF composites[J]. Angwandte Chemie International Edition, 2018, 57(19): 5379-5383.

[32] Chen Q, Wang K, Gao G, et al. Singlet oxygen generation boosted by Ag-Pt nanoalloy combined with disordered surface layer over TiO_2 nanosheet for improving the photocatalytic activity[J]. Applied Surface Science, 2021, 538: 147944-147954.

[33] Tantraviwat D, Nattestad A, Chen J, et al. Enhanced photoactivity and selectivity over BiOI-decorated Bi_2WO_6 microflower for selective oxidation of benzylamine: Role of BiOI and mechanism[J]. Journal of Colloid and Interface Science, 2023, 629: 854-863.

[34] Zhang K, Xi Z, Wu Z, et al. Visible-light-induced selective oxidation of amines into imines over

UiO-66-NH_2@Au@COF core-shell photocatalysts[J]. ACS Sustainable Chemistry & Engineering, 2021, 9(37): 12623-12633.

[35] Yuan A, Lei H, Wang Z, et al. Improved photocatalytic performance for selective oxidation of amines to imines on graphitic carbon nitride/bismuth tungstate heterojunctions[J]. Journal of Colloid and Interface Science, 2020, 560: 40-49.

[36] Wang P, Fan S, Li X, et al. Piezotronic effect and hierarchical Z-scheme heterostructure stimulated photocatalytic H_2 evolution integrated with C-N coupling of benzylamine[J]. Nano Energy, 2021, 89: 106349-106357.

[37] Sun M-H, Qi M-Y, Tang Z-R, et al. Dual cocatalysts decorated CdS nanoparticles for efficient dehydrocoupling of thiols into disulfides[J]. Applied Catalysis B: Environmental, 2023, 321: 122019-122028.

[38] Zhou Y, Dong H, Xu Z, et al. Carbon modification facilitates piezocatalytic H_2O_2 production over BiOCl nanosheets: Correlation between piezoresponse and surface reaction[J]. Applied Catalysis B: Environmental, 2024, 343: 123504-123513.

[39] Bao T, Tang C, Li S, et al. Hollow structured CdS@$ZnIn_2S_4$ Z-scheme heterojunction for bifunctional photocatalytic hydrogen evolution and selective benzylamine oxidation[J]. Journal of Colloid and Interface Science, 2024, 659: 788-798.

[40] Huang F, Zhang X, Chang Y, et al. Construction of Ag_2S@CdS p-n heterojunction for efficient visible light photocatalytic oxidative coupling of benzylamines to imines. Molecular Catalysis 2024, 556: 113928-113937.

CHAPTER 4

第 4 章

$BiVO_4$/CdS Z 型异质结半导体光催化剂

4.1 引言

随着社会与工业的持续发展，水污染已成为备受关注的环境挑战。抗生素因其广泛使用及污水处理技术的不完善，已成为水环境中的重要污染物之一[1]。作为防治细菌感染的关键药物，抗生素在临床医疗、农业养殖等领域应用广泛[2,3]。因此，发展高效降解抗生素的技术已成为当前环境治理的研究热点。

盐酸四环素（tetracycline hydrochloride, TCH）属于喹诺酮类抗生素，因其价格低廉且对多种细菌感染具有良好疗效而被广泛使用[4]。然而，由于污水处理设施不完善以及药物在生物体内吸收不完全，大约 30%～90%的盐酸四环素会以原型或活性代谢产物形式进入水环境[5]。该类化合物难以自然降解，对生态系统构成潜在风险。此外，环境中的盐酸四环素还可能诱导微生物产生抗生素抗性（AMR），进一步加剧污染与健康威胁。因此，开发高效去除抗生素的方法已成为环境领域的重要课题[6]。现有传统处理技术如吸附、絮凝和生物降解等[7,8]，普遍存在效率低、易产生有毒副产物、成本高及运行稳定性差等问题[9]，难以应对抗生素排放量持续大于去除量的现实困境。相比之下，半导体光催化技术因其反应条件温和、氧化能力强、操作简便、环境兼容性好等优势，逐渐成为环境修复与能源转化领域的前沿方向。在众多光催化材料中，硫化镉（CdS）作为一种窄带隙半导体（约 2.4 eV），具备优异的光吸收性能和适宜的能带结构，能够有效利用可见光驱动反应[10,11]，在光降解有机污染物方面显示出巨大潜力。然而，该材料仍面临光生载流子易复合、光腐蚀严重以及颗粒易聚集等问题，制约其光催化效率的进一步提升[12]。

在光催化剂的设计中，通常追求催化剂应该具备高比表面积、结晶度完整、光吸收范围广、电荷分离效率高、氧化还原能力强以及长期循环稳定性优异等综合特性[13-15]。为提高硫化镉的光催化性能，研究者已开展了大量工作，包括结构/形貌调控、带隙修饰、助催化剂负载和表面敏化等策略。其中，与其它半导体形成异质结是改善光催化性能的重要方法，其不仅增强了光生载流子的分离与迁移能力，又可保持较高的氧化还原能力[16,17]。已有诸多研究表明，异质结的构建可显著提升光催化降解效率。例如，Zhang 等人[18]报道的 Co_9S_8/Cd/CdS Z 型异质结中，金属 Cd 的引入有效促进了 CdS 与 Co_9S_8 之间的电荷迁移，其原位还原与直接生长方式确保了各组分间的紧密界面接触。该结构显著增强了可见光吸收与载流子分离效率，从而提高了光催化活性。Wang 等人[19]采用 ZIF-67 模板辅助的一步溶剂热法，成功实现了可见光驱动下超稳定 CoS_x/CdS Z 型异质结光催化剂的可控制备，并将其应用于高效光催化还原 Cr(Ⅵ)。CoS_x 与 CdS 凭借良好匹配的能带结构，可分别作为电子给体和空穴猝灭剂，有效延长复合材料中光生电子的寿命。在最优条件下，该催化剂在 30 min 内对 Cr(Ⅵ)的还原效率达到 100%，其性能分别是纯 CoS_x 和 CdS 的 5.6 倍和 2.1 倍。

在有机污染物降解领域，钒酸铋（$BiVO_4$）因其高效的可见光利用、匹配光催化反应的能带结构以及无毒、稳定的特性，被认为是一种极具前景的光催化材料。通过合理利用其带隙结构与 CdS 匹配，可构建 $BiVO_4$/CdSZ 型异质结。在该结构中，$BiVO_4$ 导带上的电子（e^-）与 CdS 价带上的空穴（h^+）发生复合，从而调控光生电荷迁移路径，进一步增强载流子分离效率，并有效抑制 CdS 的光腐蚀现象。

为提高 CdS 对盐酸四环素的光催化降解性能，本研究通过引入 $BiVO_4$ 作为助催化剂，合成了 $BiVO_4$/CdS Z 型异质结复合材料，以提供对污染物的高降解率。与单一 CdS 相比，$BiVO_4$/CdS 复合材料在可见光下对盐酸四环素表现出显著增强的光催化降解活性。在可见光照射 90 min 后，$BiVO_4$/CdS 光降解盐酸四环素的效率可达 93.1%。光电化学测试以及循环稳定性测试结果表明，该异质结材料能够高效分离和迁移光生电荷，并有效抑制 CdS 的光腐蚀现象。此外，该复合材料对其它喹诺酮类抗生素也具备良好的降解效果。自由基捕获实验和 EPR 测试结果表明，超氧化物自由基、羟基自由基、光生电子和空穴是盐酸四环素光催化降解过程中的主要活性物种，并据此提出了盐酸四环素可能的降解路径与反应机理。

4.2 光催化剂的制备

4.2.1 CdS 的制备

向 60 mL 水中分别加入 $Cd(CH_3COO)_2 \cdot 2H_2O$（1.33 g，5 mmol）和 $CS(NH_2)_2$（1.52 g，20 mmol），搅拌 30 min 后，将混合溶液转移至 100 mL 水热反应釜中，在 140 ℃条件下，让混合物进行水热反应 20 h。反应结束后，对所得产物进行离心分离，并依次用去离子水和无水乙醇多次洗涤。最后，将清洗后的沉淀置于 60 ℃的真空干燥箱中干燥 8 h，最终获得 CdS 样品。

4.2.2 $BiVO_4$的制备

将 1 mmol NH_4VO_3 和 1 mmol $Bi(NO)_3 \cdot 5H_2O$ 分别溶于 25 mL 水中，搅拌条件下，将 NH_4VO_3 水溶液以逐滴加入的方式缓慢加入到 $Bi(NO)_3$ 水溶液中，调节反应液的 pH 到 7，超声 30 min。反应结束后，对所得产物进行离心分离，并依次用去离子水和无水乙醇清洗 3 次。最后，将所得沉淀置于 60 ℃的真空干燥箱中干燥 8 h，最终获得 $BiVO_4$ 样品。

4.2.3 $BiVO_4$/CdS 的制备

在搅拌条件下，将所制得的 CdS 粉末（300 mg）均匀分散于 50 mL 去离子水中，注入一定体积 6 mmol/L 的 $Bi(NO)_3$ 溶液。持续搅拌 40 min 后，缓慢滴加等体积的 6 mmol/L 的 NH_4VO_3 溶液，将反应体系 pH 调节至 7。随后对混合液进行 30 min 超声处理，离心分离所得沉淀，依次用去离子水和无水乙醇清洗 3 次。最后，将所得沉淀置于 60 ℃的真空干燥箱中干燥 8 h。为研究不同配比对材料性能的影响，分别添加 2 mL、4 mL、6 mL 和 8 mL 的 $Bi(NO)_3$ 与 NH_4VO_3 溶液，制得的复合材料相应标记为 $BiVO_4$/CdS-2、$BiVO_4$/CdS-4、$BiVO_4$/CdS-6 和 $BiVO_4$/CdS-8。

上述样品的合成示意图如图 4-1 所示：

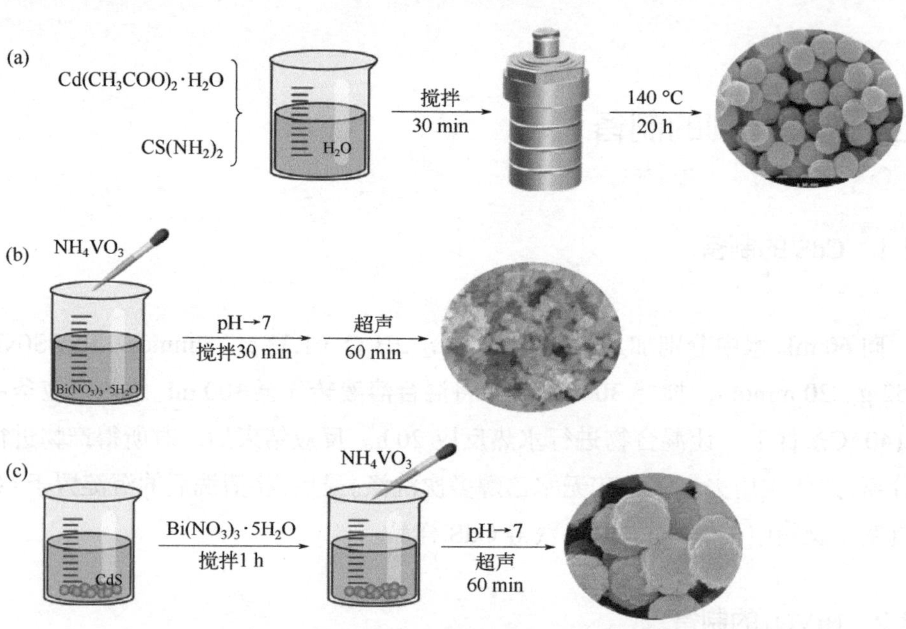

图 4-1　CdS（a）、$BiVO_4$（b）和 $BiVO_4$/CdS（c）的合成示意图

4.3　催化剂表征

4.3.1　晶体结构与微观形貌分析

通过对所制备的样品进行 X 射线衍射（XRD）表征结果（图 4-2）可知，合成的 CdS 样品为六方相（JCPDS 41-1049）[图 4-2（a）][20]。$BiVO_4$ 的衍射峰于四方相 $BiVO_4$ 相吻合（JCPDS 14-0133）[图 4-2（b）][21]。而在复合材料 $BiVO_4$/CdS 的 XRD 谱中，并未观察到明显的 $BiVO_4$ 衍射峰，可能由于 $BiVO_4$ 负载量太低所致。

对催化剂进行扫描电子显微镜（SEM）和透射电子显微镜（TEM）测试结果显示，CdS 样品呈现出纳米球状形貌，粒径为 300 nm 左右［图 4-3（a）和（b）］。$BiVO_4$ 则以较小的纳米颗粒聚集形式存在［图 4-3（d）和（e）］。在 $BiVO_4$/CdS 复合样品中，这些 $BiVO_4$ 纳米颗粒均匀地负载在 CdS 表面［图 4-3（g）和（h）］。通过高分辨透射电子显微镜（HRTEM）分析可知，0.34 nm 的晶格间距归属于 CdS 的(002)晶面［图 4-3（c）］[23]，而间距为 0.36 nm 的晶面归属于 $BiVO_4$ 的(200)晶面［图 4-3（f）］[22]。$BiVO_4$/CdS 的 HRTEM 图显示出两种不同的晶格条纹，晶格间距为 0.34 nm 对应于 CdS 的(002)晶面，晶格间距为 0.36 nm 对应于 $BiVO_4$ 的(200)

晶面[24]［图 4-3（i）］。$BiVO_4$/CdS 的元素映射图（EDS）结果表明，$BiVO_4$/CdS 中存在 Bi、V、O、Cd 和 S 元素，且分布均匀（图 4-4），进一步验证了 $BiVO_4$ 在 CdS 表面的均匀分布。以上结果证实 $BiVO_4$/CdS 复合材料的成功合成。使用电感耦合等离子体发射光谱仪（ICP-OES）确定 $BiVO_4$/CdS-4 中 $BiVO_4$ 和 CdS 的质量比约为 3%和 97%，这进一步验证了 $BiVO_4$/CdS 的成功合成（表 4-1）。

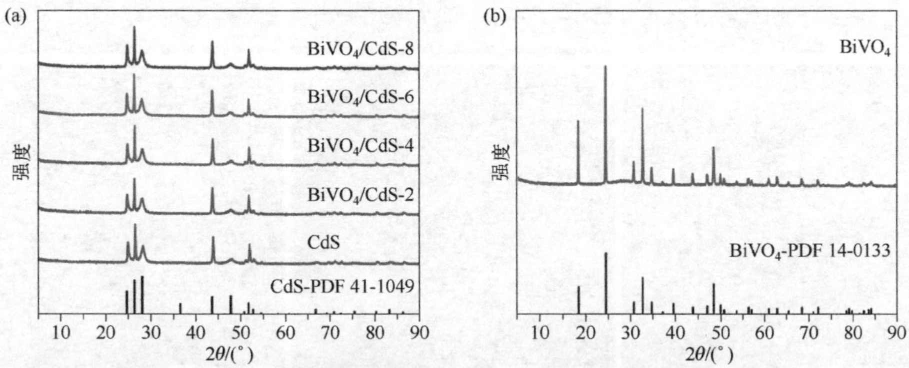

图 4-2　样品的 XRD 谱图：（a）CdS 和 $BiVO_4$/CdS；（b）$BiVO_4$

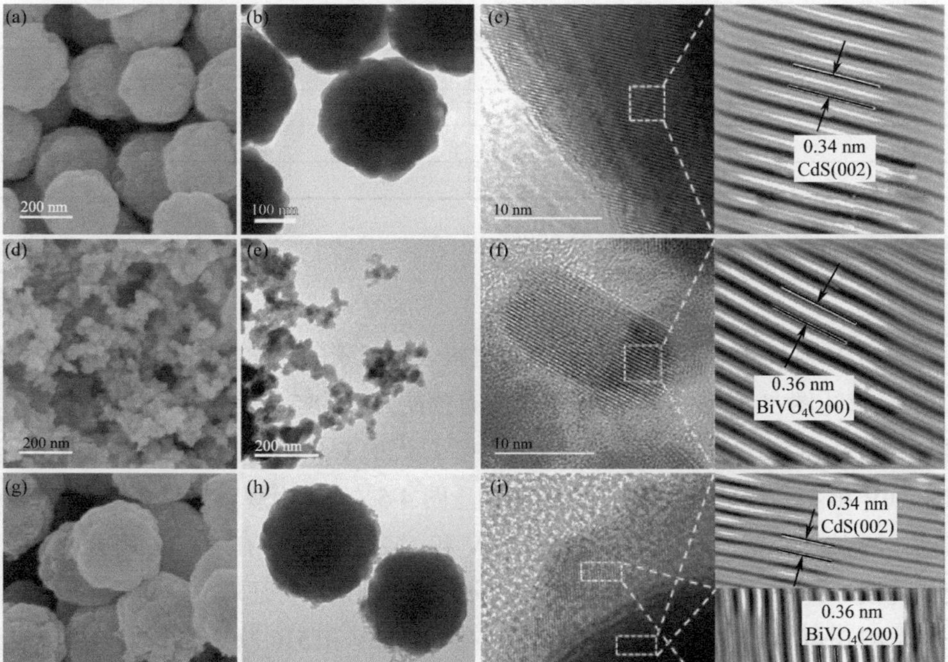

图 4-3　样品的 SEM 图（a, d, g）；TEM 图（b, e, h）和 HRTEM 图（c, f, i）

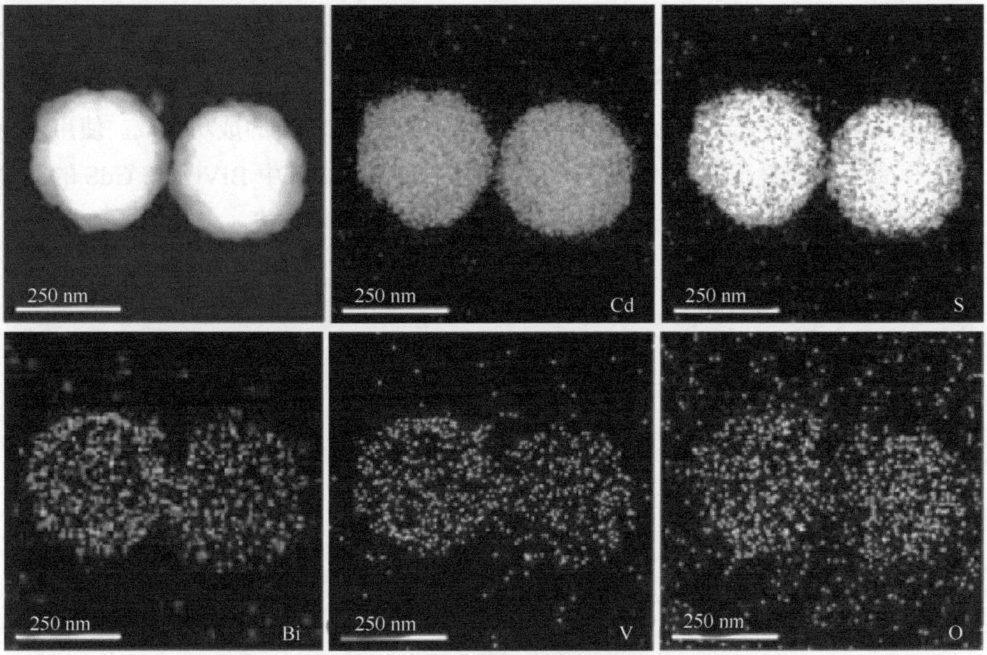

图 4-4　$BiVO_4/CdS$ 的元素映射图

表 4-1　催化剂 $BiVO_4$/CdS-4 的元素质量组成

元素	质量分数/%
Cd	75.4
Bi	2.32
V	0.459

4.3.2　元素组成分析

通过 X 射线光电子能谱（XPS）对材料表面元素的化学状态及元素组成分析。XPS 全谱［图 4-5（a）］中清晰可见所有预期元素的特征信号，表明目标产物的成功合成。在 Cd 3d 谱［图 4-5（b）］中，Cd^{2+}的 Cd $3d_{5/2}$ 和 Cd $3d_{3/2}$ 分别出现在 404.7 eV 和 411.5 eV 处[25]。从 S 2p 谱图［图 4-5（c）］中观察到位于 S^{2-}的 S $2p_{3/2}$ 和 S $2p_{1/2}$ 的两个特征峰，分别为 161.2 eV 和 162.4 eV[26]。在 $BiVO_4$ 组分中，Bi 4f 谱图［图 4-5（d）］在 164.4 eV 和 159.1 eV 处出现两个特征峰，分别对应于 Bi^{3+}的 Bi $4f_{3/2}$ 和 Bi $4f_{5/2}$[27]。V 2p 谱图［图 4-5（e）］在 524.0 eV 和 516.7 eV 处出现 V^{5+}的 V $2p_{1/2}$ 和 V $2p_{3/2}$ 的特征峰[22]。O 1s 的谱图［图 4-5（f）］可以拟合为三个峰：位于 529.8 eV 的峰属于晶格氧（O_L），位于 533.1 eV 和 531.4 eV 的两组特征峰分别对应吸附氧

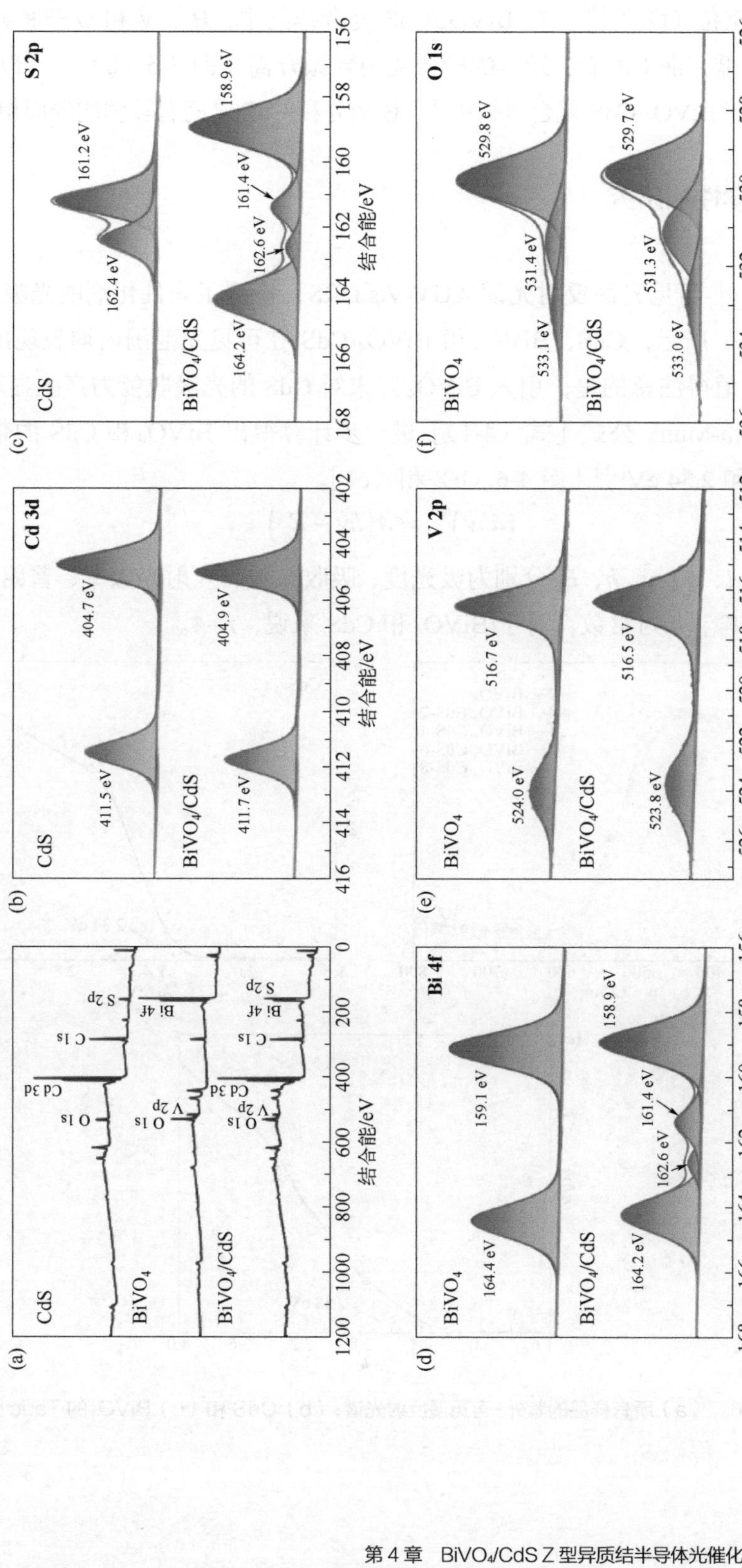

图 4-5 CdS、$BiVO_4$和$BiVO_4$/CdS 样品的 XPS 谱图：（a）总谱；（b）Cd 3d；（c）S 2p；（d）Bi 4f；（e）V 2p 和（f）O 1s

（O_A）和氧空位（O_V）[28]。在 $BiVO_4/CdS$ 复合样品中，Bi、V 和 O 三种元素的结合能略有降低，而 Cd 和 S 元素的结合能则轻微升高［图 4-5（b）～（f）］。这一结果表明，在 $BiVO_4/CdS$ 复合材料中中，$BiVO_4$ 和 CdS 之间有较强的界面相互作用。

4.3.3 光学性能研究

通过紫外-可见光漫反射光谱（UV-Vis DRS）检测了光催化剂的光吸收能力。如图 4-6（a）所示，CdS、$BiVO_4$ 和 $BiVO_4/CdS$ 在可见光范围内均表现出良好的吸收特性。值得注意的是，引入 $BiVO_4$ 并未对 CdS 的光吸收能力产生显著影响。基于 Kubelka-Munk 公式［式（4-1）］进一步计算得出 $BiVO_4$ 和 CdS 的带隙分别为 2.53 eV 和 2.34 eV[28]［图 4-6（b）和（c）］。

$$(\alpha h\nu)^{n/2} = A\left(h\nu - E_g\right) \tag{4-1}$$

式中，A、α、ν、h、E_g 分别为吸光度、吸收系数、入射光频率、普朗克常数、半导体的带隙；n 为常数，对于 $BiVO_4$ 和 CdS 来说，n=4。

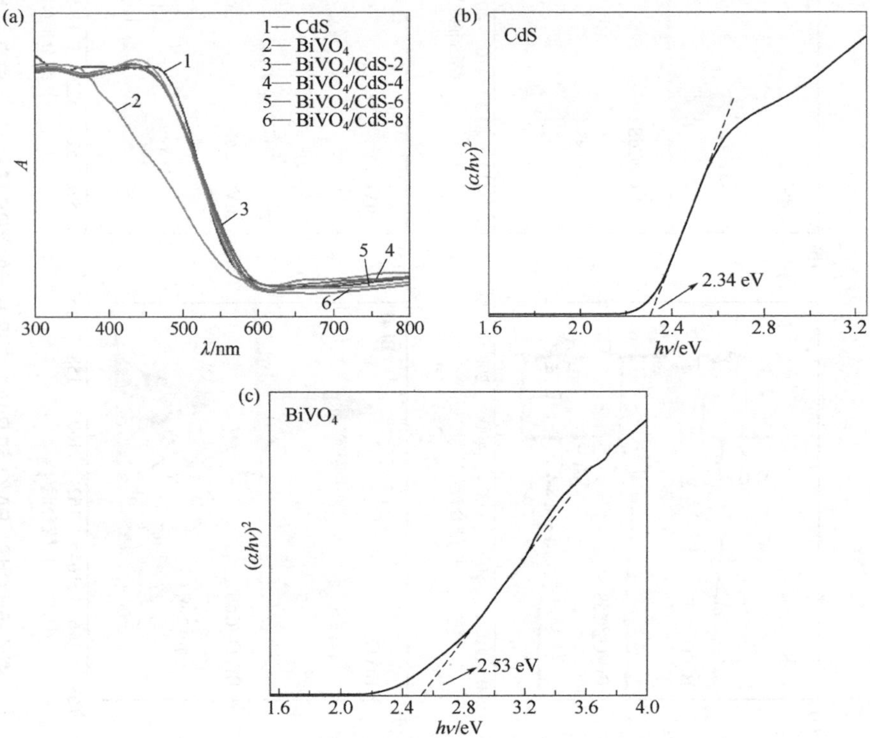

图 4-6 （a）所有样品的紫外-可见漫反射光谱；（b）CdS 和（c）$BiVO_4$ 的 Tauc 图

4.4 光催化降解盐酸四环素性能研究

在光催化性能评价实验中，采用 300 W 氙灯（$\lambda > 420$ nm，光功率密度：100 mW/cm^2）作为唯一光源。将 8 mg 催化剂分散于 50 mL 盐酸四环素溶液（20 mg/L）中，避光条件下搅拌 30 min，使体系达到吸附-脱附平衡。使用紫外-可见分光光度计在 357 nm 处检测其特征吸光度变化。实验结果表明，$BiVO_4$ 表现出较低的光催化活性，其对盐酸四环素的降解率仅为 26.6%，这与其较高的物理吸附能力有关。相比之下，CdS 对盐酸四环素的降解率为 64.8%，而 $BiVO_4$/CdS 复合材料显示出更高的光催化性能，且其活性随 $BiVO_4$ 掺入量的不同而变化。其中，$BiVO_4$/CdS-4 复合材料表现出最优性能，盐酸四环素降解率可达 93.1%（图 4-7）。与文献已报道的结果相比，$BiVO_4$/CdS-4 在光催化降解盐酸四环素方面显示出更优异的效率（表 4-2）。

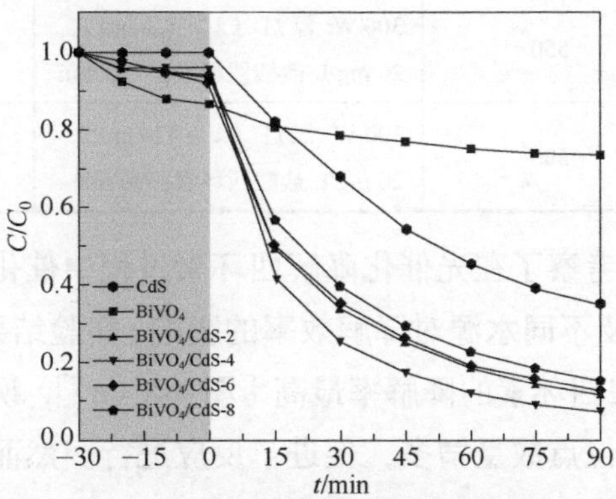

图 4-7 光降解盐酸四环素性能测试

表 4-2 本工作中光降解盐酸四环素的性能与文献报道的结果对比

光催化剂	催化剂用量 /(mg/L)	反应条件	降解率/%	参考文献
$BiVO_4$/CdS	160	300 W 氙灯（$\lambda > 420$ nm），20 mg/L 盐酸四环素，90 min	93.1	本工作
CdS/Bi_4TaO_8Cl	200	200 W 氙灯（$\lambda > 420$ nm），20 mg/L 盐酸四环素，80 min	81.1	[29]
$TiO_2/Ti_3C_2T_x$/AgI	1000	350 W 氙灯，20 mg/L 盐酸四环素，180 min	97	[30]

续表

光催化剂	催化剂用量/(mg/L)	反应条件	降解率/%	参考文献
$g-C_3N_4/ZnIn_2S_4$	300	LED 灯（$\lambda>400$ nm），10 mg/L 盐酸四环素，90 min	93.4	[31]
$NiFeS_x/CdS$	555	500 W 汞灯，20 mg/L 盐酸四环素，120 min	85.8	[32]
In_2S_3/Bi_2WO_6	1000	300 W 氙灯（$\lambda>420$ nm），20 mg/L 盐酸四环素，120 min	96	[33]
$CoSe_2/g-C_3N_4$	600	300 W 氙灯（$\lambda>420$ nm），20 mg/L 盐酸四环素，60 min	86.2	[34]
$MT-BiVO_4/PCNS$	200	300 W 氙灯（$\lambda>420$ nm），20 mg/L 盐酸四环素，60 min	72	[35]
15A/5G/BW	400	300 W 氙灯（$\lambda>420$ nm），20 mg/L 盐酸四环素，90 min	84	[36]
$Bi_2O_2CO_3/Ti_3C_2$	550	300 W 氙灯（$\lambda>420$ nm），20 mg/L 盐酸四环素，120 min	81	[37]
$MgFe_2O_4/Bi_2WO_6$	500	300 W 氙灯（$\lambda>420$ nm），20 mg/L 盐酸四环素，90 min	95.8	[38]

随后，我们系统考察了在光催化降解四环素过程中催化剂投量、盐酸四环素初始浓度、共存离子及不同水源对降解效率的影响。实验结果表明，当 $BiVO_4/CdS$ 用量为 8 mg 时，盐酸四环素的降解率最高［图 4-8（a）］，说明随着催化剂用量的增加，可利用的活性位点数量增多，促进了反应进行。然而，进一步增加催化剂投量反而导致光催化效率略有下降，这可能是因为过高的催化剂浓度造成光散射增强，削弱了体系对光的有效吸收。如图 4-8（b）所示，随着盐酸四环素初始浓度的增大，光催化活性逐渐降低，这可能是由于高浓度盐酸四环素分子占据了催化剂表面的活性中心，导致催化性能下降。为模拟实际水体环境，我们还探讨了不同阴阳离子对盐酸四环素降解行为的影响。从图 4-8（c）可以看出，不同阳离子的存在对盐酸四环素降解率影响不显著，表明 $BiVO_4/CdS-4$ 在含阳离子环境中具有良好的抗干扰性能。而在阴离子中，SO_4^{2-}、Cl^-、NO_3^-对降解效率无明显影响，但 HCO_3^-的引入显著抑制了盐酸四环素的降解［图 4-8（d）］。其原因可能是 $NaHCO_3$ 是·OH 和光生空穴的捕获剂，消耗了参与反应的关键活性物种。此外，实际水体的组成也是影响光催化性能的重要因素。我们比较了 $BiVO_4/CdS$ 在超纯

水和自来水两种水体中对盐酸四环素的降解性能（图 4-9）。结果表明，该催化剂在自来水体系中仍能高效降解盐酸四环素，显示出良好的实际应用前景。

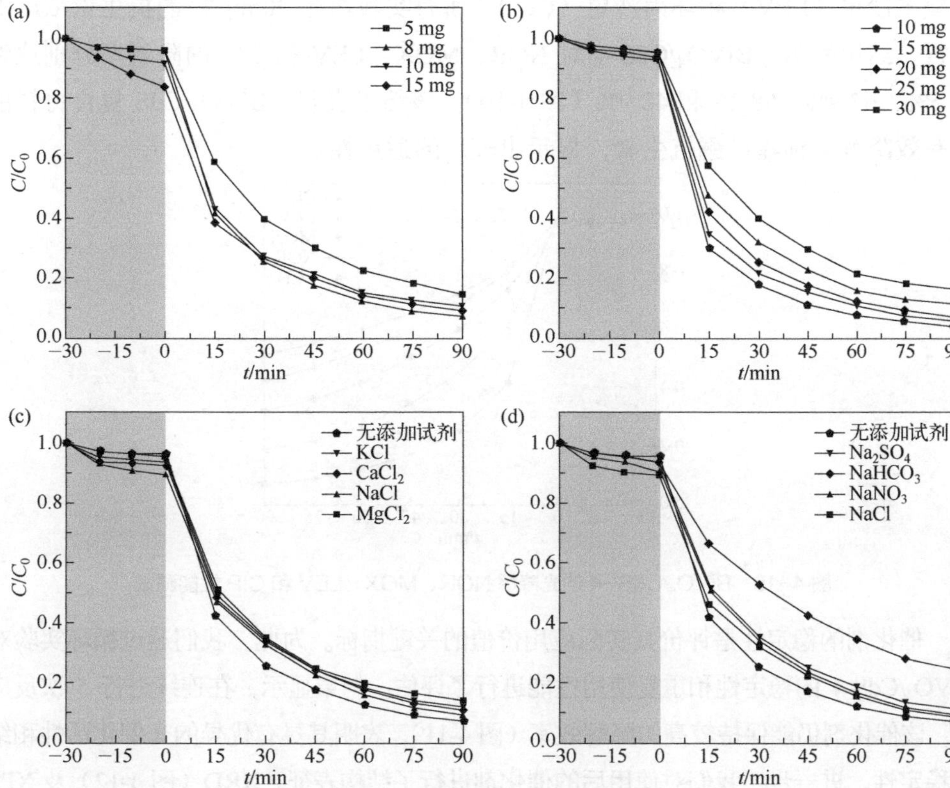

图 4-8　催化剂用量（a）、盐酸四环素的初始浓度（b）、共存阳离子（c）和共存阴离子（d）对降解性能的影响

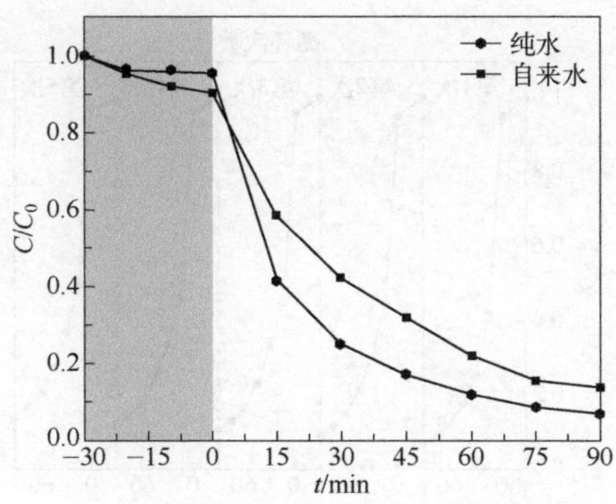

图 4-9　不同水源对盐酸四环素光催化降解的影响

接下来，为评估催化剂的普适性，我们进一步研究了 $BiVO_4/CdS$ 对多种喹诺酮类抗生素的光催化降解性能，包括诺氟沙星（NOR）、盐酸莫西沙星（MOX）、左氧氟沙星（LEV）和环丙沙星（CIP）。所有实验均在 20 mg/L 的抗生素浓度下进行。结果表明，$BiVO_4/CdS$-4 对 NOR、MOX、LEV 和 CIP 的降解率分别达到 81.5%、67.9%、58.2%和 48.9%（图 4-10）。该结果表明，$BiVO_4/CdS$ 复合材料能够有效降解多种喹诺酮抗生素，显示出较广的适用性。

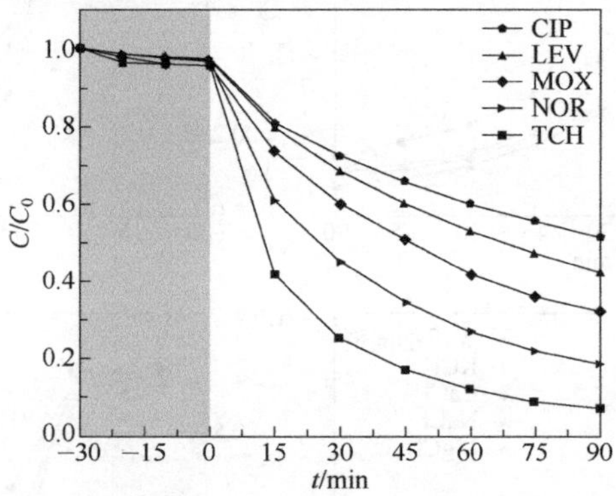

图 4-10　$BiVO_4/CdS$-4 的光降解 NOR、MOX、LEV 和 CIP 性能测试

催化剂的稳定性是评价其实际应用价值的关键指标。为此，我们通过循环实验对 $BiVO_4/CdS$-4 的稳定性和重复使用性能进行了评估。结果显示，在连续进行 5 次反应后，该催化剂仍能保持较高的降解效率（图 4-11），表明其具有优异的光催化活性和结构稳定性。进一步，我们对使用后的催化剂进行了结构表征。XRD（图 4-12）及 XPS［图 4-13（a）～（e）］谱图表明，循环反应后 $BiVO_4/CdS$-4 的晶体结构及各元素的化学状态均未发生明显变化，进一步证实该催化剂具备良好的稳定性与实际可重复使用性。

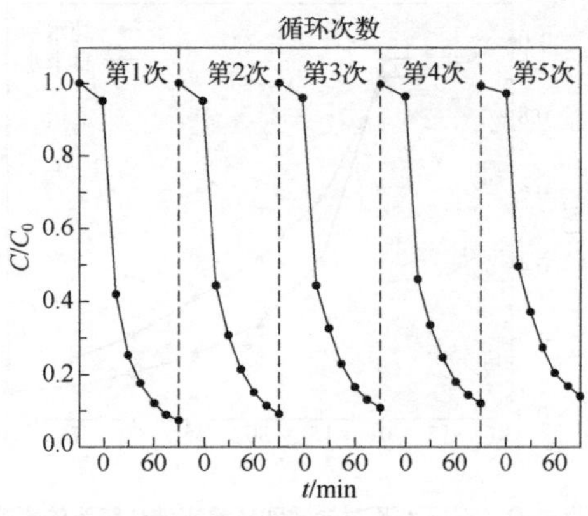

图 4-11　$BiVO_4/CdS$-4 光降解盐酸四环素的稳定性测试

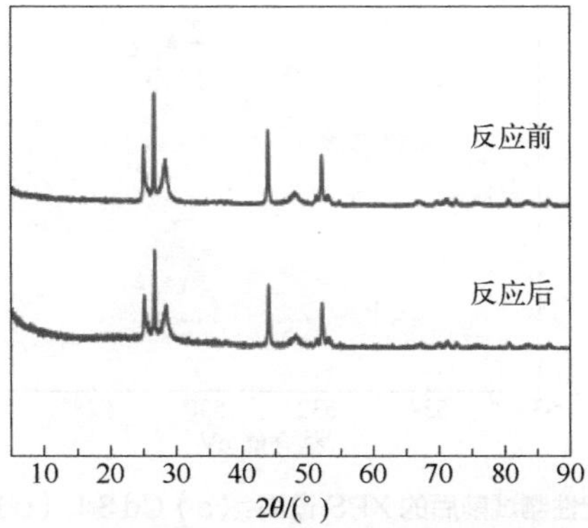

图 4-12　BiVO₄/CdS-4 稳定性测试前后的 XRD 谱图

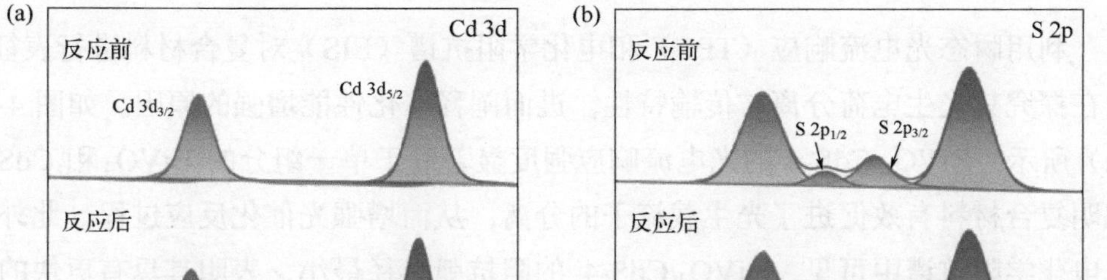

图 4-13

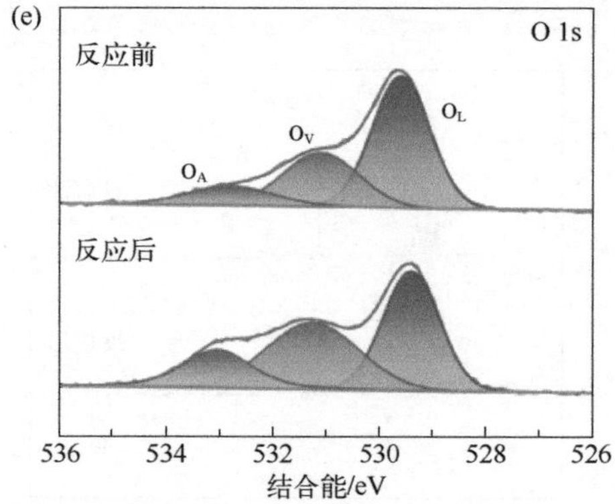

图 4-13 BiVO$_4$/CdS-4 稳定性测试前后的 XPS 谱图：（a）Cd 3d；（b）S 2p；（c）Bi 4f；（d）V 2p；（e）O 1s

4.5 光电化学性能测试

利用瞬态光电流响应（TPC）和电化学阻抗谱（EIS）对复合材料进行表征，旨在探究其光生电荷分离与传输特性，进而阐释催化性能增强的原因。如图 4-14（a）所示，$BiVO_4$/CdS-4 的光电流响应强度显著高于单一组分的 $BiVO_4$ 和 CdS，说明复合材料有效促进了光生载流子的分离，从而增强光催化反应过程。此外，从电化学阻抗谱中可见，$BiVO_4$/CdS-4 的阻抗弧半径最小，表明其具有更快的电荷转移速率和较低的界面传输阻力，进一步证实该复合材料在电荷分离与迁移方面具备优异性能［图 4-14（b）］。综上所述，$BiVO_4$/CdS 异质结的构建显著提高了光生电子-空穴对的分离效率，进而提升了其对 TCH 的光催化降解活性。

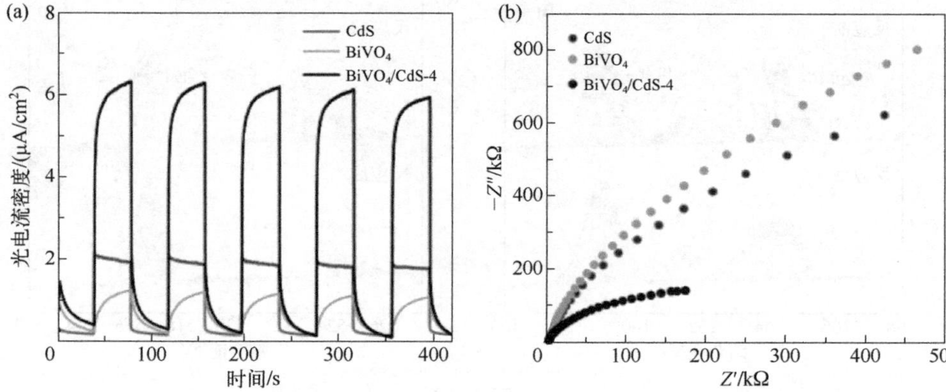

图 4-14 CdS、$BiVO_4$ 和 $BiVO_4$/CdS-4 的瞬态光电流谱（a）和电化学阻抗奈奎斯特图（b）

4.6 光催化降解盐酸四环素机理探究

适宜的能带结构是保证光催化反应高效进行的关键因素。为确定催化剂的半导体类型及其平带电位，我们对 CdS 和 $BiVO_4$ 进行了莫特-肖特基（M-S）测试。结果显示，在特定频率下，CdS 与 $BiVO_4$ 的莫特-肖特基曲线均呈现正斜率（图 4-15），表明二者均为 n 型半导体。测定其平带电位（相对于 Ag/AgCl，pH = 7）分别为 −1.15 V 和 0.12 V[39]。对于 n 型半导体，其导带底电位通常近似于平带电位，经换算后（相对于 NHE），CdS 和 $BiVO_4$ 的导带电位分别为−0.95 V 和 0.32 V [40, 41]。结合此前通过紫外-可见漫反射光谱所获得的禁带宽度数据，并依据公式 $E_{VB} = E_g + E_{CB}$ 进一步计算，得出 CdS 和 $BiVO_4$ 的价带电位分别为 1.39 V 和 2.41 V。

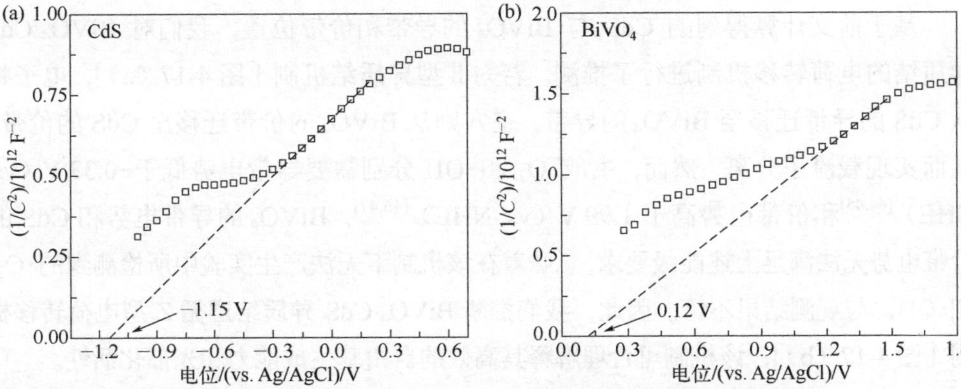

图 4-15 CdS（a）和 $BiVO_4$（b）在 1000 Hz 下的莫特-肖特基图

通过自由基捕获实验探究 $BiVO_4$/CdS 光催化降解盐酸四环素过程中的关键活性物种。通过分别添加碘化钾（KI）、过硫酸钾（$K_2S_2O_8$）、异丙醇（IPA）和氯仿（$CHCl_3$）作为光生空穴（h^+）、电子（e^-）、羟基自由基（·OH）和超氧自由基（$·O_2^-$）的捕获剂，对比研究了不同活性物种对盐酸四环素降解的影响（图 4-16）。实验结果表明，加入四种捕获剂后，降解效率均有所降低，但 KI 和 $CHCl_3$ 对降解的抑制作用更加明显，说明 h^+和$·O_2^-$在降解过程中起主导作用，e^-和·OH 也参与了反应。为进一步验证活性自由基的存在，我们采用 DMPO 作为自由基捕获剂，进行了电子自旋共振（EPR）测试。如图 4-17（a）和（b）所示，在光照条件下明显识别 DMPO-·OH 和 DMPO-$·O_2^-$信号，而在黑暗条件下无明显特征峰，表明·OH 和·O_2^-为光诱导产生的活性物种[42,43]，该现象与自由基捕获实验结果一致。

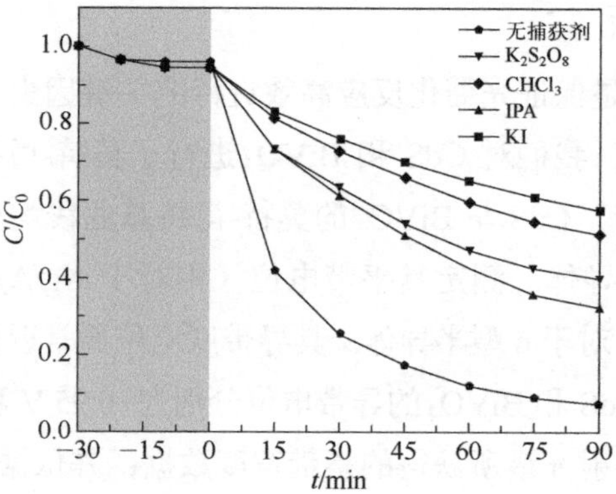

图 4-16　自由基捕获实验

基于前文计算得到的 CdS 与 $BiVO_4$ 的导带和价带位置，我们对 $BiVO_4$/CdS 异质结的电荷转移机制进行了推测。若为Ⅱ型异质结机制［图 4-17（a)］，电子将从 CdS 的导带迁移至 $BiVO_4$ 的导带，空穴则从 $BiVO_4$ 的价带迁移至 CdS 的价带，从而实现载流子分离。然而，生成·O_2^-和·OH 分别需要导带电势低于−0.33 V（vs. NHE）[44,45]和价带电势高于 1.99 V（vs. NHE）[46,47]。$BiVO_4$ 的导带电势和 CdS 的价带电势无法满足上述能级要求，意味着在该机制下无法产生实验中所检测到的·O_2^-和·OH，与观测结果不符。因此，我们推断 $BiVO_4$/CdS 异质结遵循 Z 型电荷转移机制［图 4-17（b)］，该机制可合理解释其高效的自由基生成能力和光催化活性。

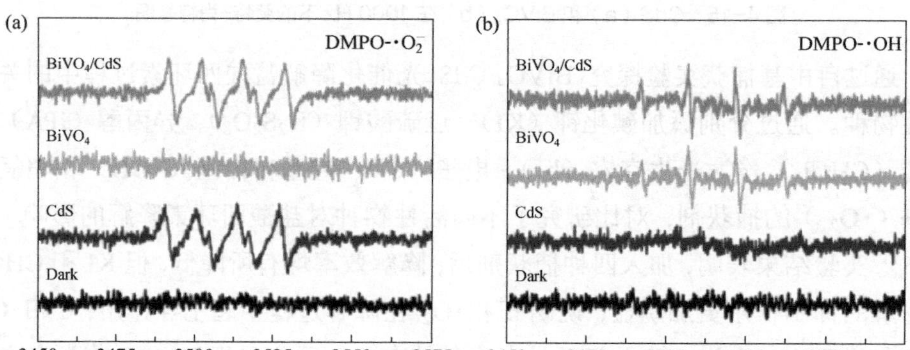

图 4-17　DMPO-·O_2^-·（a）和 DMPO-·OH（b）的 EPR 信号

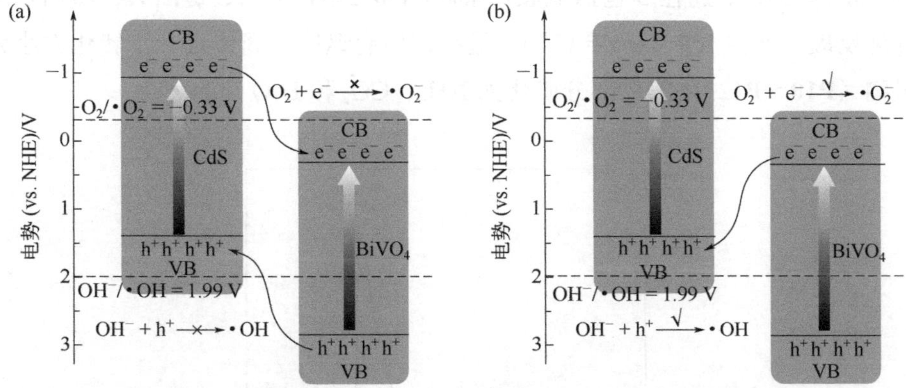

图 4-18　Ⅱ型异质结（a）和 Z 型异质结（b）的电荷转移示意图

紫外光电子能谱（UPS）是一种用于表征材料表面电子结构的关键技术，主要通过紫外光激发材料表面的电子分析其动能分布。紫外光电子能谱［图 4-19（a）和（b）］显示，CdS 和 $BiVO_4$ 的费米能级（E_F）分别为 5.01 eV 和 5.13 eV，截止能量（E_{cut}）分别为 18.12 eV 和 21.33 eV。根据公式 $U = h\nu-(E_{cut}-E_F)$, CdS 和 $BiVO_4$ 的功函数（U）分别为 8.11 eV 和 5.02 eV。当 CdS 和 $BiVO_4$ 接触时，电子将从 $BiVO_4$ 流向 CdS，直到费米能级建立平衡。这与我们上面推断的电子转移方向一致。UPS 数据进一步证明，$BiVO_4$/CdS 通过 Z 型异质结电荷转移机制实现光生载流子的高效分离与迁移。此外，我们通过 Bader 电荷分析进一步验证了 $BiVO_4$/CdS 中电荷转移的方向和数量（图 4-20）。电荷重分布主要发生在 $BiVO_4$/CdS 界面附近，表明 CdS 和 $BiVO_4$ 之间的相互作用很强。深灰色区域表示电荷累积，浅灰色区域表示电荷耗尽。可以观察到，电子倾向于在 $BiVO_4$/CdS 界面从 $BiVO_4$ 转移到 CdS。转移的电子数为 $0.66e^-$。理论计算结果进一步证明 $BiVO_4$/CdS 遵循 Z 型异质结电荷转移机制。CdS 中的光生空穴与 $BiVO_4$ 的光生电子结合，不仅可以提高光生载流子的分离效率，还可以有效地消耗 CdS 的光生孔洞。因此，它有效地克服了 S^{2-} 氧化引起的光腐蚀问题。这也是 $BiVO_4$/CdS 能够保持优异性能的原因。

随后，采用液相色谱-质谱联用仪（LC-MS）研究了 $BiVO_4$/CdS 对盐酸四环素的可能降解途径（图 4-21 和附录 1）。在途径 1 中，**P1**（$m/z = 362$）是通过甲胺的脱酰胺反应和 C—N 键裂解产生的[48]，随后是环裂解，导致通过脱烯醇形成 **P3**（$m/z = 217$）[49]。途径 2 以酰胺脱水开始，随后进行两次环裂解，导致 **P6** 的产生（$m/z = 241$）。途径 3 包括酰胺水解和相邻二醇的 C—C 键断裂，然后是脱羧和开环反应，产生 **P9**（$m/z = 173$）。最终，所有这些中间体进一步转化为小分子有机物（**P10**～**P12**），然后部分矿化为 NH_4、CO_2 和 H_2O[38]。

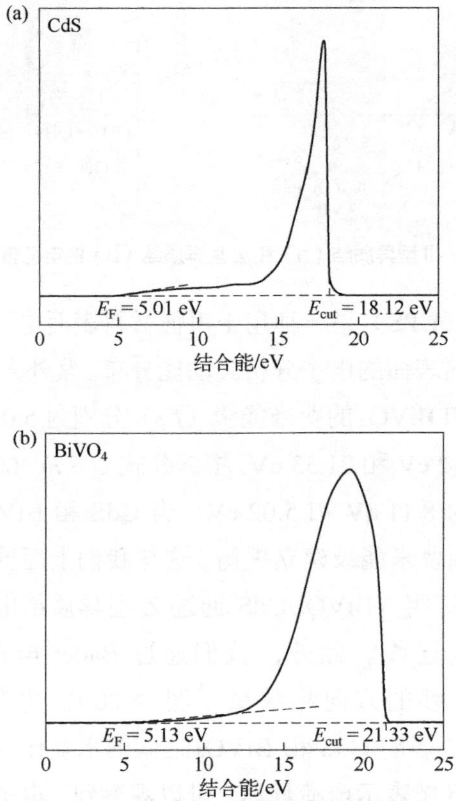

图 4-19　CdS（a）和 $BiVO_4$（b）的 UPS 光谱

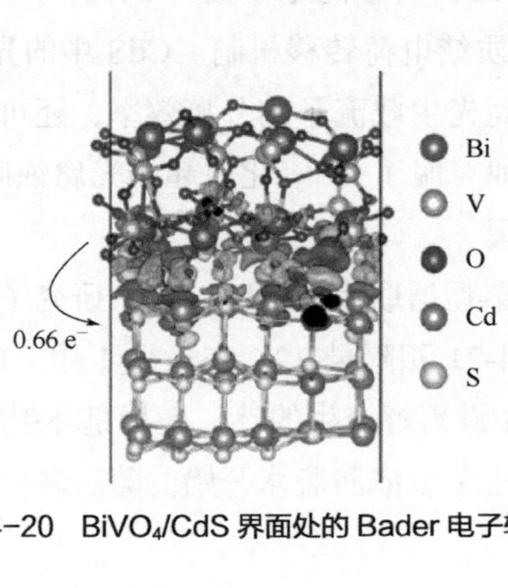

图 4-20　$BiVO_4$/CdS 界面处的 Bader 电子转移

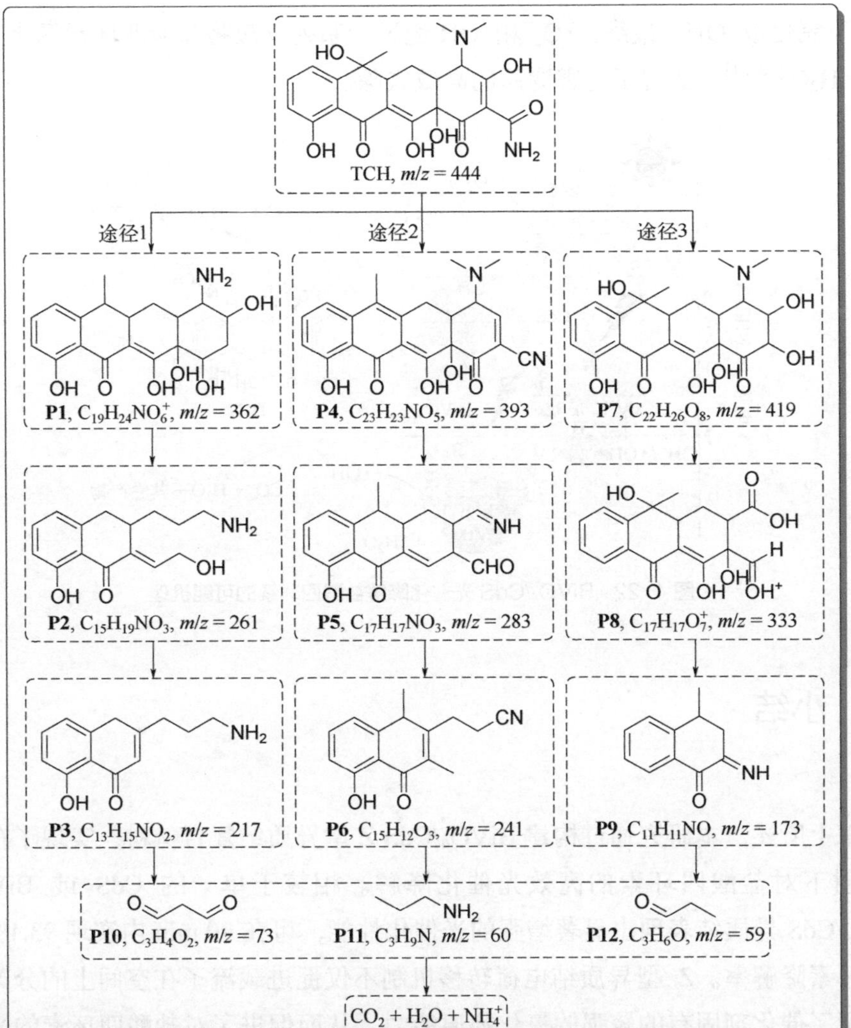

图 4-21　盐酸四环素可能的降解路径

结合实验数据，提出了 $BiVO_4$/CdS 光催化降解盐酸四环素可能的反应机理，结果如图 4-22 所示。在可见光照射下，$BiVO_4$ 与 CdS 被激发，产生光生载流子，并按照 Z 型异质结机制进行传递，$BiVO_4$ 导带上的电子流向 CdS 的价带，并与其上的空穴复合，保留 CdS 导带中的电子和 $BiVO_4$ 价带中的空穴，这种电荷转移机制不仅促进载流子在空间上的分离，还有效保留催化剂较强的氧化还原能力，从而促进了对盐酸四环素的光催化降解反应。然后，CdS 导带上的光生电子将溶解在水中的 O_2 分子还原生成$\cdot O_2^-$，同时，$BiVO_4$ 价带上的光生空穴把氢氧根离子

（OH^-）氧化成·OH。最终，$\cdot O_2^-$和·OH 通过一系列反应将盐酸四环素氧化分解为 CO_2、H_2O [50, 51]，实现了有害物质的高效去除。

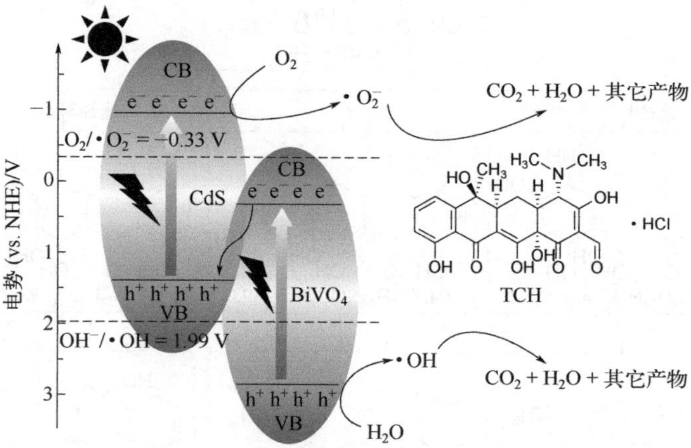

图 4-22　$BiVO_4$/CdS 光催化降解盐酸四环素的可能机理

4.7　小结

综上所述，本研究通过构建 $BiVO_4$/CdS Z 型异质结复合材料，实现了在可见光照射下对盐酸四环素的高效光催化降解。相较于单一的 CdS 或 $BiVO_4$，$BiVO_4$/CdS 异质结表现出显著增强的光催化性能，可在 90 min 内实现 93.1%的盐酸四环素降解率。Z 型异质结电荷转移机制不仅促进载流子在空间上的分离，有效保留了催化剂固有的较强的氧化还原能力，从而促进了对盐酸四环素的光催化降解反应。此外，CdS 导带上的电子被快速转移并消耗，极大地减少了光生空穴对其晶格的攻击，从而从根源上有效缓解了 CdS 自身的光腐蚀问题，提高了催化剂在长期运行中的稳定性。通过自由基捕获实验与电子自旋共振分析，确定光催化降解盐酸四环素过程中的关键活性物种。该工作不仅为 Z 型异质结光催化剂的设计提供了新思路，也深化了对可见光驱动抗生素降解机理的理解，为高效环境修复材料的开发提供了实验依据与理论支撑。

参考文献

[1] Calvete M J F, Piccirillo G, Vinagreiro C S, et al. Hybrid materials for heterogeneous photocatalytic degradation of antibiotics[J]. Coordination Chemistry Reviews, 2019, 395: 63-85.

[2] Li D, Shi W. Recent developments in visible-light photocatalytic degradation of antibiotics[J]. Chinese Journal of Catalysis, 2016, 37(6): 792-799.

[3] Wei Z, Liu J, Shangguan W. A review on photocatalysis in antibiotic wastewater: Pollutant degradation and hydrogen production[J]. Chinese Journal of Catalysis, 2020, 41(10): 1440-1450.

[4] Zhang W, Peng Y, Yang Y, et al. Bismuth-rich strategy intensifies the molecular oxygen activation and internal electrical field for the photocatalytic degradation of tetracycline hydrochloride[J]. Chemical Engineering Journal, 2022, 430: 132963-132962.

[5] Shi Z, Zhang Y, Shen X, et al. Fabrication of g-C_3N_4/BiOBr heterojunctions on carbon fibers as weaveable photocatalyst for degrading tetracycline hydrochloride under visible light[J]. Chemical Engineering Journal, 2020, 386: 124010-124020.

[6] Wu Y, Li Y, Li H, et al. Tunning heterostructures interface of Cu_2O@HKUST-1 for enhanced photocatalytic degradation of tetracycline hydrochloride[J]. Separation and Purification Technology, 2022, 303: 122106-122115.

[7] Zhang B, He X, Yu C, et al. Degradation of tetracycline hydrochloride by ultrafine TiO_2 nanoparticles modified g-C_3N_4 heterojunction photocatalyst: Influencing factors, products and mechanism insight[J]. Chinese Chemical Letters, 2022, 33(3): 1337-1342.

[8] Chava R K, Son N, Kang M. Bismuth quantum dots anchored one-dimensional CdS as plasmonic photocatalyst for pharmaceutical tetracycline hydrochloride pollutant degradation[J]. Chemosphere, 2022, 300: 134570-134579.

[9] Wu S, Lin Y, Hu Y H. Strategies of tuning catalysts for efficient photodegradation of antibiotics in water environments: a review[J]. Journal of Materials Chemistry A, 2021, 9(5): 2592-2611.

[10] Liu B, Cai J, Zhang J, et al. Simultaneous benzyl alcohol oxidation and H_2 generation over MOF/CdS S-scheme photocatalysts and mechanism study[J]. Chinese Journal of Catalysis, 2023, 51: 204-215.

[11] Khan M E, Mohammad A, Ali W, et al. Excellent visible-light photocatalytic activity towards the degradation of tetracycline antibiotic and electrochemical sensing of hydrazine by SnO_2-CdS nanostructures[J]. Journal of Cleaner Production, 2022, 349: 131249-131264.

[12] Yin H, Cao Y, Fan T, et al. Construction of carbon bridged TiO_2/CdS tandem Z-scheme heterojunctions toward efficient photocatalytic antibiotic degradation and Cr (VI) reduction[J]. Journal of Alloys and Compounds, 2020, 824: 153915-153926.

[13] Wang G, Lv S, Shen Y, et al. Advancements in heterojunction, cocatalyst, defect and morphology engineering of semiconductor oxide photocatalysts[J]. Journal of Materiomics, 2024, 10(2): 315-338.

[14] 丁优仙，于迎春，刘建军，等. 不同晶型纳米 CdS 的合成及其光催化活性[J]. 化学研究, 2009, 20(02): 12-16.

[15] Liu Z, Yu Y, Zhu X, et al. Semiconductor heterojunctions for photocatalytic hydrogen production and Cr(VI) Reduction: A review[J]. Materials Research Bulletin, 2022, 147: 111636-111657.

[16] Lin, K, Qiao, P, Liu, Q, et al. Hollow TiO_2/CdS Z-Scheme Heterojunctions with Spatially Separated Cocatalysts for Highly Selective Photodriven CO_2 Conversion. Advanced Functional Materials, 2025, e15276.

[17] Han W, Wu T, Wu Q. Fabrication of WO_3/Bi_2MoO_6 heterostructures with efficient and highly

selective photocatalytic degradation of tetracycline hydrochloride[J]. Journal of Colloid and Interface Science, 2021, 602: 544-552.

[18] Zhang T, Meng F, Cheng Y, et al. Z-scheme transition metal bridge of Co_9S_8/Cd/CdS tubular heterostructure for enhanced photocatalytic hydrogen evolution[J]. Applied Catalysis B: Environmental, 2021, 286: 119853-119860.

[19] Zhang L, Li P, Feng L, et al. Controllable fabrication of visible-light-driven CoS_x/CdS photocatalysts with direct Z-scheme heterojunctions for photocatalytic Cr(VI) reduction with high efficiency[J]. Chemical Engineering Journal, 2020, 397: 125464-125480.

[20] Guo C, Li L, Chen F, et al. One-step phosphorization preparation of gradient-P-doped CdS/CoP hybrid nanorods having multiple channel charge separation for photocatalytic reduction of water[J]. Journal of Colloid and Interface Science, 2021, 596: 431-441.

[21] Da Cruz Severo E, Dotto G L, Martínez-De La Cruz A, et al. Enhanced photocatalytic activity of $BiVO_4$ powders synthesized in presence of EDTA for the decolorization of rhodamine B from aqueous solution[J]. Environmental Science and Pollution Research, 2018, 25(34): 34123-34130.

[22] Dai D, Liang X, Zhang B, et al. Strain adjustment realizes the photocatalytic overall water splitting on tetragonal zircon $BiVO_4$[J]. Advanced Science, 2022, 9(15): 2105299-2105308.

[23] Wang Y, Zhao J, Hou W, et al. Decoration of CdS nanowires with Ni_3S_4 nanoballs enhancing H_2 and H_2O_2 production under visible light[J]. Applied Catalysis B: Environmental, 2022, 310: 121350-121356.

[24] You Z, Yue X, Zhang D, et al. Construction 0D/2D heterojunction by highly dispersed Ag_2S quantum dots(QDs) loaded on the g-C_3N_4 nanosheets for photocatalytic hydrogen evolution[J]. Journal of Colloid and Interface Science, 2022, 607(Pt 1): 662-675.

[25] 汪家喜，魏晓骏，沈佳宇，等. 光催化选择性合成有机物[J]. 化学进展，2014, 26(09): 1460-1470.

[26] Xu C, Li D, Liu H, et al. Construction of 1D/0D CdS nanorods/Ti_3C_2 QDs Schottky heterojunctions for efficient photocatalysis[J]. Journal of Environmental Chemical Engineering, 2023, 11(1): 109191-109203.

[27] Gao B, Pan Y, Chang Q, et al. Hierarchically Z-scheme photocatalyst of {010}$BiVO_4$/Ag/CdS with enhanced performance in synergistic adsorption-photodegradation of fluoroquinolones in water[J]. Chemical Engineering Journal, 2022, 435: 134834-134848.

[28] Zhang T, Wang W, Jiang X, et al. Fabricating CdS/Ag/$BiVO_4$ Z-heterojunction for solvent-free photocatalytic oxidation of amines[J]. Green Chemistry, 2024, 26: 3338-3345.

[29] Zhu X, Miao H, Chen J, et al. Facet-dependent CdS/Bi_4TaO_8Cl Z-scheme heterojunction for enhanced photocatalytic tetracycline hydrochloride degradation and the carrier separation mechanism study via single-particle spectroscopy[J]. Inorganic Chemistry Frontiers, 2022, 9(10): 2252-2263.

[30] Wu F-D, Chen J-C, Hu J-P, Synthesis of TiO_2/$Ti_3C_2T_x$/AgI Z-scheme photocatalyst for tetracycline hydrochloride photocatalytic degradation[J]. Journal of Environmental Chemical Engineering, 2022, 10(1): 107117-107129.

[31] Deng X, Wang D, Li H, et al. Boosting interfacial charge separation and photocatalytic activity of 2D/2D g-C_3N_4/$ZnIn_2S_4$ S-scheme heterojunction under visible light irradiation[J]. Journal of

Alloys and Compounds, 2022, 894: 162209-162220.

[32] Zhao G-Q, Zou J, Long X, et al. Facile synthesis of the direct Z-scheme sulfuretted NiFe-layered double hydroxides/CdS heterojunction for the improved photodegradation of model organic pollutants[J]. Journal of Alloys and Compounds, 2022, 923: 166460-166469.

[33] He Z, Siddique M S, Yang H, et al. Novel Z-scheme In_2S_3/Bi_2WO_6 core-shell heterojunctions with synergistic enhanced photocatalytic degradation of tetracycline hydrochloride[J]. Journal of Cleaner Production, 2022, 339: 130634-130645.

[34] Jia J, Zhang T, Li K, et al. Cobaltous selenide/g-C_3N_4 heterojunction photocatalyst based on double-electron migration mechanism promotes hydrogen production and tetracycline hydrochloride degradation[J]. International Journal of Hydrogen Energy, 2023, 48(10): 3901-3915.

[35] Yin X, Sun X, Mao Y, et al. Synergistically enhanced photocatalytic degradation of tetracycline hydrochloride by Z-scheme heterojunction MT-$BiVO_4$ microsphere/P-doped g-C_3N_4 nanosheet composite[J]. Journal of Environmental Chemical Engineering, 2023, 11(2): 109412-109425.

[36] Guan Z, Li X, Wu Y, et al. AgBr nanoparticles decorated 2D/2D GO/Bi_2WO_6 photocatalyst with enhanced photocatalytic performance for the removal of tetracycline hydrochloride[J]. Chemical Engineering Journal, 2021, 410: 128823-128835.

[37] Tan B, Fang Y, Chen Q, et al. Construction of $Bi_2O_2CO_3/Ti_3C_2$ heterojunctions for enhancing the visible-light photocatalytic activity of tetracycline degradation[J]. Journal of Colloid and Interface Science, 2021, 601: 581-593.

[38] Zhang H, Meng F, Wei H, et al. Novel Z-scheme $MgFe_2O_4/Bi_2WO_6$ heterojunction for efficient photocatalytic degradation of tetracycline hydrochloride: Mechanistic insight, degradation pathways and density functional theory calculations[J]. Journal of Colloid and Interface Science, 2023, 652: 1282-1296.

[39] Yuan A, Lei H, Wang Z, Dong X. Improved photocatalytic performance for selective oxidation of amines to imines on graphitic carbon nitride/bismuth tungstate heterojunctions. Journal of Colloid and Interface Science 2020, 560: 40-49.

[40] Chen X, Guo Y, Bian R, et al. Titanium carbide MXenes coupled with cadmium sulfide nanosheets as two-dimensional/two-dimensional heterostructures for photocatalytic hydrogen production. Journal of Colloid and Interface Science 2022, 613: 644-651

[41] Wang R, Qiu G, Xiao Y, et al. Optimal construction of $WO_3 \cdot H_2O$/Pd/CdS ternary Z-scheme photocatalyst with remarkably enhanced performance for oxidative coupling of benzylamines. Journal of Catalysis 2019, 374: 378-390

[42] Bao T, Tang C, Li S, et al. Hollow structured CdS@$ZnIn_2S_4$ Z-scheme heterojunction for bifunctional photocatalytic hydrogen evolution and selective benzylamine oxidation. Journal of Colloid and Interface Science 2024, 659: 788-798.

[43] Wu H, Li J, Li Y, et al. S-scheme heterojunction and heterovalent ion doping synergistically promote the visible light photocatalytic performance of hierarchical nanoflowers. Journal of Cleaner Production 2024, 443: 140998-141011.

[44] Zheng Z, Han F, Xing B, et al. Synthesis of Fe_3O_4@CdS@CQDs ternary core–shell heterostructures as a magnetically recoverable photocatalyst for selective alcohol oxidation coupled with H_2O_2 production. Journal of Colloid and Interface Science 2022, 624: 460-470.

[45] Liu C, Ding Z, Shi M, et al. Dependence of superoxide radical generation on peroxymonosulfate under visible light: Enrofloxacin degradation and mechanism insight. Chemical Engineering Journal, 2024, 485: 149721-149734.

[46] Sun J, Wu H, Fu C, et al. Novel Fenton-like system based on bifunctional $MgO/g-C_3N_4$ S-scheme heterojunction photoanode for efficient tetracycline degradation. Applied Catalysis B: Environmental 2024, 351: 123976-123990.

[47] Zhou X, Zhang L, Liu H, et al. The powerful combination of 2D/2D Ni-MOF/carbon nitride for deep desulfurization of thiophene in fuel: Conversion route, DFT calculation, mechanism. Journal of Colloid and Interface Science, 2024, 658: 627-638.

[48] Zhou Q, Hong P, Shi X, et al. Efficient degradation of tetracycline by a novel nanoconfinement structure $Cu_2O/Cu@MXene$ composite. Journal of Hazardous materials, 2023, 448: 130995-140019.

[49] Gong S, Zhang W, Liang Z, et al. Construction of a $BaTiO_3$/tubular $g-C_3N_4$ dual piezoelectric photocatalyst with enhanced carrier separation for efficient degradation of tetracycline. Chemical Engineering Journal, 2023, 461: 141947-141964.

[50] Chen W, Huang F, Qu Q et al. Construction of $BiVO_4/CdS$ Z-type heterojunction for sunlight-driven degradation of quinolone antibiotics. Rare Metals, 2025, 44: 3970-3980.

[51] Wang X, Li X, Wang X, et al. Immobilization of bismuth oxychloride on cellulose nanocrystal for sunlight-driven superior photosensitized degradation. International Journal of Biological Macromolecules, 2022, 206: 398-408.

CHAPTER 5

第5章

CdS/CeO_2 Z 型异质结光催化剂氧化性能研究

5.1 引言

亚胺因为具有不饱和 C═N 基团，而成为农业、医学以及精细化学品中的重要前体，通常亚胺的合成需要通过醇或胺的偶联、醛和胺的缩合等过程[1,2]。但这些方法具有产品难分离、合成过程不环保的缺点，使得该反应的实际应用受到限制。苯甲醛作为一种重要化学原料，被广泛用于有机合成、医药、材料、农业等领域[3]。但苯甲醛的传统合成方式需要依赖苛刻的反应条件，具有较低的选择性控制，且需使用大量对环境有害的氧化剂，导致严重的环境污染和资源消耗问题[4]。近年来，光催化苄胺氧化生成亚胺以及苯甲醇氧化生成苯甲醛因其绿色环保的优点而备受关注[5-7]。光催化剂作为光催化反应中的关键要素，其特性与活性直接影响着光能的吸收、转换及化学反应的进行，是实现高效光催化过程的核心物质。因此开发一种高效的催化剂，用于光催化苄胺或苯甲醇的氧化具有重要的研究意义和应用价值。

至今已经开发出许多不同种类的光催化剂，而二氧化铈（CeO_2）也因为其独特的理化性成为研究热点[8-10]。CeO_2 具有独特的萤石相构造和面心立方的结构，其中每个铈阳离子与八个氧阴离子配位［图 5-1（a）］。铈的电子结构为 $[Xe]4f^1 5d^1 6s^2$，能够在 Ce^{3+}和 Ce^{4+}之间进行可逆的转换，因而 CeO_2 中总会同时存在 Ce^{3+}和氧空位［图 5-1（b）］[11]。因此，CeO_2 具有高的储氧和氧化还原能力，从而被广泛用于热催化和光催化化学反应中。例如，CeO_2 可以作为在生物医学方面的治疗性抗氧化剂[12,13]，可以抑制钠离子电池阴极材料的氧释放[14]，也可以在电催化剂上进行二氧化碳还原[15]；在光催化方面，CeO_2 多用于光催化析氢、降解和合成有机化合物[16-20]。然而 CeO_2 具有带隙宽（2.8～3.1 eV）、比表面积小、对可见光吸收弱的缺点[21-23]，需要通过对其进行改性进一步增强催化剂的光催化性能。一般可以通过掺杂、构建异质结和负载金属等方式提高催化性能[24-26]。

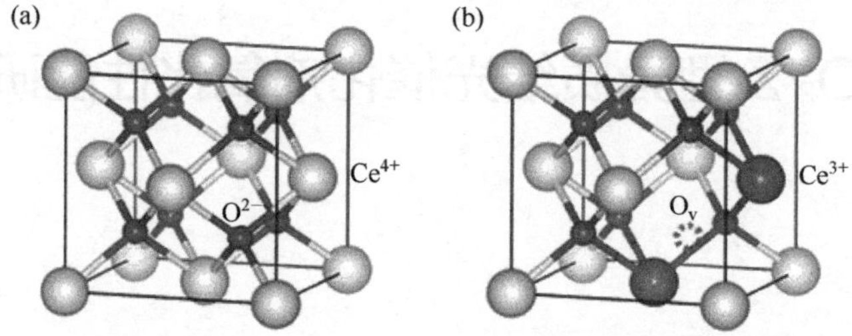

图 5-1　（a）CeO_2 的晶体结构；（b）存在一个氧空位和两个生成的 Ce^{3+} 物种时 CeO_2 晶体结构[11]

（1）元素掺杂

元素掺杂作为一种简单的改性方法，能够在不改变材料晶体结构的情况下有效地调整 CeO_2 的能带结构和光电性能[27]。金属原子的掺杂可以在半导体价带和导带之间形成与掺杂金属相关的过渡态，减小催化剂的带隙并增加其可见光吸收范围。同时，贵金属和过渡金属能够捕获光生电子，增强光生载流子的分离与迁移速率，进而实现光催化性能的提升[28]。同样的，非金属元素的掺杂可以通过引入局域态来改变半导体的电子结构，诱导半导体的表面结构重建，进而促进了电荷的转移并增强光吸收能力，最终使光催化性能提升[29]。

Iervolino 等人[30]制备了 5 nm Fe 掺杂的 CeO_2 纳米催化剂，并将其用于光催化甲醇水溶液制氢。通过紫外可见漫反射、光致发光等表征手段发现，金属 Fe 的掺杂明显降低了 CeO_2 的带隙、增加了光生电子和空穴的寿命以及催化剂中氧空位的浓度。与单独的 CeO_2 相比，Fe 的掺杂能够使氢气的产量在 240 min 内达到 7566 μmol/L。

Yan 等人[31]合成了一种 N 掺杂和表面受阻路易斯对（FLPs）协同作用的 CeO_2 光催化剂（CeO_2-AH），并将其用于 CO_2 还原（图 5-2）。FLPs 和 N 元素的掺杂共同促进了光催化剂的光吸收、质子和电子的转移、CO_2 键合和活化以及 C-C 偶联反应，进而提高了 CO_2 光还原效率。通过实验证明 N 元素的掺杂诱导 Ce^{4+} 还原为 Ce^{3+}，同时缩小 CeO_2 的带隙，进而实现了高效的光吸收和电荷转移速率。

（2）构建异质结

在光催化剂中构建异质结是提高光催化剂活性的可行方法之一，它能将光生电子和空穴对有效分离。通常，异质结是指具有不同能带结构的两种半导体之间的界面，目前最常见的异质结类型有Ⅰ型、Ⅱ型、p-n 型和 Z 型异质结[32]。异质结的构建可以拓宽复合材料的光吸收范围，使半导体的量子效率有效提高，进而增强半导体光催化剂的光催化活性[33]。

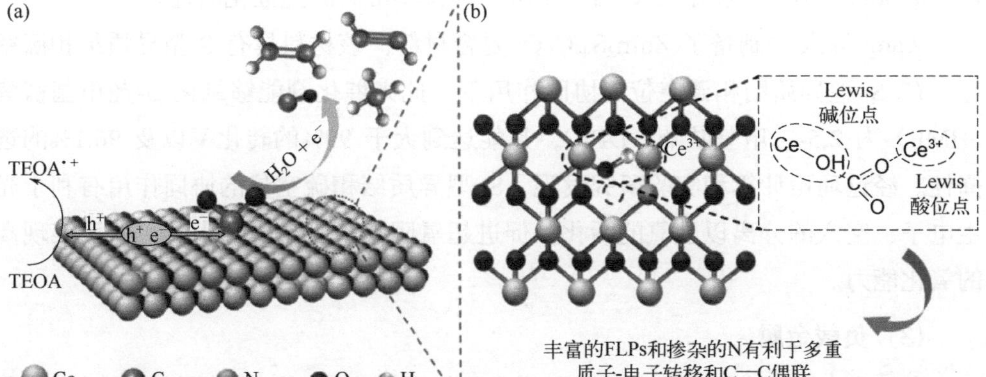

图 5-2　CeO_2-AH 光催化还原 CO_2 示意图[31]

Shen 等人[34]制备了 Z 型异质结光催化剂 $W_{18}O_{49}/CeO_2$，并通过在可见光下析氢评价了其光催化性能。复合材料的产氢速率能达到 0.2061 mmol/(g·h)，是单独 CeO_2 的 1.93 倍。实验结果表明，Z 型异质结的构建，提高了光生载流子的分离和迁移速率，使更多的电子参与还原反应，进而使复合材料的光催化性能大幅度提升（图 5-3）。

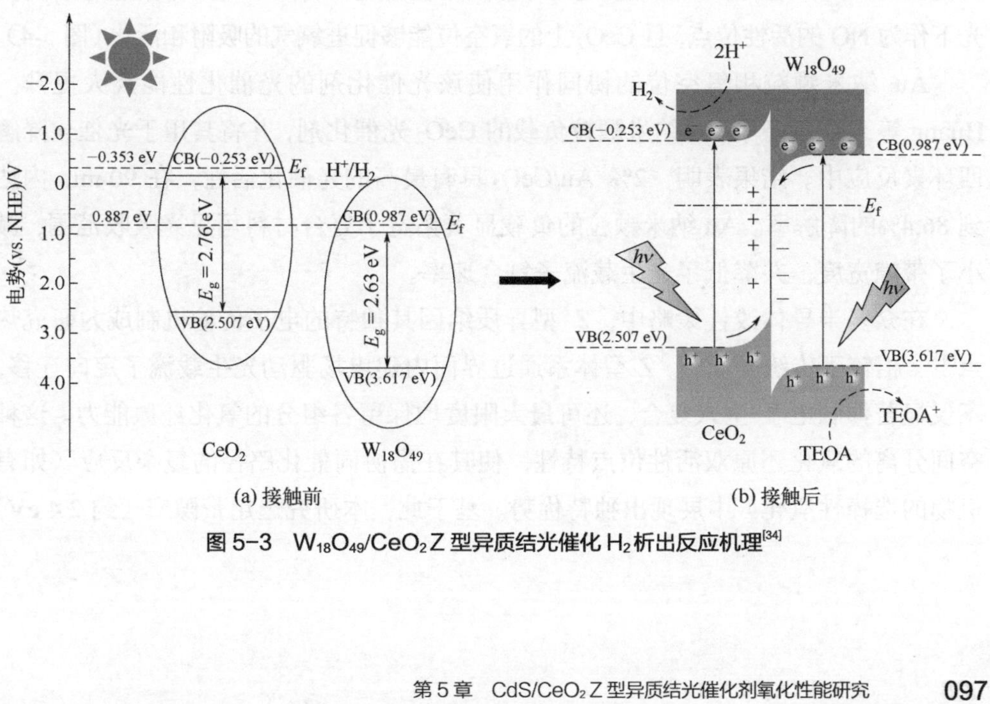

图 5-3　$W_{18}O_{49}/CeO_2$ Z 型异质结光催化 H_2 析出反应机理[34]

Lin 等人[35]通过原位硫化/脱硫策略制备了具有 S 型异质结的 Ce_2O_2S/CeO_2 纳米纤维催化剂。Ce_2O_2S 在与 CeO_2 复合时能够向其提供电子，从而在界面处形成内建电场。这种内建电场与弯曲的能带共同作用，促使光生载流子通过 S 型机制在 Ce_2O_2S/CeO_2 界面实现分离与传输。该催化剂使光催化产 H_2O_2 效率达到了 2.91 mmol/(g·h)，是原始 CeO_2 的 58 倍，具有非常高的光催化活性。

Wang 等人[36]制备了 $ZnIn_2S_4/CeO_2$ 复合材料，该材料具有 S 型异质结和硫空位。在 S 型异质结和硫空位的协同作用下，此光催化剂能够氧化 5-羟甲基糠醛（HMF）为 2,5-二甲基呋喃（DFF），且能达到大于 99%的转化率以及 96.1%的选择性。经过理论计算和实验研究发现，S 型异质结和硫空位的协同作用有利于光生电子、空穴的分离以及氧的活化，促进超氧阴离子自由基的生成，从而实现高的氧化能力。

（3）负载金属

大部分金属纳米颗粒费米能级低于半导体光催化剂，因而经常被用作助催化剂参与光催化反应。过渡金属特别是贵金属，能够作为电子陷阱，抑制光生载流子的复合。通常，金属助催化剂能够增强催化剂的催化活性、光吸收能力、光热效应等，所以使用金属颗粒作为助催化剂无疑是增强半导体光催化性能的有效方法[37,38]。

Shang 等人[39]制备了 Au 纳米颗粒负载的 CeO_2 光催化剂，通过实验证明了该光催化剂能够在可见光下增强光催化 NO 转化性能。与单独的 CeO_2 相比，复合材料具有更佳的 NO 转化效率（65%）。理论计算和实验研究表明，Au 纳米颗粒能够在可见光下作为 NO 的活性位点，且 CeO_2 上的氧空位能够促进氧气的吸附和活化（图 5-4）。

Au 纳米颗粒和氧空位的协同作用使该光催化剂的光催化性能大大提升。Huang 等人[40]制备了 Au 纳米颗粒负载的 CeO_2 光催化剂，并将其用于光催化降解四环素反应中。结果表明，2% Au/CeO_2 具有最高的光催化活性，在 90 min 内达到 86.4%的降解率。Au 纳米颗粒的负载显著拓宽了复合材料可见光吸收范围，减小了带隙宽度，并降低了光生载流子复合速率。

在众多半导体改性策略中，Z 型异质结因其独特的电子传输机制成为研究热点[41]。相较于传统异质结，Z 型体系通过界面内建电场驱动光生载流子定向迁移，不仅显著抑制电子-空穴复合，还可最大限度地保留各组分的氧化还原能力。这种空间分离的氧化还原双活性位点特性，使其在需协同催化路径的复杂反应（如有机物的选择性氧化）中展现出独特优势。基于此，本研究选用带隙窄（约 2.4 eV）

且能带结构与 CeO_2 匹配的 CdS[42]，构建 CdS/CeO_2Z 型异质结，旨在通过能带工程协同增强光吸收与电荷分离效率。

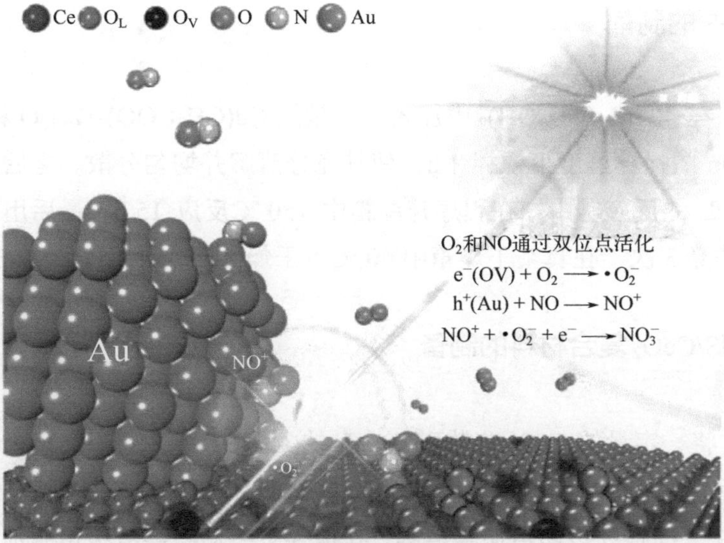

图 5-4 Au/CeO_2光催化 NO 转化[39]

实验验证表明，该异质结的构建成功实现了催化性能的飞跃。在苄胺氧化偶联制亚胺及苯甲醇氧化制苯甲醛的反应中，CdS/CeO_2 的光催化活性分别达到纯 CeO_2 的 12 倍和 3.4 倍。性能提升归因于 Z 型机制对载流子动力学的优化：瞬态荧光光谱与光电化学测试证实，异质结界面处的电荷分离效率较单一组分提升 5 倍以上，同时可见光吸收边红移 60 nm。此外，催化剂对含供电子基（—OCH_3）与吸电子基（—NO_2）的苯甲醇/苄胺衍生物均表现出优异的普适性（转化率＞90%），进一步凸显了其在复杂底物转化中的实用价值。

5.2 光催化剂的制备及测试步骤

5.2.1 CeO_2 的制备

称取 3 g $Ce(NO_3)_3\cdot 6H_2O$ 加入 2 mL 去离子水中，超声使其均匀分散。然后再向其中加入 4 mL CH_3COOH 和 40 mL $(CH_2OH)_2$，搅拌 30 min。之后将溶液转

移至反应釜中，160 ℃下反应 220 min 后，用去离子水和无水乙醇清洗 3 次，并在真空干燥箱中 60 ℃下干燥 8 h。最后在 500 ℃下煅烧 1 h 得到 CeO_2 纳米球。

5.2.2 CdS 的制备

首先，在 40 mL $(CH_2OH)_2$ 中加入一定量的 $Cd(CH_3COO)_2\cdot 2H_2O$ 和 CH_4N_2S，在 500 r/min 的搅拌速度下搅拌 1 h，使其充分溶解并均匀分散。之后，将溶液转移至 100 mL 的反应釜中，在程序升温箱中 150 ℃反应 15 h。最后用去离子水和无水乙醇洗涤 3 次，在真空干燥箱中 60 ℃下干燥 8 h 得到亮黄色粉末 CdS。

5.2.3 CdS/CeO_2 复合材料的制备

首先，将一定量的 CeO_2 分散到 40 mL 的$(CH_2OH)_2$中，超声 20 min 使其均匀分散。随后，称取一定量的 $Cd(CH_3COO)_2\cdot 2H_2O$ 和 CH_4N_2S，并将其加入 10 mL $(CH_2OH)_2$ 中，同样经过超声使其溶解。在搅拌下将后者溶液缓慢滴加入前者，之后再搅拌 1 h。搅拌结束后将溶液转移至反应釜中，150 ℃下水热 15 h，之后用去离子水和乙醇洗涤数次，在 60 ℃下真空干燥 8 h 得到复合材料 CdS/CeO_2。将 CdS/CeO_2 摩尔比分别为 0.1、0.2、0.3、0.4、0.5 的复合材料标记为 CdS/CeO_2-1，CdS/CeO_2-2，CdS/CeO_2-3，CdS/CeO_2-4 和 CdS/CeO_2-5。

5.2.4 光催化性能测试步骤

（1）苄胺氧化实验步骤

于 10 mL Schlenk 反应管中，加入 10 mg 半导体催化剂、0.1 mmol 苄胺和 4 mL 乙腈，在黑暗下搅拌 15 min 使其达到吸附平衡。之后在空气下，用 30 W 的白光 LED 光照 2.5 h。反应结束后，取上清液过滤后通过气相色谱检测，计算得到苄胺转化率及 *N*-苄烯丁胺选择性。

（2）苯甲醇氧化实验步骤

于 10 mL Schlenk 反应管中，加入 20 mg 半导体催化剂、0.1 mmol 苯甲醇和 1.5 mL 乙腈，在黑暗下搅拌 15 min 使其达到吸附平衡，之后在 O_2 气氛下，用 30 W 的白光 LED 光照 8 h。反应结束后，取上清液通过滤膜过滤并使用气相色谱检测，通过计算得到苯甲醇转化率及苯甲醛选择性。

5.3 催化剂表征

5.3.1 晶体结构与微观形貌分析

首先通过X射线衍射（XRD）对所制备的光催化剂CeO_2、CdS以及CdS/CeO_2复合材料的晶体结构进行了分析。由XRD谱图（图5-5）可以看出，制备的单独的CeO_2与CdS的特征衍射峰与CeO_2（PDF 34-0394）和CdS（PDF 10-0454）的特征峰高度匹配[43,44]。同时，复合材料CdS/CeO_2同时具备了CdS以及CeO_2的特征峰，说明CdS的负载并不会影响CeO_2的晶体结构，并且随着负载量的增加，CdS的特征峰逐渐增强，表明了复合材料的成功制备。

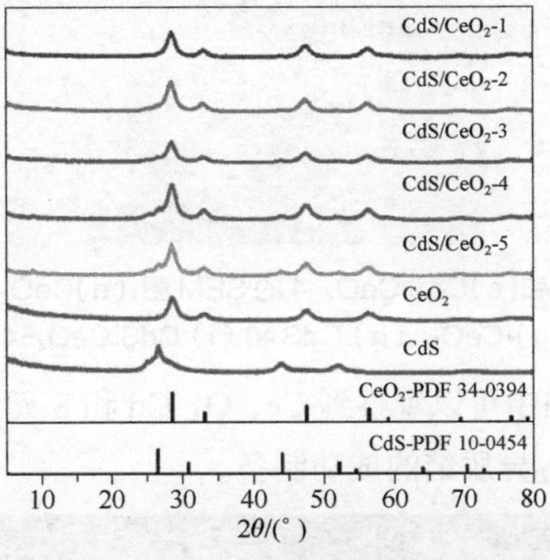

图5-5 所制备各种光催化剂的XRD谱图

通过扫描电子显微镜（SEM）和透射电子显微镜（TEM）对催化剂进行了微观结构表征。从图5-6（a）和（d）可知，CeO_2为大小均匀的纳米球形态，尺寸大约在180 nm。CdS呈100 nm左右的不规则纳米球［图5-6（b）和（e）］，由图5-6（c）和（f）可以看到CdS在CeO_2上的均匀负载。高分辨率透射电子显微镜（HRTEM）图清晰地呈现了材料的晶格条纹，0.32 nm的晶格条纹属于CeO_2的（111）晶面［图5-6（g）和（i）］[45]，0.33 nm的晶格条纹属于CdS的（111）晶面［图5-6（h）和（i）］[46]，表明CdS在CeO_2上的成功负载。

图 5-6 (a) CeO_2、(b) CdS 和 (c) CdS/CeO_2-4 的 SEM 图；(d) CeO_2、(e) CdS 和 (f) CdS/CeO_2-4 的 TEM 图；(g) CeO_2、(h) CdS 和 (i) CdS/CeO_2-4 的 HRTEM 图

从 EDS 元素映射图中可以观察到 Ce、O、Cd 和 S 元素的均匀分布（图 5-7），进一步证明了 CdS/CeO_2 异质结的成功制备。

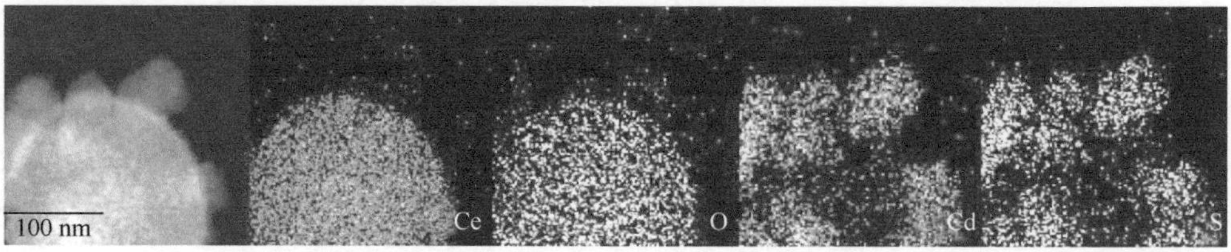

图 5-7 CdS/CeO_2-4 的 EDS 元素映射图

5.3.2 元素组成分析

利用 X 射线光电子能谱（XPS）对 CeO_2、CdS 以及复合材料 CdS/CeO_2 进行

表面元素分析。由图 5-8（a）可知，900.43 eV（u）、903.53 eV（u_1）、907.43 eV（u_2）和 916.25 eV（u_3）属于 Ce 的 $3d_{3/2}$，881.90 eV（v）、884.71 eV（v_1）、888.02 eV（v_2）和 897.92 eV（v_3）属于 Ce 的 $3d_{5/2}$。其中 v、v_2、v_3、u_1 属于 Ce^{3+}，u、u_2、u_3 以及 v_1 属于 Ce^{4+}，结合能 529.04 eV、531.26 eV 和 533.34 eV 分别属于 CeO_2 的晶格氧、被氧空位吸附的氧离子和表面吸附的羟基氧［图 5-8（b）］[44,47]。404.77 eV 和 411.52 eV 的峰分别属于 Cd^{2+}的 Cd $3d_{5/2}$ 和 CdS $3d_{3/2}$［图 5-8（c）］。CdS 的 S 2p XPS 谱图中 161.22 eV 和 162.45 eV 处的峰属于 S^{2-}的 S $2p_{3/2}$ 和 S $2p_{1/2}$［图 5-8（d）］[48,49]。值得注意的是，与原始的 CeO_2 和 CdS 相比，CdS/CeO_2 的 Cd $3d_{5/2}$ 和 Cd $3d_{3/2}$ 的峰值向更高电子结合能的方向移动，分别为 404.79 eV 和 411.56 eV［图 5-8（c）］。CdS/CeO_2 的 Ce $3d_{5/2}$ 和 Ce $3d_{3/2}$ 的峰向电子结合能减小的方向移动［图 5-8（a）］，结合能的偏移说明在 CdS/CeO_2 复合材料中，CdS 与 CeO_2 之间存在较强的界面相互作用。

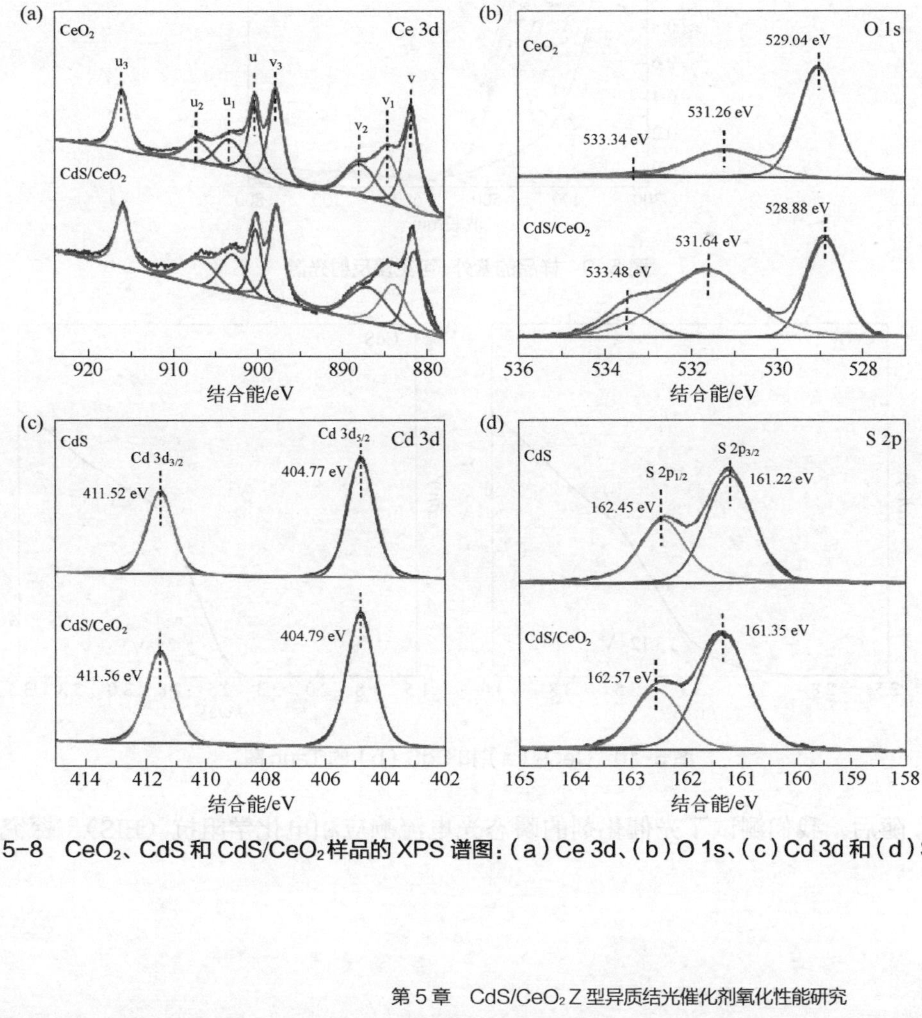

图 5-8 CeO_2、CdS 和 CdS/CeO_2样品的 XPS 谱图：(a) Ce 3d、(b) O 1s、(c) Cd 3d 和 (d) S 2p

5.3.3 光学性能研究

通过紫外-可见光漫反射光谱，检测了光催化剂的光吸收能力（图 5-9）。结果表明，CeO_2 在 300～410 nm 有很强的光吸收，而 CdS 在 300～540 nm 范围内有较强的吸收峰。与 CeO_2 相比，CdS/CeO_2 的吸收边缘出现了明显的红移，这些结果表明，CdS 的负载明显增强了 CeO_2 的可见光吸收能力，有利于光催化性能的提升。通过变换后的 Kubelka-Munk 函数的 Tauc 图［图 5-10（a）和（b）］，可以估计出 CeO_2 和 CdS 的带隙分别为 3.12 eV 和 2.44 eV[50, 51]。

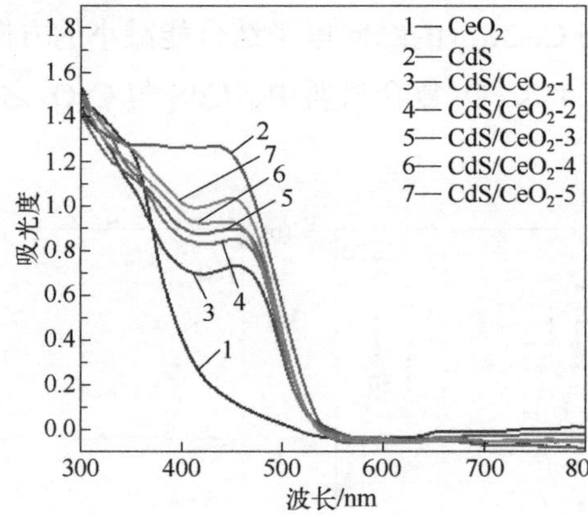

图 5-9 样品的紫外-可见漫反射光谱

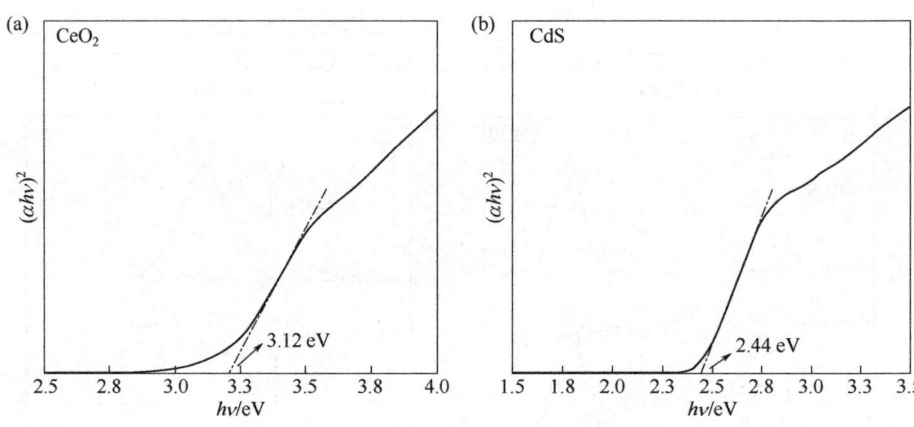

图 5-10 CeO_2（a）和 CdS（b）的 Tauc 图

随后，我们测试了光催化剂的瞬态光电流响应和电化学阻抗（EIS），探究其光电化学性质。由图 5-11（a）可知，CeO_2 表现出来了较差的光电流响应，而负载 CdS 后的 CdS/CeO_2-4 表现出较强的光电流响应，说明与单独的 CeO_2 相比，复合材料更有利于载流子的分离与转移。通过电化学阻抗谱图［图 5-11（b)］可知，相比于单独的 CeO_2，CdS/CeO_2-4 具有更小的阻抗弧半径，说明 CdS 的负载降低了光催化剂的电荷转移阻力，与光电流测试结果吻合。从光电流和电化学阻抗谱图可知，复合材料增强了载流子的分离与转移，预示着其在光催化硝基苯还原上的应用潜力。

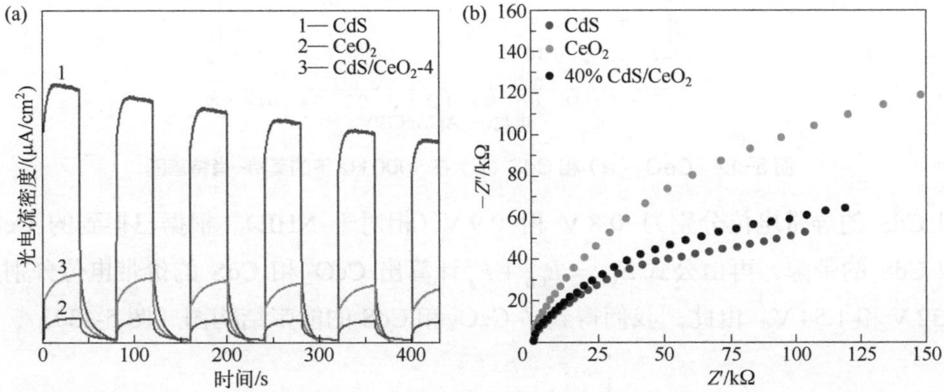

图 5-11 CeO_2、CdS 和 CdS/CeO_2-4 的瞬态光电流图（a）和电化学阻抗奈奎斯特图（b）

通过电化学莫特-肖特基测试（图 5-12），得到了 CeO_2 和 CdS 的平带电位分别为−1.00 V 和−1.10 V（相对于 Ag/AgCl，pH = 7）。由曲线的正斜率可知，CeO_2 和 CdS 属于 n 型半导体，因为 n 型半导体的平带电位接近导带电位[52]，所以 CeO_2

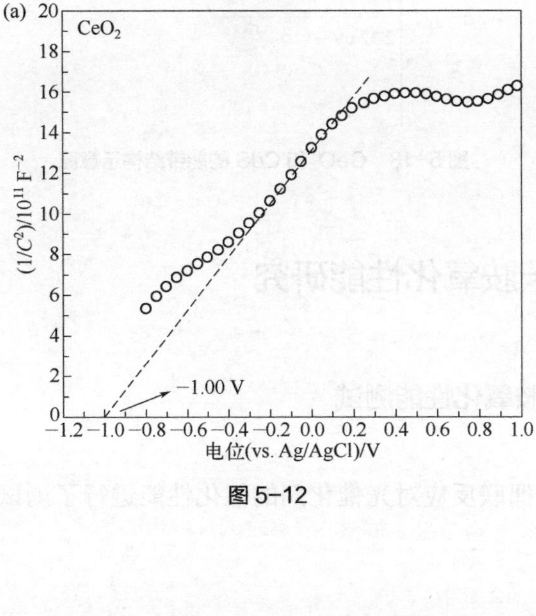

图 5-12

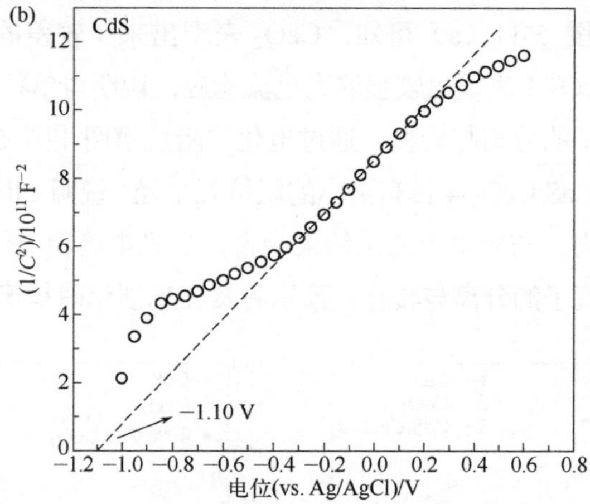

图 5-12 CeO_2（a）和 CdS（b）在 1000 Hz 下的莫特-肖特基图

和 CdS 的导带电位分别为−0.8 V 和−0.9 V（相对于 NHE）。根据已得到的 CeO_2 和 CdS 的带隙，再由公式 $E_{VB} = E_{CB} + E_g$ 计算出 CeO_2 和 CdS 的价带电位分别为 2.32 V 和 1.54 V。由此，我们得到了 CeO_2 和 CdS 的能带结构图（图 5-13）。

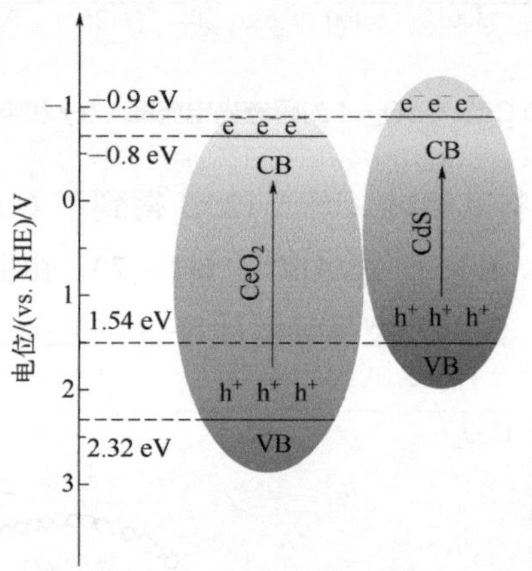

图 5-13 CeO_2和 CdS 的能带结构示意图

5.4 光催化苄胺氧化性能研究

5.4.1 光催化苄胺氧化性能测试

通过苄胺氧化偶联反应对光催化剂的催化性能进行了测试。如图 5-14 所示，在白光 LED、空气、2.5 h、10 mg 催化剂的反应条件下，CeO_2 具有很低的催化活性，苄胺的转化率仅为 8%，而 CdS 具有较高的催化活性，苄胺转化率可达 32%。通过构建 CdS/CeO_2 Z 型异质结，明显增强了 CeO_2 的催化性能。并且通过对 CdS 的负载量进行调整，得到了最优的复合催化剂 CdS/CeO_2-4，可以将苄胺转化率提高至 99%以上，是原始 CeO_2 的 12 倍。同时所有的光催化剂都可以在一个高的选择性下（>99%）将苄胺氧化偶联生成 *N*-苄烯丁胺。

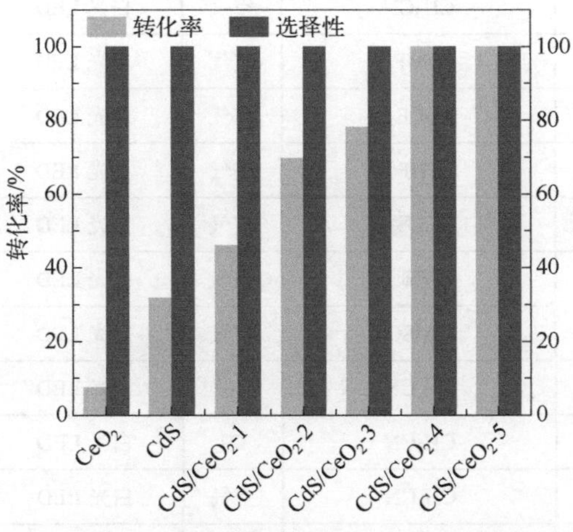

图 5-14　CeO_2、CdS 和不同质量分数的 CdS/CeO_2 的光催化苄胺偶联性能测试

我们进一步探究了溶剂、气氛、光源、催化剂以及时间对光催化反应的影响（表 5-1）。首先，在没有催化剂或者光源的情况下，苄胺氧化反应无法进行，表明该反应体系中催化剂和光源是必要的。随后，探究了不同的溶剂对反应的影响，由表 5-1 中序号 3～9 可知，乙腈是该反应的最佳溶剂。由序号 10 可知，在 N_2 气氛下，该反应的转化率（36%）大大下降，而在 O_2 和空气中，转化率可以达到>99%（序号 3 和序号 11），说明在苄胺氧化反应中，氧气的参与是必不可少的。当时间缩短至 2 h，苄胺转化率会下降至 91%（序号 13）。当催化剂的量减少至 5 mg 时，苄胺转化率会降低为 66%（序号 12）。同时，反应在无溶剂的条件下也可以顺利进行（序号 14），但 50 mg 的催化剂在反应 12 h 后，仅能将 90%的苄胺转化为亚胺。最终，我们选择将 4 mL 乙腈作为溶剂、空气气氛、10 mg 催化剂、2.5 h 作为反应条件。在该条件下，苄胺的转化率（>99%）和亚胺选择性（>99%）达到最佳，并且与先前的报道相比，CdS/CeO_2-4 表现出较高的苄胺氧化偶联的效率（表 5-2）。

表 5-1 苄胺偶联反应条件优化

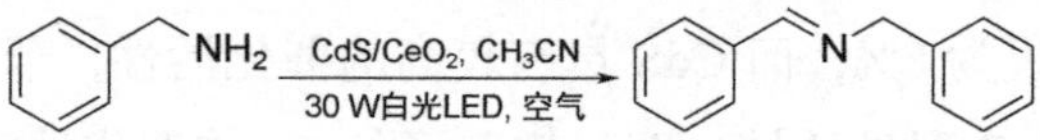

序号①	催化剂	溶剂	气氛	光源	转化率/%	选择性/%
1	—	CH_3CN	空气	白光 LED	—	—
2	CdS/CeO_2-4	CH_3CN	空气	—	—	—
3	CdS/CeO_2-4	CH_3CN	空气	白光 LED	＞99	＞99
4	CdS/CeO_2-4	DMF	空气	白光 LED	60	＞99
5	CdS/CeO_2-4	DCE	空气	白光 LED	28	＞99
6	CdS/CeO_2-4	THF	空气	白光 LED	＞99	12
7	CdS/CeO_2-4	1,4-二噁烷	空气	白光 LED	13	＞99
8	CdS/CeO_2-4	甲苯	空气	白光 LED	6	＞99
9	CdS/CeO_2-4	DMSO	空气	白光 LED	54	＞99
10	CdS/CeO_2-4	CH_3CN	N_2	白光 LED	36	＞99
11	CdS/CeO_2-4	CH_3CN	O_2	白光 LED	＞99	＞99
12②	CdS/CeO_2-4	CH_3CN	空气	白光 LED	66	＞99
13③	CdS/CeO_2-4	CH_3CN	空气	白光 LED	91	＞99
14④	CdS/CeO_2-4	—	空气	白光 LED	90	＞99

①反应条件：苄胺（0.1 mmol），催化剂（10 mg），溶剂（4 mL），反应 2.5 h。

②催化剂用量为 5 mg。

③反应时间为 2 h。

④苄胺（0.5 mL），催化剂（50 mg），反应 12 h。

表 5-2 CdS/CeO_2-4 光催化苄胺偶联性能与先前报道的文献的对比

光催化剂	光源	反应条件	效率/[μmol/(g·h)]	参考文献
CdS/CeO_2	30 W 白光 LED	10 mg 催化剂，0.1 mmol 苄胺，4 mL CH_3CN	2000	本工作
CdS/CeO_2	30 W 白光 LED	10 mg 催化剂，5.5 mmol 苄胺，无溶剂条件	3817	本工作
Bi_2MoO_6	50 W 白光 LED	100 mg 催化剂，0.125 mmol 苄胺，25 mL CH_3CN	246	[52]
g-C_3N_4/BiOBr	50 W 白光 LED	100 mg 催化剂，0.125 mmol 苄胺，25 mL CH_3CN	108	[53]

续表

光催化剂	光源	反应条件	效率 /[μmol/(g·h)]	参考文献
Pd/NH_2-MIL-125 (Ti)	300 W 氙灯（λ>400 nm）	5 mg 催化剂，0.1 mmol 苄胺，2 mL CH_3CN	819	[54]
$BiVO_4$	300 W 氙灯（λ>420 nm）	5 mg 催化剂，0.1 mmol 苄胺，5 mL CH_3CN	2426	[55]
BiOCl	300 W 氙灯（λ>400 nm）	8 mg 催化剂，0.2 mmol 苄胺，1 mL CH_3CN	1245	[56]
$SrTiO_3$	蓝光 LED（40 W, 390 nm）	4 mg 催化剂，0.4 mmol 苄胺，3 mL CH_3CN	3125	[57]
Bi_2S_3/S-CN/Bi_2O_3	300 W 氙灯（λ>400 nm）	8 mg 催化剂，0.27 mmol 苄胺，4 mL CH_3CN	4092	[58]
CdS/Ag/$BiVO_4$	10 W LED	50 mg 催化剂，5 mmol 苄胺	3052	[59]

图 5-15 是对不同光源波长的筛选。由图可知，在蓝光和绿光照射下，该反应的亚胺选择性都能达到 99%以上。在红光照射下，苄胺氧化反应无法正常进行，而在绿光照射下只有 55%的苄胺转化率，在蓝光下可以达到 99%的苄胺转化率，但因为蓝光相对于白光能量更高，所以我们选择白光作为后续的反应光源。

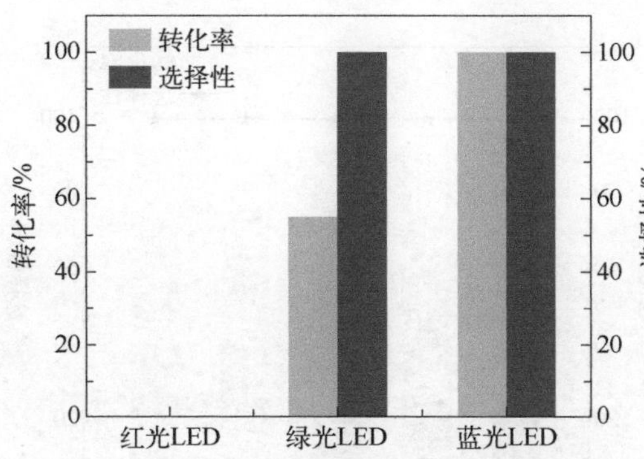

图 5-15 CdS/CeO_2-4 苄胺氧化性能中光源条件优化

在最佳条件下，我们探究了 CdS/CeO_2-4 对苄胺氧化偶联反应的官能团的普适性。实验结果（表 5-3）表明，无论苯胺对位上连接的是吸电子基还是给电子基，都能使苄胺偶联反应顺利进行，并且都能以相对较高的转化率（>99%）得到目标产物。当苯胺的邻位和间位连有取代基时，会大幅度降低该反应的转化率（54%～92%），由此可知，该反应主要受到空间位阻的影响。

表 5-3 苄胺偶联反应底物的拓展①

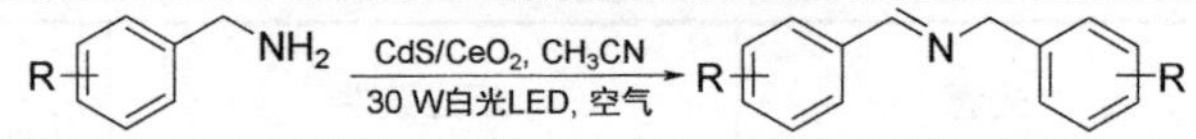		
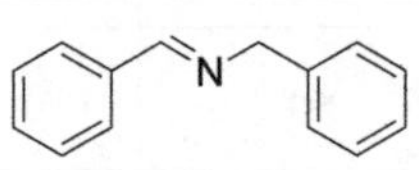 >99% (>99%)②	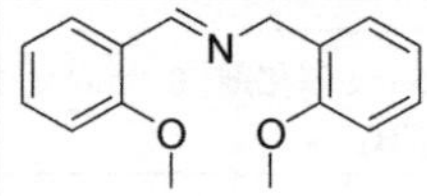 57% (>99%)	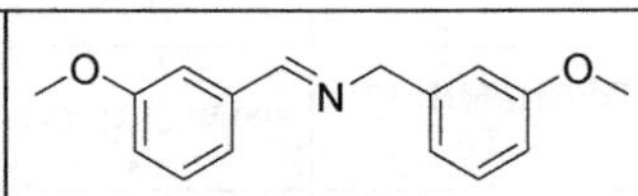 92% (>99%)
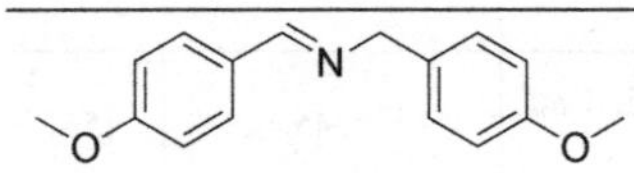 >99% (>99%)	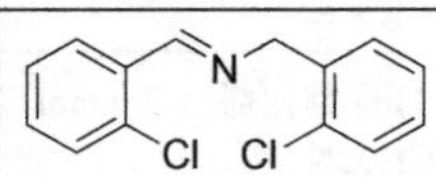 54% (>99%)	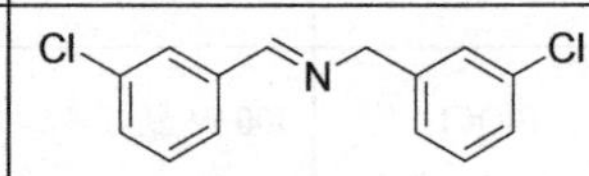 79% (>99%)
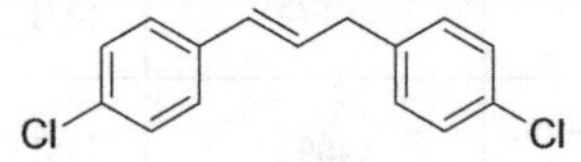 >99% (>99%)	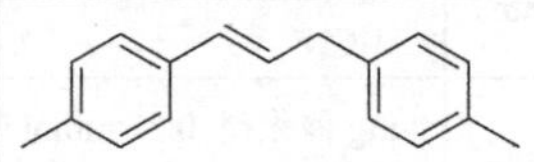 >99% (>99%)	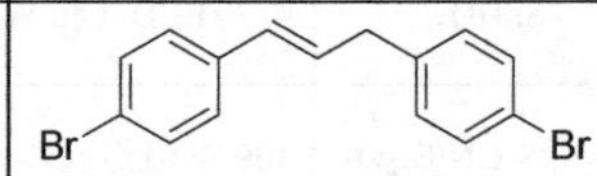 >99% (>99%)
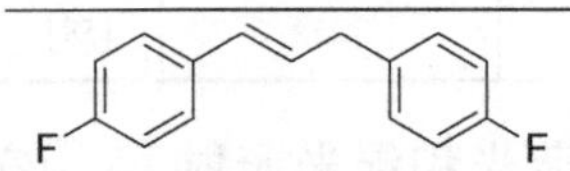 >99% (>99%)		

①反应条件：苄胺（0.1 mmol），催化剂（10 mg），溶剂（4 mL 乙腈），反应 2.5 h，30 W 白光 LED，空气气氛。
②数值对应于转化率（选择性），余同。

5.4.2 循环性能测试

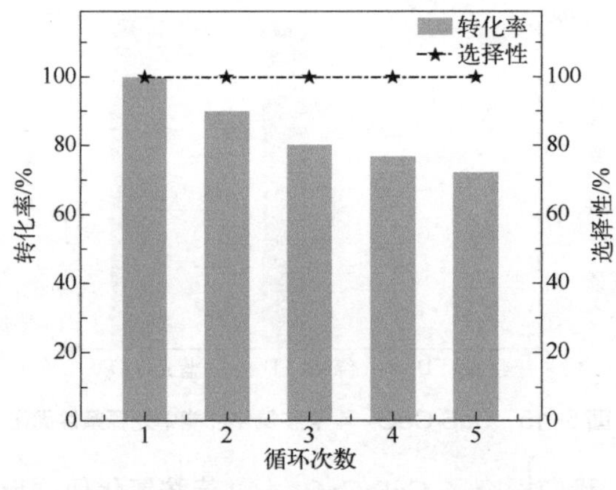

图 5-16 CdS/CeO_2-4 光催化苄胺氧化循环性能测试

众所周知，催化剂的稳定性也是评判催化剂性能的重要参数。在最佳的光催化反应条件下，我们研究了 CdS/CeO_2-4 光催化剂的稳定性（图 5-16）。具体操作如下：反应结束后，将反应体系转移至离心管内进行离心分离，之后分别使用去离子水和乙腈溶剂洗涤数次除去表面的吸附物，将洗涤干净的催化剂放入真空干燥箱 60 ℃下干燥 8 h，最后将干燥好的催化剂用于下次的反应。结果表明，经过 5 次循环后，该反应的选择性几乎没有改变，苄胺转化率有小幅度的下降，但仍能保持在 78%，表明该光催化剂具有良好的稳定性。

通过 SEM、XRD 以及 XPS 对反应后的催化剂进行表征分析，进一步探究该催化剂性能下降的原因。由图 5-17（a）可以清楚地看到 CdS/CeO_2 的形貌与反应前没有明显的差异，同样的 XRD 图中也未见明显的变化［图 5-17（b）］，说明反应前后催化剂的形貌和晶体结构并未发生变化。从 XPS 图中可以看出，反应前后复合材料的 Ce 3d、O 1s、Cd 3d 的 XPS 峰并未发生明显变化［图 5-18（a）～（c）］，但反应后的 S 2p 的 XPS 光谱在 168.83 eV 和 170.22 eV 处出现了新的峰［图 5-18（d）］，对应的 SO_4^{2-} 的峰，这是由于 CdS 光腐蚀而产生的[60]，我们推测这可能是转化率下降的原因。

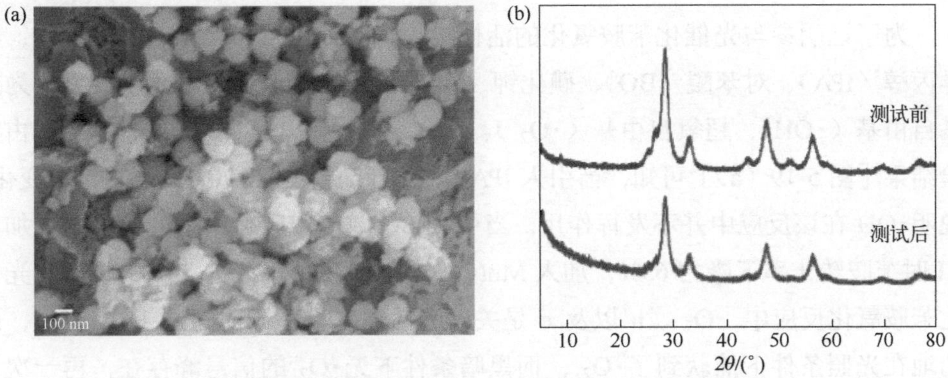

图 5-17　CdS/CeO_2-4 稳定性测试后的 SEM 图（a）和 XRD 谱图（b）

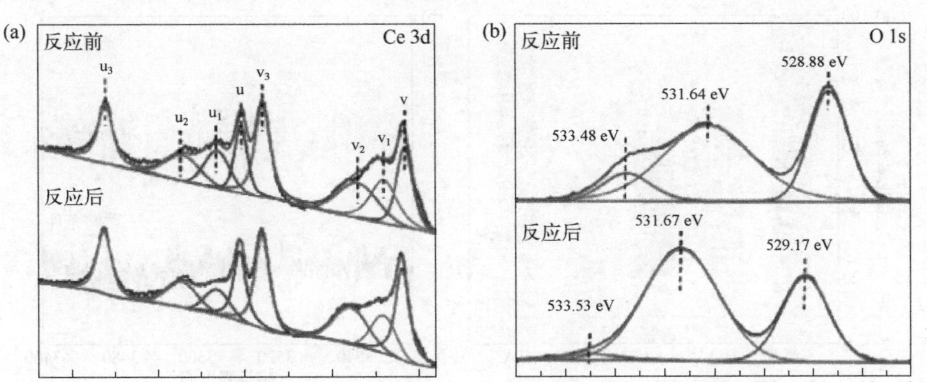

图 5-18

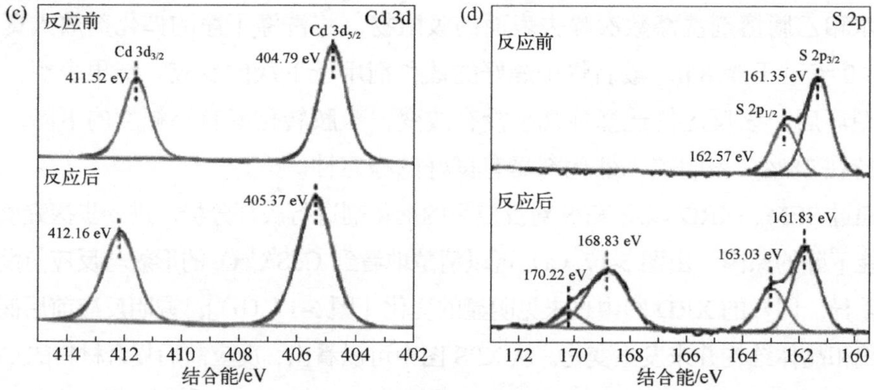

图 5-18 CdS/CeO_2-4 稳定性测试前后的 XPS 谱图：（a）Ce 3d；（b）O 1s；（c）Cd 3d；（d）S 2p

5.4.3 光催化苄胺氧化机理研究

为了证明参与光催化苄胺氧化的活性物质，我们进行了自由基捕获实验，将异丙醇（IPA）、对苯醌（BQ）、碘化钾（KI）和乙酸锰［$Mn(OAc)_2$］分别作为羟基自由基（$\cdot OH$）、超氧自由基（$\cdot O_2^-$）、空穴（h^+）和电子（e^-）的捕获剂。由实验结果［图 5-19（a）］可知，当引入 IPA 后，苄胺转化率（90%）几乎没有变化，说明$\cdot OH$ 在该反应中并不发挥作用。当引入 BQ 时苄胺转化率下降为 72%，加入 KI 时苄胺转化率下降为 65%，加入 $Mn(OAc)_2$ 时转化率下降为 53%，说明在光催化苄胺氧化反应中，$\cdot O_2^-$、h^+以及 e^-是关键的活性物种。同时通过 EPR 测试，成功地在光照条件下捕获到了$\cdot O_2^-$，而黑暗条件下无$\cdot O_2^-$的信号峰存在，再一次证明了$\cdot O_2^-$在该反应中所起到的重要作用［图 5-19（b）］。

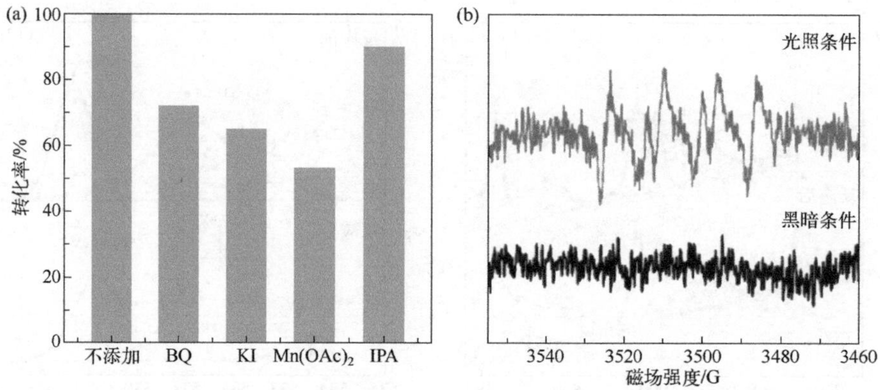

图 5-19 （a）加入不同的自由基清除剂条件下 CdS/CeO_2-4 光催化苄胺氧化的性能测试；（b）DMPO-$\cdot O_2^-$在 CdS/CeO_2-4 光催化体系中的 EPR 信号

基于以上的结果，我们提出来一种可能的反应机理（图 5-20）。在光照条件下，半导体被光激发产生 e^-和 h^+，同时 e^-从半导体的价带激发至导带，将 h^+留在价带上。因为内部电场的存在，CeO_2的 e^-会与 CdS 的 h^+发生转移重组，留在 CeO_2价带上的 h^+将苄胺氧化生成苄胺阳离子自由基。而光生电子会在 CdS 的导带上将 O_2还原生成$\cdot O_2^-$，随后与苄胺阳离子自由基作用生成 Ph—CH═NH 中间体，最终形成目标产物 *N*-苄烯苄胺。

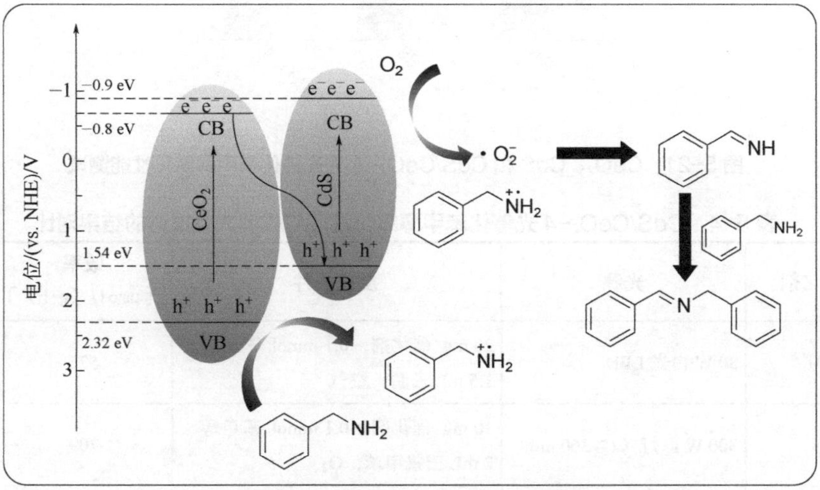

图 5-20　CdS/CeO₂ 光催化苄胺氧化生成亚胺的可能机理

5.5　光催化苯甲醇氧化性能研究

5.5.1　光催化苯甲醇氧化性能测试

在苄胺氧化反应中，CdS/CeO_2表现出优异的光催化氧化性能，为了进一步验证其氧化能力，我们测试了其在光照条件下的苯甲醇氧化能力。如图 5-21，在室温、白光 LED 照射下反应 8 h，发现单独的 CdS 和 CeO_2对苯甲醇氧化的转化率分别为 17%和 27%，而复合材料 CdS/CeO_2-4 能够达到 93%的转化率，是单独 CeO_2催化的 3.4 倍。同时三种催化剂的苯甲醛选择性都能达到 99%以上。实验结果表明，CdS 的负载大大增强了 CeO_2的光催化苯甲醇氧化性能，并且同其他报道的催化剂相比，CdS/CeO_2-4 具有明显的优越性（表 5-4）。

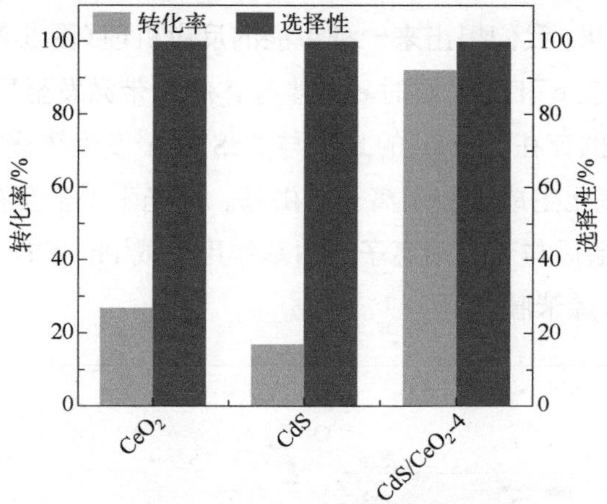

图 5-21　CeO_2、CdS 和 CdS/CeO_2-4 的光催化苯甲醇氧化性能测试

表 5-4　CdS/CeO_2-4 光催化苯甲醇氧化性能与先前文献报道的结果对比

光催化剂	光源	反应条件	效率 /[μmol/（g·h）]	参考文献
CdS/CeO_2	30 W 白光 LED	20 mg 催化剂，0.1 mmol 苯甲醇，1.5 mL 乙腈，空气	575	本工作
Bi_4Ti3O_{12}	300 W 氙灯（λ>360 nm）	10 mg 催化剂，0.1 mmol 苯甲醇，2 mL 三氟甲苯，O_2	709	[61]
TiO_2/Ti_3C_2	300 W 氙灯（λ=100～700 m）	30 mg 催化剂，0.02 mmol 苯甲醇，20 mL 正己烷，O_2	127	[62]
g-C_3N_4	300 W 氙灯（λ>420 nm）	30 mg 催化剂，0.02 mmol 苯甲醇，20 mL 正己烷，O_2	117	[63]
Au/TiO_2-C_3N_4	30 W 白光 LED	50 mg 催化剂，20μmol 苯甲醇，8 mL 乙腈，空气	2500	[64]
TiO_2@Pt@CeO_2	300 W 氙灯（λ>420 nm）	8 mg 催化剂，0.209 mg 苯甲醇，10 mL H_2O，空气	7	[65]
$CuBi_2O_4/WO_3$	500 W 卤灯（λ>400 nm）	50 mg 催化剂，1 mmol 苯甲醇，6 mL 正己烷，1.4 mmol Cs_2CO_3，空气	550	[67]

随后，我们从溶剂、光源、反应时间、催化剂用量等方面对该反应进行了优化。首先，当没有催化剂或者光源时，苯甲醇氧化无法顺利进行，说明该反应中催化剂和光源起主要作用（表 5-5，序号 1 和 2）。从序号 3 和 8 可知，当溶剂选用乙腈和甲苯时，转化率可以达到 90%以上，但是考虑到甲苯的毒性，我们选择乙腈作为后续的溶剂。序号 11～13 是对光源的筛选，当使用红光时，苯甲醇仅能

转化 7%，绿光下转化 77%，而蓝光下可以转化 93%，这与使用白光时的苯甲醇转化率（92%）一致，考虑到原子经济效应，我们最终选择使用白光 LED 作为光源。当气氛为氮气时（序号 10），苯甲醇的转化率会大幅度下降至 18%，说明了氧气是该反应的必要条件。当延长反应时间为 9 h 时（序号 15），苯甲醇转化率（92%）并没有明显提升，但是当缩短反应时间为 7 h 时（序号 16），苯甲醇转化率（87%）有小幅度下降，所以选择 8 h 为最佳反应时间。当减少催化剂的用量为 15 mg 时（序号 14），苯甲醇的转化率下降为 78%。最终，我们确定了反应最佳条件为：20 mg 催化剂，1.5 mL 乙腈为溶剂，空气气氛，在白光 LED 下反应 8 h。

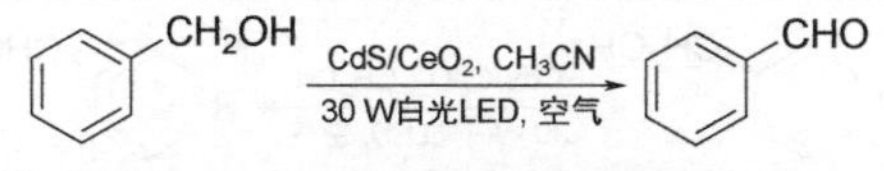

表 5-5　苯甲醇氧化反应条件优化

序号[①]	催化剂	溶剂	气氛	光源	转化率/%	选择性/%
1	—	CH_3CN	空气	白光 LED	—	—
2	CdS/CeO_2-4	CH_3CN	空气	—	—	—
3	CdS/CeO_2-4	CH_3CN	空气	白光 LED	92	>99
4	CdS/CeO_2-4	DMF	空气	白光 LED	20	>99
5	CdS/CeO_2-4	DCE	空气	白光 LED	>99	58
6	CdS/CeO_2-4	THF	空气	白光 LED	15	>99
7	CdS/CeO_2-4	1,4-二噁烷	空气	白光 LED	25	>99
8	CdS/CeO_2-4	甲苯	空气	白光 LED	96	>99
9	CdS/CeO_2-4	DMSO	空气	白光 LED	26	>99
10	CdS/CeO_2-4	CH_3CN	N_2	白光 LED	18	>99
11	CdS/CeO_2-4	CH_3CN	空气	蓝光 LED	93	>99
12	CdS/CeO_2-4	CH_3CN	空气	红光 LED	7	>99
13	CdS/CeO_2-4	CH_3CN	空气	绿光 LED	77	>99
14[②]	CdS/CeO_2-4	CH_3CN	空气	白光 LED	78	>99
15[③]	CdS/CeO_2-4	CH_3CN	空气	白光 LED	92	>99
16[④]	CdS/CeO_2-4	CH_3CN	空气	白光 LED	87	>99

①反应条件：苯甲醇（0.1 mmol），催化剂（20 mg），溶剂（1.5 mL），反应 8 h。

②催化剂用量为 15 mg。

③反应时间为 9 h。

④反应时间为 7 h。

为了进一步测试该光催化剂对苯甲醇氧化的普适性，我们探讨了 CdS/CeO_2-4 对一系列苯甲醇衍生物的催化活性（表 5-6）。从表中数据可以看出，当苯甲醇间位和邻位连有取代基时，会使苯甲醇衍生物转化率下降（52%～86%），尤其是邻位连有取代基时，会大幅度降低转化率。而当对位连有取代基时，该反应几乎不受影响（91%～96%）。当苯甲醇对位上连有吸电子基（—Cl、—Br）或者给电子基（—OCH_3、—CH_3）时，均能达到一个良好的转化率（91%～96%）。由此可知，相比于电子效应，空间位阻效应对苯甲醇氧化反应的性能影响更大。

表 5-6 苯甲醇氧化反应底物的拓展[①]

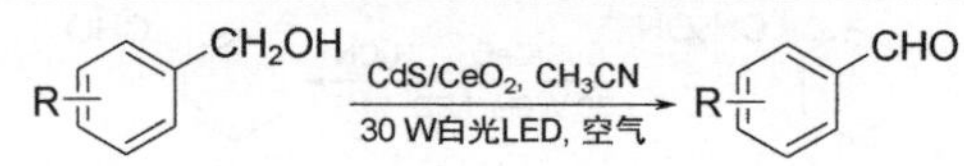

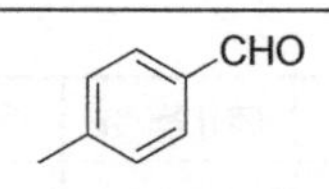 93% (>99%)[②]	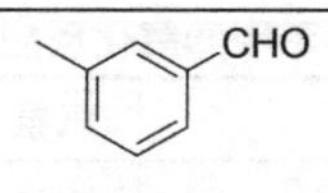 86% (>99%)	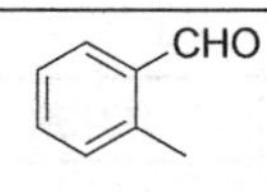 52% (>99%)
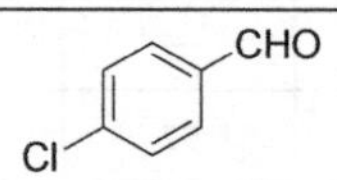 91% (>99%)	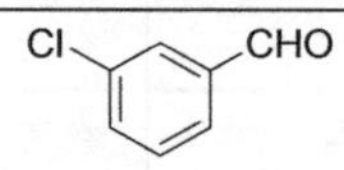 80% (>99%)	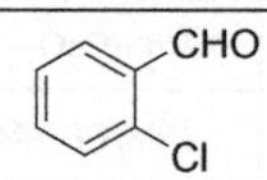 59% (>99%)
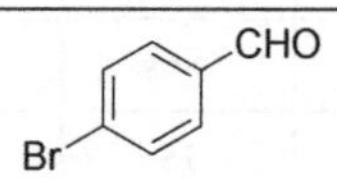 94% (>99%)	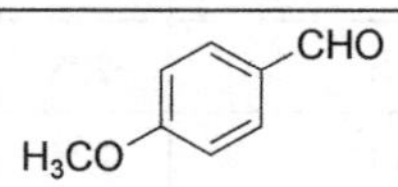 96% (>99%)	

①反应条件：取代的苯甲醇（0.1 mmol），催化剂（20 mg），溶剂（1.5 mL），反应 8 h。

②数据对应于转化率（选择性），余同。

5.5.2 光催化苯甲醇氧化性能研究

为了能够更好地证明参与光催化苯甲醇氧化的活性物质，我们进行了自由基捕获实验。实验结果表明，当加入羟基自由基清除剂 IPA 时，该反应的转化率（90%）没有明显变化，当加入 BQ 作为$\cdot O_2^-$清除剂时，苯甲醇转化率降低为 31%，说明$\cdot O_2^-$是该反应的主要活性物质。当加入空穴清除剂 KI 和电子清除剂 $Mn(OAc)_2$ 时，苯甲醇转化率分别降低为 9%和 18%。证明了 h^+和 e^-是该反应过程中的关键活性物种（图 5-22）。苯甲醇氧化为苯甲醛的氧化电位为+1.98 V（相对于 NHE），CdS 的价带上产生的 h^+不足以将苯甲醇氧化，需要使用 CeO_2 价带上的 h^+去氧化苯甲醇，因而 CdS/CeO_2 为 Z 型异质结而非Ⅱ型异质结。

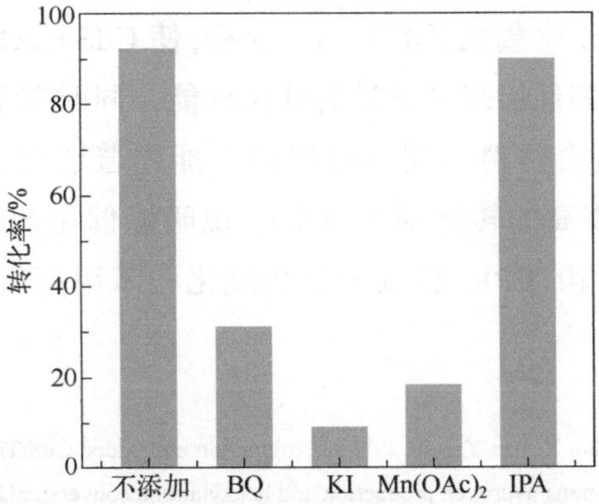

图 5-22 加入不同的自由基清除剂条件下 CdS/CeO_2-4 光催化苯甲醇氧化的性能测试

由此，我们可以推断出一个可能的反应机理（图 5-23）：即在光照下，所有的半导体均被光激发产生光生电子和空穴，同时电子从半导体的价带激发至导带，将空穴留在价带上。因为内部电场的存在，CeO_2 的电子会与 CdS 的空穴发生转移重组，留在 CeO_2 上的光生空穴会在 CeO_2 的导带将苯甲醇氧化生成碳自由基，而 CdS 上的电子会将 O_2 还原生成$\cdot O_2^-$，随后与碳自由基作用，生成目标产物苯甲醛。

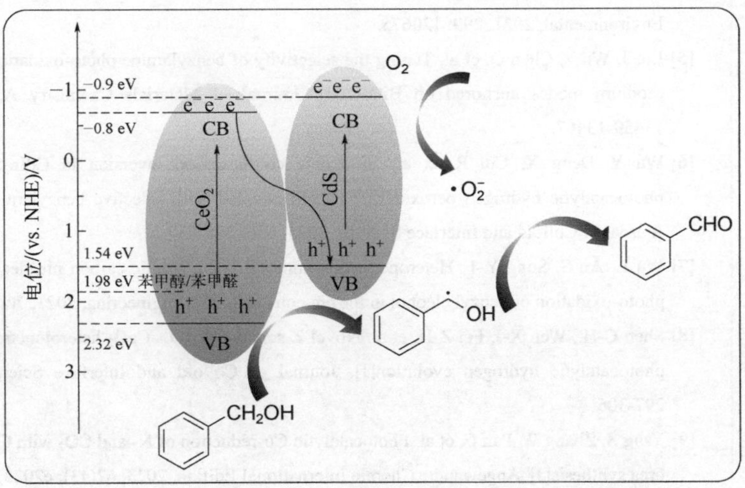

图 5-23 CdS/CeO_2光催化苯甲醇氧化生成苯甲醛的可能机理

5.6 小结

总之，我们通过溶剂热法合成了 CdS/CeO_2 Z 型异质结催化剂。Z 型异质结的构建促进了催化剂的光生载流子的分离与迁移，使 CdS/CeO_2 在光催化苄胺氧化和苯甲醇氧化反应中均表现出来了优异的催化性能，同时在苄胺氧化和苯甲醇氧化底物拓展实验中，复合材料表现出良好的官能团普适性。经过 5 次循环后，CdS/CeO_2 仍能保持较高的转化率（78%），说明该催化剂的稳定性良好。最后，通过自由基捕获实验和 EPR 测试对苄胺氧化和苯甲醇氧化的反应机理进行了探究。

参考文献

[1] Liu J, Sun X, Fan Y, et al. P-N heterojunction embedded CuS/TiO_2 bifunctional photocatalyst for synchronous hydrogen production and benzylamine conversion[J]. Small, 2024, 20(10): 2306344.

[2] Bao T, Tang C, Li S, et al. Hollow structured $CdS@ZnIn_2S_4$ Z-scheme heterojunction for bifunctional photocatalytic hydrogen evolution and selective benzylamine oxidation[J]. Journal of Colloid and Interface Science, 2024, 659: 788-798.

[3] Xiao X, Zheng C, Lu M, et al. Deficient $Bi_{24}O_{31}Br_{10}$ as a highly efficient photocatalyst for selective oxidation of benzyl alcohol into benzaldehyde under blue LED irradiation[J]. Applied Catalysis B: Environmental, 2018, 228: 142-151.

[4] Yang Z, Xia X, Yang W, et al. Photothermal effect and continuous hot electrons injection synergistically induced enhanced molecular oxygen activation for efficient selective oxidation of benzyl alcohol over plasmonic $W_{18}O_{49}/ZnIn_2S_4$ photocatalyst[J]. Applied Catalysis B: Environmental, 2021, 299: 120675.

[5] Liu J, Wu Y, Chen Q, et al. Tuning the selectivity of benzylamine photo-oxidation with different rhodium modes anchored on $BiOIO_3$[J]. Journal of Materials Chemistry A, 2023, 11(25): 13459-13467.

[6] Wu Y, Deng X, Cui R, et al. Electronic configuration inversion in $CdIn_2S_4$ for efficient photocatalytic hydrogen peroxide generation coupled with selective benzylamine oxidation[J]. Journal of Colloid and Interface Science, 2024, 656: 528-537.

[7] Wu L, An S, Song Y.-F. Heteropolyacids-immobilized graphitic carbon nitride: highly efficient photo-oxidation of benzyl alcohol in the aqueous phase[J]. Engineering, 2021, 7(1): 94-102.

[8] Shen C-H., Wen X-J, Fei Z-H, et al. Novel Z-scheme $W_{18}O_{49}/CeO_2$ heterojunction for improved photocatalytic hydrogen evolution[J]. Journal of Colloid and Interface Science, 2020, 579: 297-306.

[9] Yang S, Zhang W, Pan G, et al. Photocatalytic Co-reduction of N_2 and CO_2 with CeO_2 catalyst for urea synthesis[J]. Angewandte Chemie International Edition, 2023, 62(43): e202312076.

[10] Wang G, Mu X, Tan R, et al. Fabrication of stepped CeO_2 nanoislands for efficient photocatalytic methane coupling[J]. ACS Catalysis, 2023, 13(17): 11666-11674.

[11] Huang X, Zhang K, Peng B, et al. Ceria-based materials for thermocatalytic and photocatalytic organic synthesis[J]. ACS Catalysis, 2021, 11(15): 9618-9678.

[12] Chen F, Ma X, Cao X, et al. An effective antioxidant to mitigate reperfusion injury by tailoring CeO_2 electronic structure on layered double hydroxide nanosheets[J]. Chemical Engineering Journal, 2023, 475: 146190.

[13] Kim Y G, Lee Y, Lee N, et al. Ceria-based therapeutic antioxidants for biomedical applications[J]. Advanced Materials, 2024, 36(10): 2210819.

[14] Zhang Y, Chen C, Zhao G, et al. Ceria heterostructure suppresses oxygen release of Na-ion battery cathode materials[J]. ACS Sustainable Chemistry & Engineering, 2024, 12(7): 2729-2738.

[15] Ye L, Zhu K, Jiang Y, et al. Carbon dioxide reduction processes on a samarium doped ceria electrocatalyst with exsolved Fe particles[J]. Journal of Materials Chemistry A, 2023, 11(20): 10646-10658.

[16] Guan X, Wang X, Zhang X, et al. Boosting CO_2 Fixation into Dimethyl Carbonate via Multiple Active Sites Constituted by VO-Ce-O Vacancy Clusters on Single-Unit-Cell CeO_2 Nano-Sheets. Angewandte Chemie International Edition 2025, 64 (33), e202423958.

[17] Xie S, Wang Z, Cheng F, et al. Ceria and ceria-based nanostructured materials for photoenergy applications[J]. Nano Energy, 2017, 34: 313-337.

[18] Ye K, Li Y, Yang H, et al. An ultrathin carbon layer activated CeO_2 heterojunction nanorods for photocatalytic degradation of organic pollutants[J]. Applied Catalysis B: Environmental, 2019, 259: 118085.

[19] Zhao W, She T, Zhang J, et al. A novel Z-scheme CeO_2/g-C_3N_4 heterojunction photocatalyst for degradation of bisphenol a and hydrogen evolution and insight of the photocatalysis mechanism[J]. Journal of Materials Science & Technology, 2021, 85: 18-29.

[20] Cui Z, Wang W, Zhao C, et al. Spontaneous redox approach to the self-assembly synthesis of Au/CeO_2 plasmonic photocatalysts with rich oxygen vacancies for selective photocatalytic conversion of alcohols[J]. ACS Applied Materials & Interfaces, 2018, 10(37): 31394-31403

[21] Yang S, Shen H, Cheng F, et al. Organometallic precursor induced defect-enriched mesoporous CeO_2 with high specific surface area: preparation and catalytic performance[J]. Journal of Materials Chemistry A, 2020, 8(28): 14006-14014.

[22] Fauzi A A, Jalil A A, Hassan N S, et al. A critical review on relationship of CeO_2-based photocatalyst towards mechanistic degradation of organic pollutant[J]. Chemosphere, 2022, 286: 131651.

[23] Song J, Wu F, Lu Y, et al. F-doped CeO_2 supported Co-based nanoparticles for enhanced photocatalytic H_2 evolution from ammonia borane[J]. International Journal of Hydrogen Energy, 2023, 48(35): 13202-13212.

[24] Lei H, Zhang N, Hu S, et al. Thermally Triggered Redox Flexibility of Pt/CeO_2 Cluster Catalyst Against In-Situ Atomic Redispersion. Angewandte Chemie International Edition 2025, 64 (31), e202509239.

[25] Jiang L, Yuan X, Pan Y, et al. Doping of graphitic carbon nitride for photocatalysis: a review[J]. Applied Catalysis B: Environmental, 2017, 217: 388-406.

[26] Liu L, Wu Y, Song R, et al. Morphology engineering and photothermal effect derived from perylene diimide based derivative for boosting photocatalytic hydrogen evolution of $ZnIn_2S_4$[J]. Journal of Colloid and Interface Science, 2022, 628: 701-711.

[27] Wu Y, Ji H, Liu Q, et al. Visible light photocatalytic degradation of sulfanilamide enhanced by Mo doping of BiOBr nanoflowers[J]. Journal of Hazardous Materials, 2022, 424: 127563.

[28] Cao S-H, Qu J-R, Zhao Y-Q, et al. Visible-light-driven photocatalysis degradation of antibiotic

pollutants by La-doped CeO_2 nanorods: synergy of La doping and oxygen vacancy[J]. Rare Metals, 2024, 43(7): 3134-3145.

[29] Wang Y-Y, Chen Y-X, Barakat T, et al. Recent advances in non-metal doped titania for solar-driven photocatalytic/photoelectrochemical water-splitting[J]. Journal of Energy Chemistry, 2022, 66: 529-559.

[30] Iervolino G, Tammaro O, Fontana M, et al. Tailoring sub-5 nm Fe-doped CeO_2 nanocrystals within confined spaces to boost photocatalytic hydrogen evolution under visible light[J]. Journal of Energy Chemistry, 2025, 101: 263-277.

[31] Yan X, Gao B, Zheng X, et al. Cooperatively tailored surface frustrated Lewis pairs and N-doping on CeO_2 for photocatalytic CO_2 reduction to high-value hydrocarbon products[J]. Applied Catalysis B: Environmental, 2024, 343.

[32] Low J, Yu J, Jaroniec M, et al. Heterojunction photocatalysts[J]. Advanced Materials, 2017, 29(20): 1601694.

[33] Xie K, Xu S, Xu K, et al. BiOCl heterojunction photocatalyst: construction, photocatalytic performance, and applications[J]. Chemosphere, 2023, 317: 137823.

[34] Shen C-H, Wen X-J, Fei Z-H, et al. Novel Z-scheme $W_{18}O_{49}/CeO_2$ heterojunction for improved photocatalytic hydrogen evolution[J]. Journal of Colloid and Interface Science, 2020, 579: 297-306.

[35] Lin Y, Wang Y, Feng Z, et al. In situ engineered Ce_2O_2S/CeO_2 nanofibrous heterojunctions for photocatalytic H_2O_2 synthesis via S-scheme charge separation[J]. Journal of Colloid and Interface Science, 2025, 682: 381-391.

[36] Wang Y, Liu H, Lv T, et al. Synergetic effect of heterojunction and sulfur vacancy on $ZnIn_2S_4/CeO_2$ to enhance the photocatalytic performance of 5-hydroxymethylfurfural into 2,5-diformylfuran[J]. Advanced Functional Materials, 2024, 35(8): 2415842.

[37] Liu Y, Sun Z, Hu Y H Bimetallic cocatalysts for photocatalytic hydrogen production from water[J]. Chemical Engineering Journal, 2021, 409: 128250.

[38] Liu L, Zhang X, Yang L, et al. Metal nanoparticles induced photocatalysis[J]. National Science Review, 2017, 4(5): 761-780.

[39] Shang H, Huang S, Li H, et al. Dual-site activation enhanced photocatalytic removal of no with Au/CeO_2[J]. Chemical Engineering Journal, 2020, 386: 124047.

[40] Huang J, Lu M, Liu M, et al. Enhanced visible-light-driven photocatalytic degradation of tetracycline wastewater using surfactant-modified Au-loaded CeO_2 nanorods[J]. Journal of Environmental Management, 2025, 379: 124893.

[41] Xu Q, Zhang L, Yu J, et al. Direct Z-scheme photocatalysts: principles, synthesis, and applications[J]. Materials Today, 2018, 21(10): 1042-1063.

[42] Cheng L, Xiang Q, Liao Y, et al. CdS-based photocatalysts[J]. Energy & Environmental Science, 2018, 11(6): 1362-1391.

[43] Wang H, Liao B, Lu T, et al. Enhanced visible-light photocatalytic degradation of tetracycline by a novel hollow $BiOCl@CeO_2$ heterostructured microspheres: structural characterization and reaction mechanism[J]. Journal of Hazardous Materials, 2020, 385: 121552.

[44] Li P, Yan X, Gao S, et al. Boosting photocatalytic hydrogen production coupled with benzyl alcohol oxidation over CdS/metal–organic framework composites[J]. Chemical Engineering

Journal, 2021, 421: 129870.

[45] Ma Y, Ou P, Wang Z, et al. Interface engineering in CeO_2 (111) facets decorated with CdSe quantum dots for photocatalytic hydrogen evolution[J]. Journal of Colloid and Interface Science, 2020, 579: 707-713.

[46] Zhao Y, Shao C, Lin Z, et al. Low-energy facets on CdS allomorph junctions with optimal phase ratio to boost charge directional transfer for photocatalytic H_2 fuel evolution[J]. Small, 2020, 16(24): 2000944.

[47] Zhu C, He Q, Wang W, et al. S-scheme photocatalysis induced by $ZnIn_2S_4$ nanoribbons-anchored hierarchical CeO_2 hollow spheres for boosted hydrogen evolution[J]. Journal of Colloid and Interface Science, 2022, 620: 253-262.

[48] Wang X, Jin Z. Adjusting inter-semiconductor barrier height via crystal plane engineering: crystalline face exposed single crystal cadmium sulfide augmentative S-scheme heterojunctions for efficiently photocatalytic hydrogen production[J]. Applied Catalysis B: Environmental, 2024, 342: 123373.

[49] Xu Z, Yue W, Li C, et al. Rational synthesis of Au-CdS composite photocatalysts for broad-spectrum photocatalytic hydrogen evolution[J]. ACS Nano, 2023, 17(12): 11655-11664.

[50] Wang J, Niu X, Hao Q, et al. Promoting charge separation in $CuInS_2$/CeO_2 photocatalysts by an S-scheme heterojunction for enhanced photocatalytic H_2 production[J]. Chemical Engineering Journal, 2024, 493: 152534.

[51] Zhang W, Zhou X, Huang J, et al. Noble metal-free core-shell CdS/iron phthalocyanine Z-scheme photocatalyst for enhancing photocatalytic hydrogen evolution[J]. Journal of Materials Science & Technology, 2022, 115: 199-207.

[52] Sun M-H, Qi M-Y, Tang Z-R, et al. Dual cocatalysts decorated CdS nanoparticles for efficient dehydrocoupling of thiols into disulfides[J]. Applied Catalysis B: Environmental, 2023, 321: 122019.

[53] Phasayavan W, Japa M, Pornsuwan S, et al. Oxygen-deficient bismuth molybdate nanocatalysts: synergistic effects in boosting photocatalytic oxidative coupling of benzylamine and mechanistic insight[J]. Journal of Colloid and Interface Science, 2021, 581: 719-728.

[54] Juntrapirom S, Anuchai S, Thongsook O, et al. Photocatalytic activity enhancement of g-C_3N_4/BiOBr in selective transformation of primary amines to imines and its reaction mechanism[J]. Chemical Engineering Journal, 2020, 394: 124934.

[55] Wang H, Yu J, Wei S, et al. Surface coordination enhanced visible-light photocatalytic coupling of benzylamine to N-benzylidene benzylamine over the Pd/NH_2-MIL-125(Ti) nanosheets[J]. Chemical Engineering Journal, 2022, 441: 136020.

[56] Lv M, Tong F, Wang Z, et al. $BiVO_4$ quadrangular nanoprisms with highly exposed {101} facets for selective photocatalytic oxidation of benzylamine[J]. Journal of Materials Chemistry A, 2022, 10(37): 19699-19709.

[57] Liu C, Ren Y, Wang Z, et al. Flowerlike BiOCl nanospheres fabricated by an in situ self-assembly strategy for efficiently enhancing photocatalysis[J]. Journal of Colloid and Interface Science, 2022, 607: 423-430.

[58] Chen Z-L, Huang M H. Photocatalytic oxidative amine coupling using polyhedral $SrTiO_3$ crystals[J]. Journal of Materials Chemistry A, 2023, 11(41): 22198-22205.

[59] Sun D, Chen Y, Yu X, et al. Novel defect-transit dual Z-scheme heterojunction: sulfur-doped carbon nitride nanotubes loaded with bismuth oxide and bismuth sulfide for efficient photocatalytic amine oxidation[J]. Journal of Colloid and Interface Science, 2024, 674: 225-237.

[60] Zhang T, Wang W, Jiang X, et al. Fabricating CdS/Ag/$BiVO_4$ Z-heterojunction for solvent-free photocatalytic oxidation of amines[J]. Green Chemistry, 2024, 26(6): 3338-3345.

[61] DiMeglio J L, Bartlett B M. Interplay of corrosion and photocatalysis during nonaqueous benzylamine oxidation on cadmium sulfide[J]. Chemistry of Materials, 2017, 29(17): 7579-7586.

[62] Shen M, Shi Y, Wang Z, et al. Enhanced photocatalytic benzyl alcohol oxidation over $Bi_4Ti_3O_{12}$ ultrathin nanosheets[J]. Journal of Colloid and Interface Science, 2022, 608: 2529-2538.

[63] Bao X, Li H, Wang Z, et al. TiO_2/Ti_3C_2 as an efficient photocatalyst for selective oxidation of benzyl alcohol to benzaldehyde[J]. Applied Catalysis B: Environmental, 2021, 286: 119885.

[64] Bao X, Lv X, Wang Z, et al. Nitrogen vacancy enhanced photocatalytic selective oxidation of benzyl alcohol in g-C_3N_4[J]. International Journal of Hydrogen Energy, 2021, 46(76): 37782-37791.

[65] Shi Q, Zhang X, Li Z, et al. Plasmonic Au nanoparticle of a Au/TiO_2-C_3N_4 heterojunction boosts up photooxidation of benzyl alcohol using LED light[J]. ACS Applied Materials & Interfaces, 2023, 15(25): 30161-30169.

[66] Li S, Cai J, Wu X, et al. TiO_2@Pt@CeO_2 nanocomposite as a bifunctional catalyst for enhancing photo-reduction of Cr(Ⅵ) and photo-oxidation of benzyl alcohol[J]. Journal of Hazardous Materials, 2018, 346: 52-61.

[67] Zhang Z, Hao S, Duan X, et al. Photocatalytic activity of $CuBi_2O_4/WO_3$ p-n heterojunction photocatalysts in benzyl alcohol oxidation to benzaldehyde[J]. Journal of Alloys and Compounds, 2023, 968: 172209.

CHAPTER 6

第6章

CdS/CeO_2 Z型异质结光催化剂选择性还原性能研究

6.1 引言

氧化偶氮苯因其优异的光学和光致变色性质，在纺织、食品、化妆品和制药行业以及能源和光子领域均发挥着广泛的作用。这类精细化学品可以通过芳香胺的热化学重氮氧化偶联或硝基化合物的加氢还原偶联合成[1]。在实际应用中，因为氧化法需要使用有害的芳香胺作为原料，加氢还原偶联被广泛应用于热化学合成氧化偶氮苯。目前，这类化合物的工业化规模生产主要通过硝基化合物的加氢偶联，但涉及使用高压氢气或其他昂贵的试剂（如肼和硼氢化物）作为氢源，能耗高且对环境不利。此外，这种热化学加氢偶联过程无法得到高的特定产物选择性，更多得到的是完全还原产物苯胺[2]。如 Nie 等人[3]使用负载 Pt 的氧化石墨烯催化剂对硝基苯进行还原加氢反应；Zuo 等人[4]使用 Ru/SnO_2 催化剂将邻氯硝基苯选择性还原为邻氯苯胺。但是由于贵金属的成本过高，且还原产物中还有偶氮苯等副产物的存在，大幅增加了产物分离纯化的难度和成本，降低了原料原子利用率，导致资源浪费，大大限制了该反应在工业制造中的进一步应用。如何在绿色、温和的条件下，使用廉价易得的催化剂高选择性地通过硝基苯还原合成氧化偶氮苯和苯胺是亟待解决的问题。

近几年来，二氧化铈（CeO_2）作为一种常见的金属氧化物，因为其优异的氧化还原能力受到广泛的关注。CeO_2 具有丰富的氧空位和独特的萤石相构造，能够轻松实现在 Ce^{4+}和 Ce^{3+}之间的转化，这些特性使 CeO_2 被广泛用于催化反应中。比如，Pu 等人[5]通过对 CeO_2 进行氧空位和晶面调控，制备了高效催化甲烷干重整反应的催化剂。Colussi 等人[6]制备了负载 Pd 的 CeO_2 复合材料并将其用于甲烷氧化反应中，该材料具有更高活性、耐用的优点，能够在氧化反应中取得优异的性能。虽然 CeO_2 已经被广泛用于催化反应中，但比表面积小依旧是 CeO_2 催化性能低的原因之一，而大的比表面积能够提供更多的反应活性位点，提高反应效率。目前，传统制备大比表面积 CeO_2 的方法有软/硬模板法、溶胶-凝胶法，然而这两种方法的制备过程复杂，适用范围有限[7]。例如，Wang 等人[8]以 MOF 为牺牲模板，将碳封装的高度分散的镍纳米颗粒负载于预先制备的 CeO_2 载体上，制备了比表面积为 106.7 m^2/g 的 CeO_2 催化剂；Zhang 等人[9]在单晶立方体的 CeO_2 上使用尿素作为造孔剂，成功引入了大量孔隙，使其比表面积达到纳米颗粒水平，但 CeO_2 催化剂比表面积仅为 64.51 m^2/g；Li 等人[10]使用低温诱导两步水热合成法制备的 CeO_2 比表面积达到 141 m^2/g。因此，使用简单的方法合成较大比表面积的 CeO_2，并将其用于氧化还原反应中是非常有意义的。

光催化技术因为可以缓解能源浪费和环境污染问题受到了人们广泛的关注[11,12]。常用于光催化反应的材料有金属氧化物、金属硫化物、金属颗粒以及具有大比表面积的框架结构材料等，其中金属氧化物和金属硫化物半导体因其低成本、清洁的工艺、高催化性能和化学稳定性被广泛使用[13]。例如，Fukui 等人[14]制备了不含金属的 TiO_2 催化剂，并将其用于光催化硝基苯加氢反应中，在不使用贵金属和氢气的条件下，该催化剂能够将对氯硝基苯以高的转化率（＞99%）转化为对氯苯胺。Guo 等人[15]通过溶剂热法制备了单晶的 CdS 纳米棒，并将 MoS_2 作为助催化剂对 CdS 纳米材料进行修饰，MoS_2/CdS 复合材料在对硝基苯胺还原反应中表现出了优异的催化性能。由此可见，光催化技术能够为硝基苯还原为苯胺提供一条绿色经济可行的途径。

虽然 CeO_2 含有丰富的氧空位，展示出强的氧化还原能力，这些特点促进了光催化反应的进行。但是 CeO_2 光生载流子的分离和迁移速率低、光收集效率低、带隙宽（2.8～3.1 eV）等缺点依旧限制了 CeO_2 半导体的光催化性能[16]。所以需要通过对 CeO_2 进行改性来提高其催化活性。一般可以通过构建异质结、元素掺杂、负载贵金属等方式对半导体进行改性，其中，构建异质结作为一种高效低成本的方式已成为研究热点。异质结的类型有Ⅰ型异质结、Ⅱ型异质结、Z 型异质结等[17]。Z 型异质结因为能够更有效地提高光生电子和空穴的分离和迁移速率，同时可以保留适当的导带和价带位置而受到关注。例如，Yang 等人[18]制备了 BiOCl/Bi_2WO_6 Z 型异质结并将其用于高效光催化降解气态甲苯。Zhao 等人[19]首次设计并制备了三维微球 Ag_3VO_4/$BiVO_4$ Z 型异质结光催化剂，通过实验证明了其在 Cr^{6+}

的光催化还原中具有较高的光催化性能。CdS 材料具有约 2.4 eV 的窄带隙和优异的载流子迁移能力，其能带结构与 CeO_2 相匹配[20]。因此，我们制备了 CdS/CeO_2 Z 型异质结催化剂，并将其应用于光催化硝基苯还原制备苯胺的反应中。

本研究采用乙酸辅助水热法，通过系统调控配位剂浓度与反应温度，成功制备了比表面积可调的 CeO_2 纳米球（60～140 m^2/g）。在硝基苯热催化还原体系中（60 ℃, 2 h），最优 CeO_2 催化剂展现出＞99%转化率与 98%氧化偶氮苯选择性。孔径分布分析（BET）表明，高比表面积（132 m^2/g）与介孔结构（3～8 nm）协同促进反应物传质与活性位点暴露。原位红外光谱揭示了硝基苯经亚硝基苯中间体分步脱氧偶联的路径[$PhNO_2$→PhNO→PhN = N(O)Ph]。底物拓展实验证实其对含供/吸电子基团的硝基芳烃均具有优异的普适性（转化率＞95%）。

为进一步提升能源效率，设计并构建了 CdS/CeO_2Z 型异质结光催化剂。在 N_2 气氛与蓝光照射（450 nm）下，硝基苯转化率与苯胺选择性分别达 99%与 93%，且对多取代硝基苯衍生物保持高兼容性。光电化学表征表明，异质结界面内建电场使光电流密度提升了 3.2 倍，荧光寿命延长至纯 CeO_2 的 5.7 倍，证实其可显著抑制载流子复合。结合原位红外与电子顺磁共振（ESR）分析，阐明了 Z 型机制下硝基苯经羟基胺中间体（PhNHOH）逐步加氢生成苯胺的多电子协同路径。该研究为硝基芳烃的精准转化提供了兼具高效性与可持续性的双模式催化平台。

6.2 催化剂的制备

6.2.1 CeO_2 的制备

将 3 g $Ce(NO_3)_3·6H_2O$ 加入 2 mL 去离子水中，超声使其均匀分散，然后再向其中加入 4 mL CH_3COOH 和 40 mL $(CH_2OH)_2$，搅拌 30 min。之后将溶液转移至反应釜中，160 ℃下反应 220 min 后，用去离子水和乙醇洗涤数次，并在真空干燥箱中 60 ℃下干燥 8 h。最后在 500 ℃下煅烧 1 h 得到了 CeO_2 纳米球。通过改变冰醋酸的量和水热温度来调节 CeO_2 比表面积大小。将加入不同乙酸量的催化剂标记为 CeO_2-2 mL、CeO_2-3 mL、CeO_2-4 mL、CeO_2-5 mL，不同水热温度的催化剂标记为 CeO_2-140 ℃、CeO_2-160 ℃、CeO_2-180 ℃。

6.2.2 CdS/CeO_2 复合材料的制备

CdS/CeO_2 复合材料的制备过程参见 5.2.3 节。

6.3 催化剂表征

通过简单的溶剂热法制备了高比表面积的 CeO_2，并通过 SEM、TEM、HRTEM 对催化剂的微观结构和晶体结构进行表征分析。由表征结果（图 6-1）可知，CeO_2 呈现均匀的纳米球形貌，尺寸大约为 180 nm。高分辨透射电镜图中，0.32 nm 的晶格间距属于 CeO_2 的（111）晶面［图 6-1（c）］[21]。以上表征结果证明了 CeO_2 催化剂的成功制备。

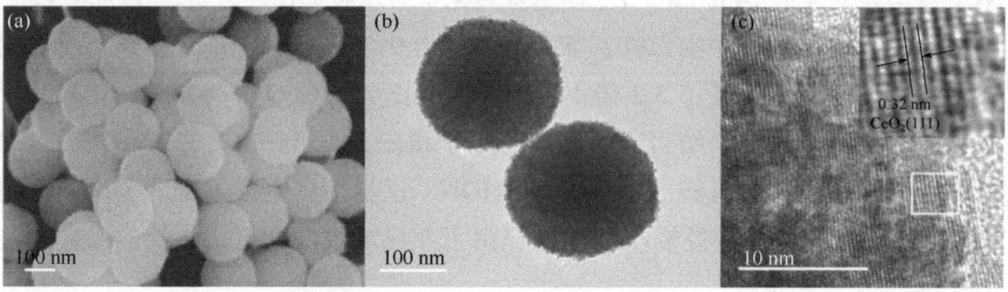

图 6-1　CeO_2 的 SEM 图（a）、TEM 图（b）和 HRTEM 图（c）

通过 X 射线衍射（XRD）、电子自旋共振（EPR）对 CeO_2 催化剂的晶体结构和表面缺陷做进一步分析。由图 6-2（a）和图 6-2（b）可知，制备的一系列 CeO_2 均具有 CeO_2 标准卡片（PDF 34-0394）的特征衍射峰，表明催化剂已成功制备[22]。同时，冰醋酸的用量为 4 mL 和水热温度 160 ℃下合成的 CeO_2 的特征峰峰强更高，说明在同等反应条件下，该条件下制备的 CeO_2 结晶度更高。图 6-3 电子自旋共振谱图中出现了 $g = 2.03$ 的特征峰，证明了 CeO_2 中氧空位的存在[23]。

随后通过 X 射线光电子能谱（XPS）对 CeO_2 的表面元素进行了分析（图 6-4）。在图 6-4（b）中，900.43 eV（u）、903.53 eV（u_1）、907.43 eV（u_2）和 916.25 eV（u_3）属于 Ce 的 $3d_{3/2}$，881.90 eV（v）、884.71 eV（v_1）、888.02 eV（v_2）和 897.92 eV（v_3）属于 Ce 的 $3d_{5/2}$，其中 v、v_2、v_3、u_1 属于 Ce^{3+}，u、u_2、u_3 以及 v_1 属于 Ce^{4+}。图 6-4（c）是 CeO_2 的 O 1s 的 XPS 谱图，其中 533.34 eV、531.26 eV 和 529.04 eV 分别属于 CeO_2 的表面吸附羟基氧、被氧空位吸附的氧以及 CeO_2 本身的晶格氧[24, 25]。

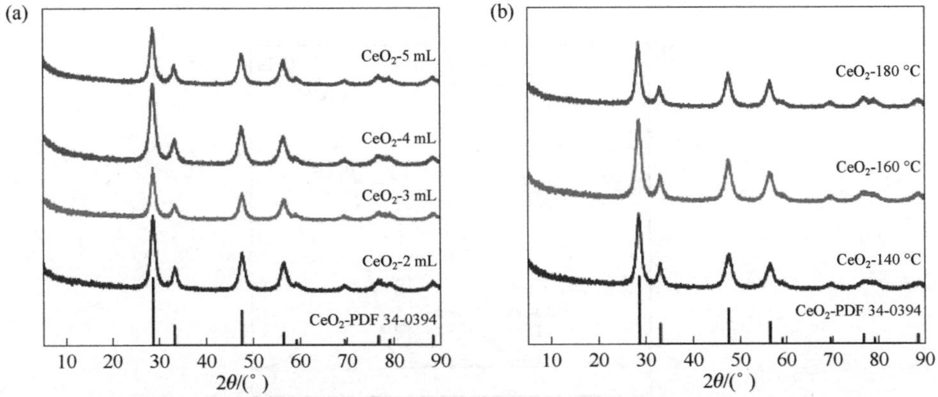

图 6-2 不同用量的冰醋酸（a）和不同水热温度下（b）制备的 CeO_2 的 XRD 谱图

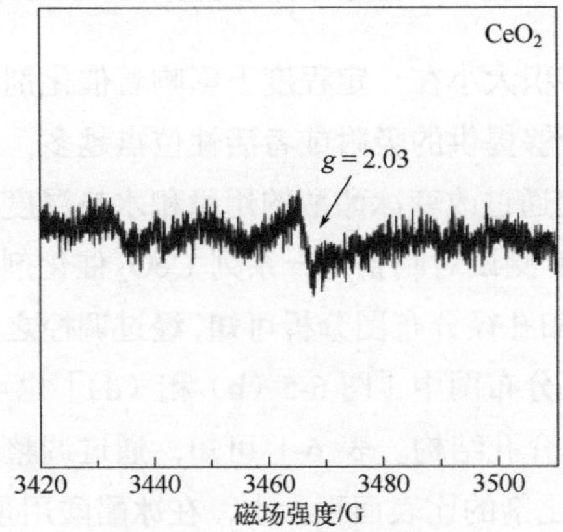

图 6-3 CeO_2 的 EPR 谱图

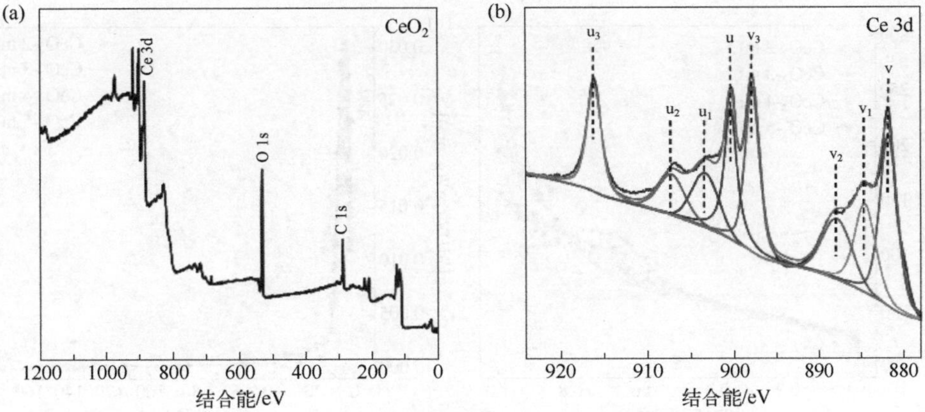

图 6-4

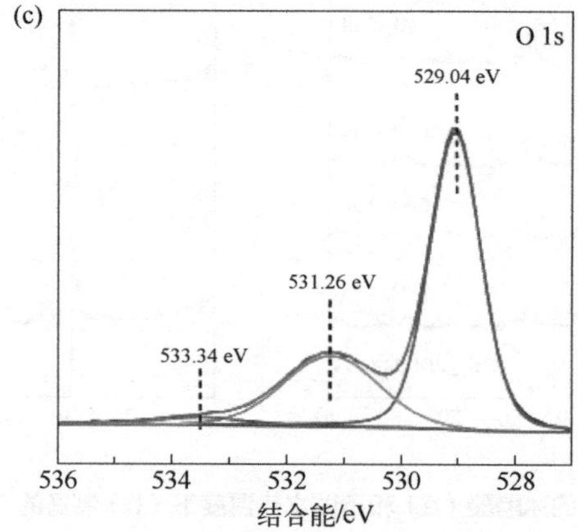

图 6-4　CeO_2的 XPS 谱图：（a）总谱图；（b）Ce 3d；（c）O 1s

众所周知，比表面积大小在一定程度上影响着催化剂的活性。一般来说，比表面积越大，催化剂能够提供的吸附或者活性位点越多，会更有利于提高催化剂的性能[26]。所以，我们通过改变冰醋酸的用量和水热温度来调控 CeO_2 催化剂的比表面积，并通过 BET 测试对制备的一系列 CeO_2 催化剂进行表征。从图 6-5 的 N_2 吸附-解吸等温线图和孔径分布图分析可知，经过调控之后的催化剂具有Ⅳ型等温线特征[27, 28]，从孔径分布图中［图 6-5（b）和（d）］也可以看出，调整后 CeO_2 的孔径得到了改善，为介孔结构。表 6-1 可知，通过调整冰醋酸的用量以及水热温度可以提高 CeO_2 催化剂的比表面积大小，在冰醋酸用量为 4 mL、水热反应温度为 160 ℃时，制备得到 CeO_2 比表面积（S_{BET}）达到了 184.1 m^2/g。

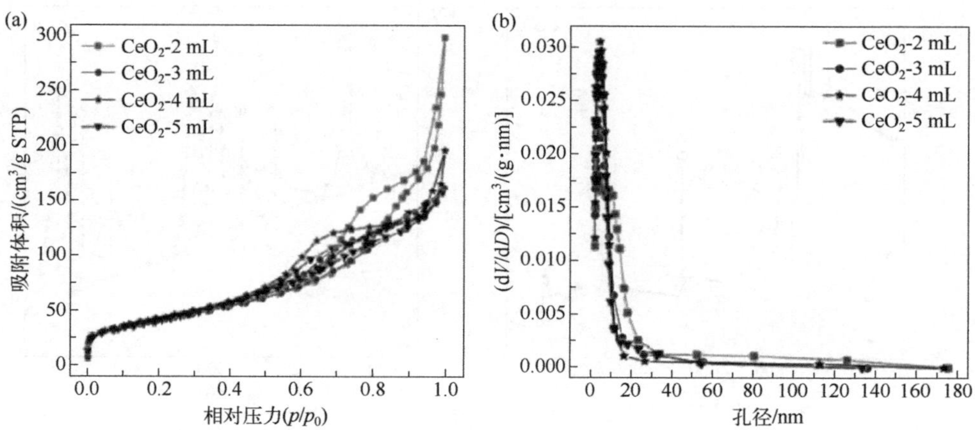

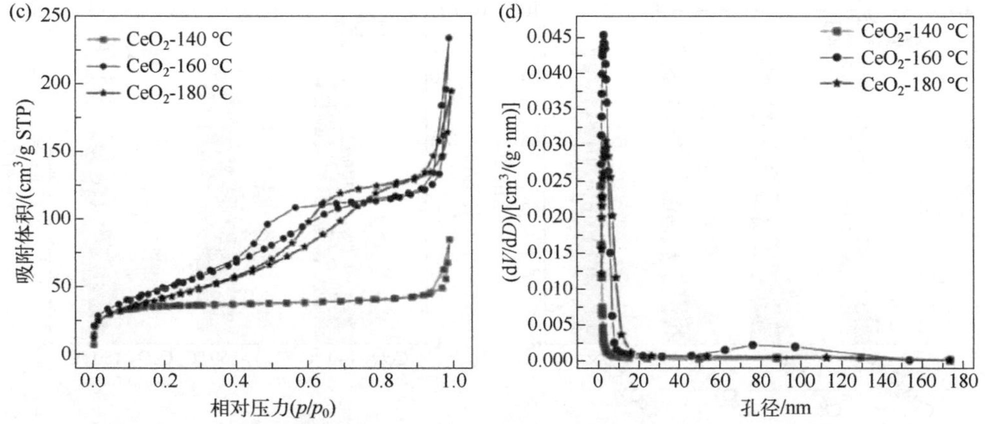

图 6-5　一系列 CeO_2 催化剂的（a）（c）N_2 吸附-解吸等温线和（b）（d）孔径分布图

表 6-1　不同条件下制备的 CeO_2 比表面积及最可几孔径分析

特性	CeO_2-2 mL	CeO_2-3 mL	CeO_2-4 mL	CeO_2-5 mL	CeO_2-140 ℃	CeO_2-160 ℃	CeO_2-180 ℃
S_{BET}/(m^2/g)	146.4	145.0	153.4	148.5	112.0	184.1	153.4
孔径大小/nm	2.5	3.1	4.3	4.0	1.8	3.3	4.3

6.4　硝基苯还原制备氧化偶氮苯

6.4.1　催化性能测试

首先，在 60 ℃、N_2 气氛下反应 4 h，对合成的一系列 CeO_2 进行了硝基苯还原为氧化偶氮苯的性能测试。如图 6-6（a）和（b）所示，在 4 h 的反应时间下，CeO_2-4 mL、CeO_2-160 ℃和 CeO_2-180 ℃具有最佳催化性能，能达到 99%以上的硝基苯转化率和 90%左右的氧化偶氮苯选择性。随后缩短反应时间为 3 h，进一步对 CeO_2-160 ℃和 CeO_2-180 ℃这两种催化剂进行筛选，如图 6-6（c），缩短时间后 CeO_2-160 ℃仍然能保持 99%以上的硝基苯转化率和 89%的氧化偶氮苯选择性的催化性能。实验结果与催化剂比表面积的大小相对应，说明大的比表面积有利于硝基苯还原反应的进行。最终，选择冰醋酸的用量为 4 mL、水热温度为 160 ℃制备 CeO_2 催化剂（后续统称为 CeO_2），并将其用于下一步的性能测试。

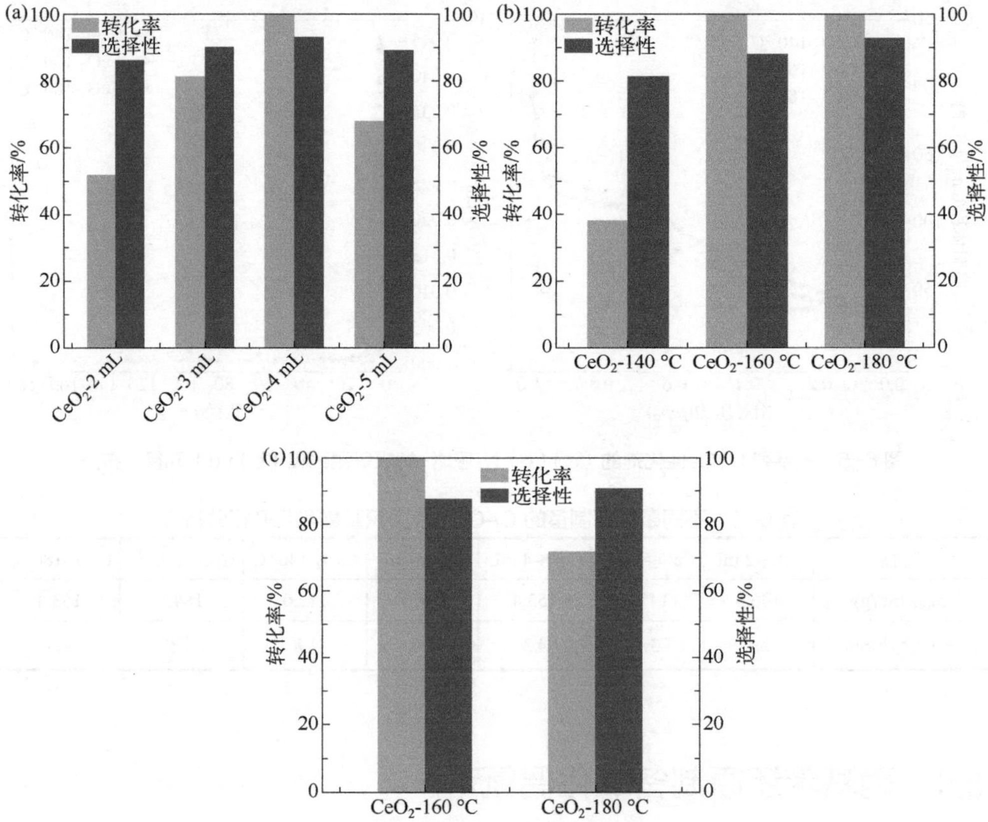

图 6-6　CeO_2催化剂的筛选结果：（a）反应 4 h 条件下不同用量冰醋酸的筛选；（b）反应 4 h 条件下水热温度的筛选；（c）反应 3 h 条件下水热温度的筛选

随后，我们详细探究了反应时间、溶剂、当量比、催化剂用量、气氛以及反应温度对硝基苯还原反应的影响（表 6-2）。首先，在没有催化剂和水合肼的情况下，该反应是无法进行的，说明该反应中催化剂和水合肼是必要的（序号 1 和 2）。序号 3～5 对时间进行筛选，当反应时间为 2 h 时，硝基苯转化率（>99%）和氧化偶氮苯选择性（98%）最佳，缩短反应时间为 1 h 后，硝基苯的转化率下降为 74%，所以后续将保持 2 h 进行反应。序号 6～11 是对反应溶剂的优化，当溶剂为四氢呋喃（THF）、*N,N*-二甲基甲酰胺（DMF）和 1,2-二氯乙烷（DCE）时，反应几乎无法进行，只有极低的硝基苯转化率，可能是催化剂在溶剂中分散性不佳造成的。当溶剂为甲苯时，硝基苯转化率大于 99%，氧化偶氮苯选择性达到 94%，但仍略微低于溶剂为乙腈时的选择性（98%），所以选择乙腈作为最佳溶剂进行后续实验。当使用空气代替 N_2 作为反应气氛时，硝基苯还原的转化率大幅度下降

（23%），当 O_2 作为气氛时，该反应无法进行，说明 O_2 会抑制该反应的进行（序号 12 和 13）。序号 14 和 15 是对 $N_2H_4 \cdot H_2O$ 摩尔比的筛选，当将 $N_2H_4 \cdot H_2O$ 减少至 0.6 mmol 或增加到 0.9 mmol 时，氧化偶氮苯的选择性均会降低。增大 $N_2H_4 \cdot H_2O$ 的摩尔比时，氧化偶氮苯会进一步反应生成偶氮苯或者苯胺造成氧化偶氮苯的选择性（92%）降低。当反应温度降低为 40 ℃时，硝基苯转化率下降为 37%（序号 16），说明 40 ℃不利于反应进行，所以后续实验依旧在 60 ℃下进行。序号 17 是对催化剂的用量的优化，当减少催化剂用量到 20 mg 时，硝基苯转化率（72%）和氧化偶氮苯选择性（92%）均有所下降。因而最终确定了最优的反应条件：硝基苯（0.3 mmol）作为底物，水合肼（0.75 mmol）为还原剂，CeO_2（25 mg）为催化剂，乙腈（4 mL）为溶剂，在 N_2 气氛、60 ℃下反应 2 h。在该条件下，CeO_2 催化硝基苯还原能达到＞99%的硝基苯转化率和 98%的氧化偶氮苯选择性，与先前的文献报道相比，CeO_2 还原硝基苯的效率具有较大的优势（表 6-3）。

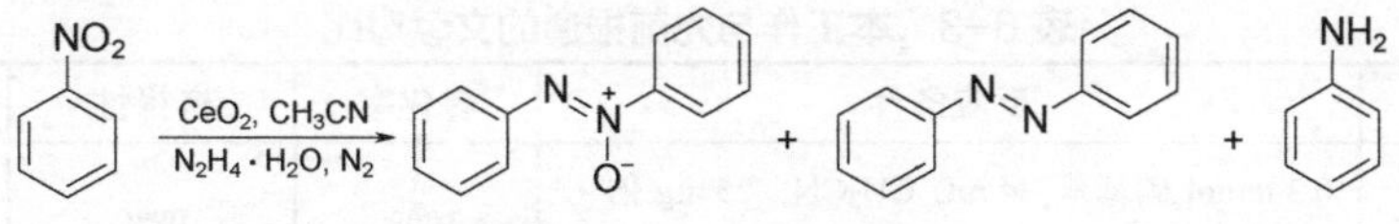

表 6-2 反应条件优化

序号[①]	催化剂	溶剂	气氛	温度/℃	转化率/%	选择性[②]/%
1	—	CH_3CN	N_2	60	—	—
2[③]	CeO_2	CH_3CN	N_2	60	—	
3	CeO_2	CH_3CN	N_2	60	＞99	98
4[④]	CeO_2	CH_3CN	N_2	60	＞99	98
5[⑤]	CeO_2	CH_3CN	N_2	60	74	93
6	CeO_2	THF	N_2	60	1	0
7	CeO_2	1,4-二噁烷	N_2	60	28	81
8	CeO_2	甲苯	N_2	60	＞99	94
9	CeO_2	DMSO	N_2	60	37	87
10	CeO_2	DMF	N_2	60	4	0
11	CeO_2	DCE	N_2	60	3	0
12	CeO_2	CH_3CN	空气	60	23	72
13	CeO_2	CH_3CN	O_2	60	—	—
14[⑥]	CeO_2	CH_3CN	N_2	60	93	95

续表

序号[①]	催化剂	溶剂	气氛	温度/℃	转化率/%	选择性[②]/%
15[⑦]	CeO_2	CH_3CN	N_2	60	>99	92
16	CeO_2	CH_3CN	N_2	40	37	89
17[⑧]	CeO_2	CH_3CN	N_2	60	72	92

①反应条件（无特殊说明情况下）：硝基苯（0.3 mmol），$N_2H_4 \cdot H_2O$（0.75 mmol），催化剂（25 mg），溶剂（4 mL），反应时间为 2 h。

②氧化偶氮苯的选择性。

③无 $N_2H_4 \cdot H_2O$。

④反应时间为 3 h。

⑤反应时间为 1 h。

⑥$N_2H_4 \cdot H_2O$（0.6 mmol）。

⑦$N_2H_4 \cdot H_2O$（0.9 mmol）。

⑧催化剂用量为 20 mg。

表 6-3　本工作与先前报道的文献对比

催化剂	反应条件	转化率	选择性	参考文献
CeO_2	0.3 mmol 硝基苯，4 mL CH_3CN，25 mg 催化剂，N_2，60 ℃，4 h	100%	98%	本工作
h-Ni_1N_4/NC	0.2 mmol 硝基苯，NaOH，8 mL IPA，20 μL 十二烷，50 ℃，10 mg 催化剂，3.5 h	99.2%	95.6%	[29]
Ni@NCQDs	0.2 g *p*-甲基硝基苯，25 mL CH_3OH，10 mg 催化剂，80 ℃，H_2，30 min	100%	99.8%	[30]
CeO_2 棒	0.5 mmol 硝基苯，5 mL CH_3OH，250 mg 催化剂，150 ℃，4 h	100%	90.4%	[31]
Ru-SAs/CeO_2	0.2 g 硝基苯，40 mg 催化，H_2，20 mL IPA，100 ℃，4 h	65%	78%	[32]
CeO_2 棒	1 mmol 硝基苯，250 mg 催化剂，CO (1 MPa)，5 mL $PhCH_3$，150 ℃，6 h	68.3%	89.8%	[33]

在最优反应条件下，我们研究了 CeO_2 催化剂对硝基苯还原反应生成氧化偶氮苯的官能团普适性。由表 6-4 可知，当硝基苯对位上连有吸电子基团时，可以得到满意的产率（85%～95%）；连有给电子基团时，产率有略微的下降，但仍然能到达良好的产率（78%～90%）。这说明吸电子基有利于反应的进行。但是，当硝基苯邻位连有取代基（—Br 或—Me）时，产率明显下降（21%～71%），说明与电子效应相比，

空间位阻效应对硝基苯还原反应的影响更大。值得一提的是，当硝基苯对位上连有—SCH_3基团时，还原反应也可以顺利进行，相应氧化偶氮苯的产率为22%。

表6-4　硝基苯还原底物拓展

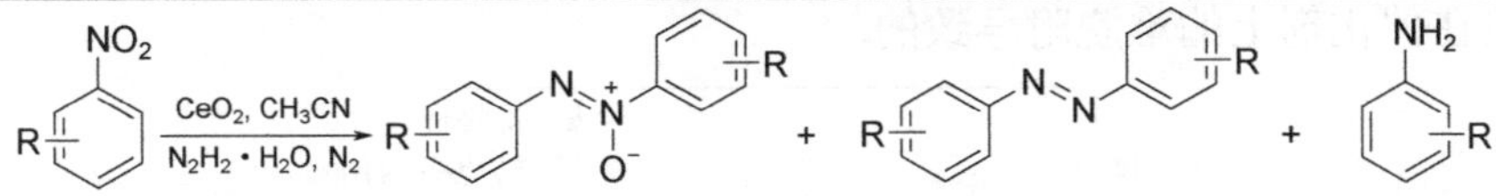

1　　2　　3　　4

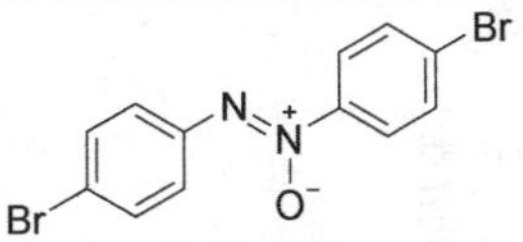 **2a** (95%)	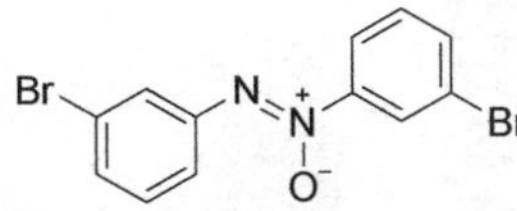 **2b** (86%)	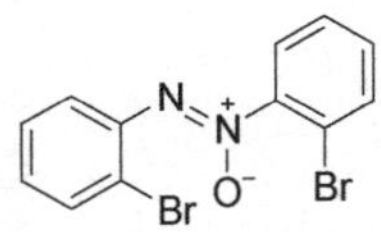 **2c** (71%)
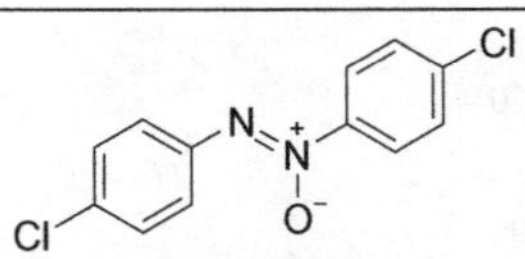 **2d** (86%)	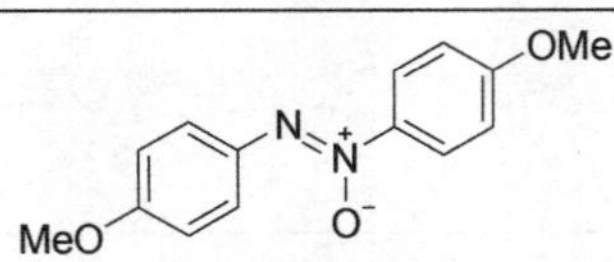 **2e** (78%)	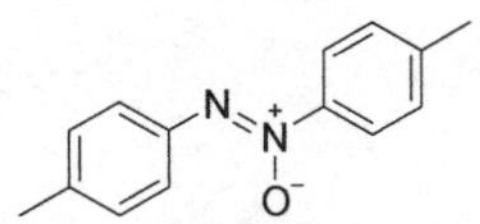 **2f** (90%)
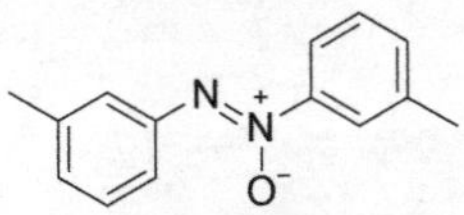 **2g** (85%)	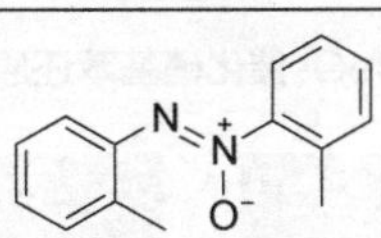 **2h** (21%)	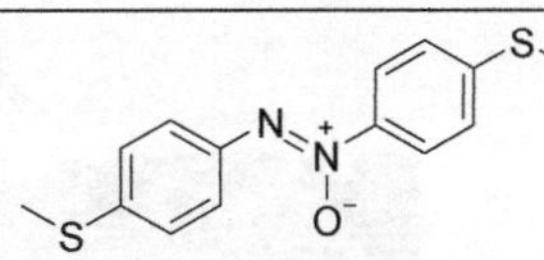 **2i** (22%)

反应条件：硝基苯衍生物(0.3 mmol)，$N_2H_4 \cdot H_2O$（0.75 mmol），催化剂（25 mg），溶剂（4 mL 乙腈），反应时间为2 h。

6.4.2　催化剂稳定性测试及分析

稳定性作为评判催化剂的标准之一，在催化剂设计中也至关重要，所以我们对催化剂进行了稳定性测试。如图6-7所示，经过3次循环后，硝基苯还原的转化率从>99%下降为49%，而氧化偶氮苯的选择性也从98%下降为87%。

为了探究CeO_2催化剂性能下降的原因，我们通过XRD、XPS、SEM、傅里叶变换红外光谱（FTIR）测试手段对循环后的材料进行了表征。从图6-8中可以看出，CeO_2循环前后的形貌并未发生改变，说明形貌并不是致使其性能下降的原因。从XPS图［图6-9（a）和图6-9（b）］可知，反应前后Ce和O元素的XPS谱图并未发生明显的变化。但是循环后的CeO_2中出现了N元素的峰［图6-9（c）］，其中404.48 eV属于硝基的N 1s峰，399.33 eV属于苯胺中N 1s峰[34]，说明循环

后的 CeO_2 中可能吸附有硝基苯和苯胺，这可能是 CeO_2 循环性能不佳的原因。由图 6-10（a）和（b）可知，CeO_2 反应前后的晶体结构并未发生改变，说明结构也并非导致催化剂性能下的因素。综上所述，催化剂循环性能的下降可能是硝基苯和苯胺在催化剂上的难脱附导致的。

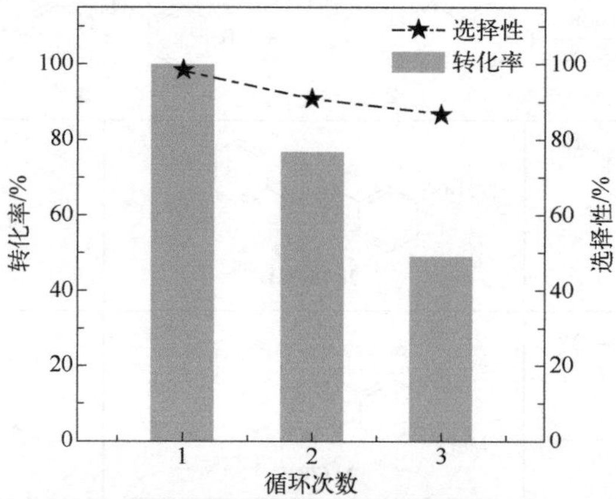

图 6-7　CeO_2 催化硝基苯还原循环性能

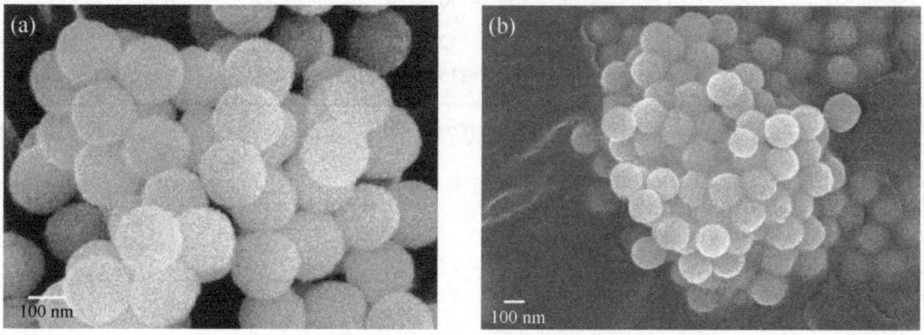

图 6-8　CeO_2 稳定性测试之后的 SEM 图

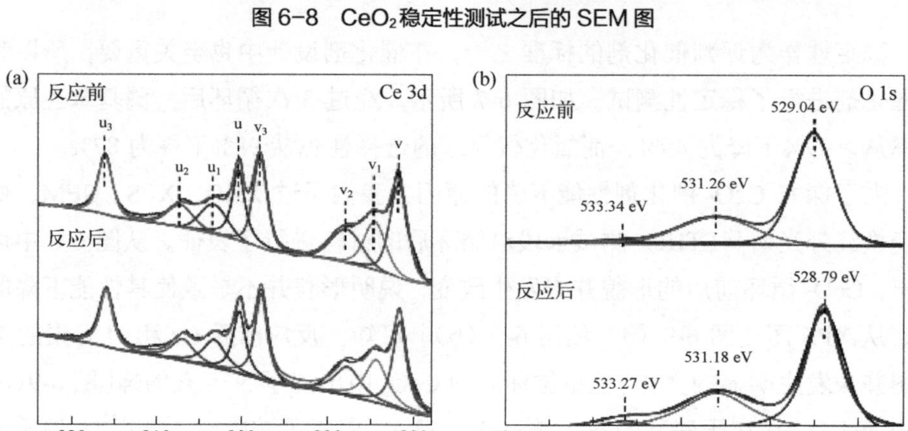

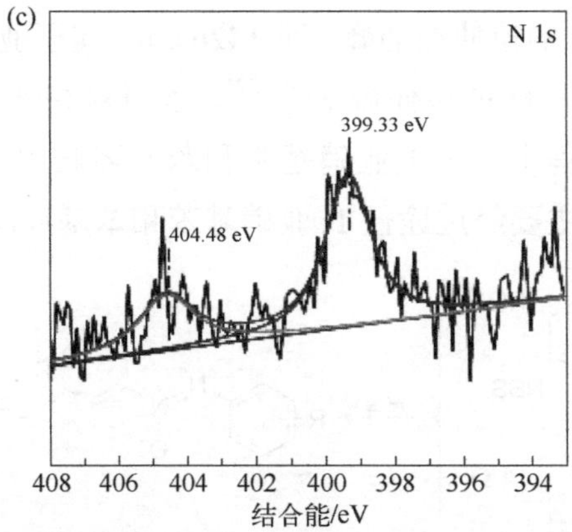

图 6-9 CeO_2稳定性测试后的 XPS 谱图：（a）Ce 3d；（b）O 1s；（c）N 1s

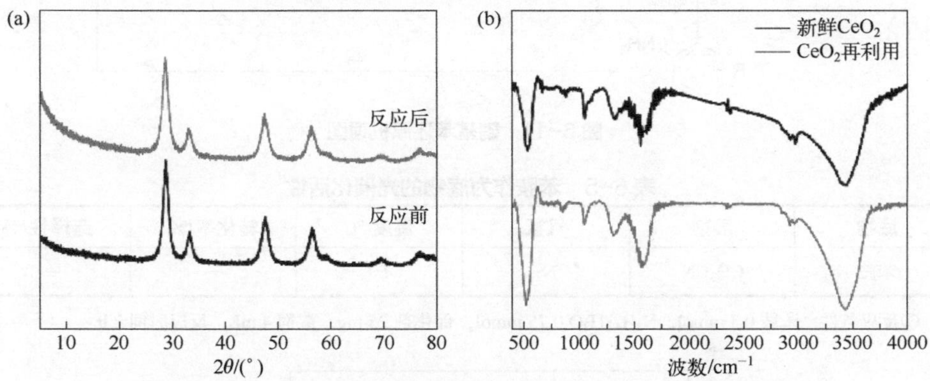

图 6-10 CeO_2反应前后的 XRD 谱图（a）和 FTIR 谱图（b）

6.4.3 硝基苯还原机理探究

目前，文献中提出的硝基苯的还原途径有两种（图 6-11）。首先硝基苯还原生成亚硝基苯和苯基羟胺，之后会出现不同的反应途径：途径 1 是亚硝基苯和苯基羟胺偶联先生成氧化偶氮苯，之后再进一步反应生成偶氮苯，最终还原生成苯胺；途径 2 是亚硝基苯和苯基羟胺不经过偶联直接生成苯胺[35]。

首先，为了证明氧化偶氮苯是否为苯胺氧化生成的产物，我们将苯胺作为反应物，在标准条件下进行反应。遗憾的是，无法生成氧化偶氮苯（表 6-5），所以排除了苯胺氧化生成目标产物的可能性。随后我们用原位红外光谱仪探究了硝基苯还原过程中可能的中间体。从图 6-12 可以看出，在 1380 cm^{-1} 和 1558 cm^{-1} 处的峰属于硝基苯中—NO_2的反对称拉伸振动峰，1184 cm^{-1} 处的峰属于苯基羟胺中—N—O 的拉伸振动峰，而 1426 cm^{-1} 属于亚硝基苯中—N═O 或者氧化偶氮苯中—N═N—O 的拉伸振动[36, 37]。通过对红外光谱图分析得到：CeO_2 热催化硝基苯还原过程中会生成亚硝基苯和苯基羟胺中间体。因此我们推测，CeO_2 催化硝基苯还原主要经过途径 1：亚硝基苯和苯基羟胺偶联生成氧化偶氮苯。

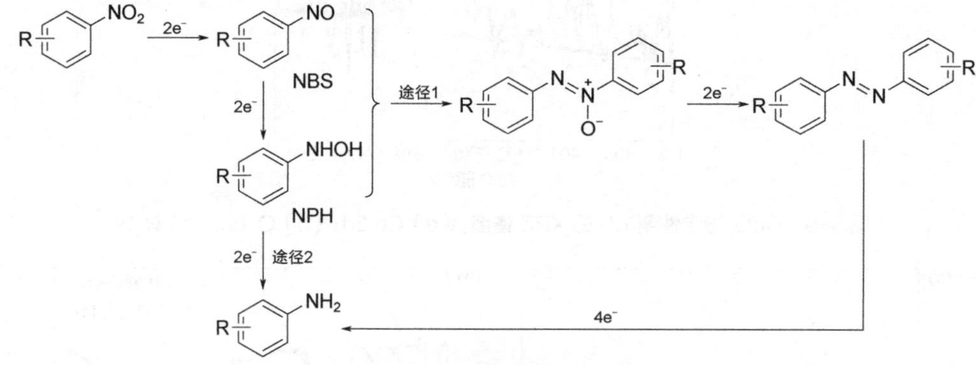

图 6-11 硝基苯还原机理图

表 6-5 苯胺作为底物的光催化活性①

底物	溶剂	气氛	温度/℃	转化率/%	选择性/%
苯胺	CH_3CN	N_2	60	—	—

①反应条件：苯胺 0.3 mmol，$N_2H_4·H_2O$ 0.75 mmol，催化剂 25 mg，溶剂 4 mL，反应时间 2 h。

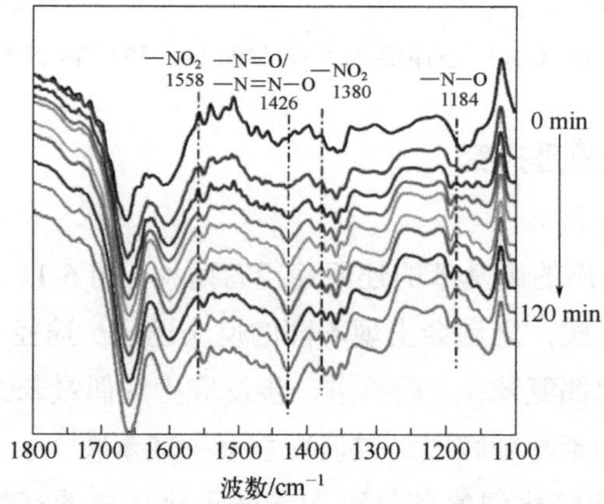

图 6-12 CeO_2 催化硝基苯还原反应的原位红外光谱图

随后我们探究了 CeO_2 催化硝基苯还原反应是否会随着时间的延长进一步反应生成苯胺（图 6-13）。当反应时间为 2 h 时，硝基苯转化率（＞99%）和氧化偶氮苯选择性（98%）均达到最大值；而随着反应时间延长至 5 h，产物氧化偶氮苯的选择性（84%）仅仅有略微的降低。这一结果证明了氧化偶氮苯并不会因为时间的延长而大量生成偶氮苯或者苯胺。文献研究表明，氧化偶氮苯在 CeO_2 表面的吸附能弱于硝基苯的吸附能[31]。基于此，我们推测该反应只停留在氧化偶氮苯阶段，而无法继续转化为苯胺的可能原因：当生成目标产物后，由于吸附能的改变，氧化偶氮苯无法与 CeO_2 表面稳定结合，从而抑制了其进一步还原生成偶氮苯或苯胺。

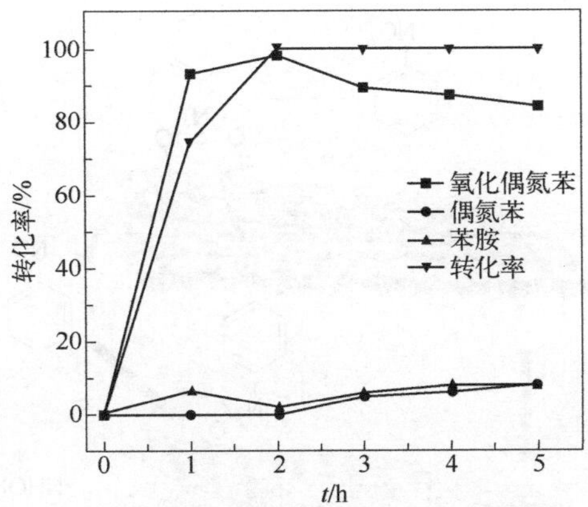

图 6-13　CeO_2 催化硝基苯还原产物随时间变化分布图

基于以上结果，我们提出了可能的反应机理（图 6-14）：首先，在热的条件下，CeO_2 中的氧空位选择性吸附硝基苯并将其活化，然后水合肼产生的 H 活性物种进攻活化的硝基苯进而产生亚硝基苯中间体，之后亚硝基苯中间体在 CeO_2 上进一步还原为苯基羟胺，产生的苯基羟胺和亚硝基苯脱水缩合，生成产物氧化偶氮苯并从催化剂表面脱离，氧化偶氮苯在 CeO_2 上的吸附弱于硝基苯的吸附，因此，无法继续还原为苯胺。

通过调控乙酸用量和水热温度制备了一系列不同比表面积的 CeO_2 纳米球催化剂，其中最大比表面积可以达到 184.1 m^2/g。在 60 ℃反应 2 h，催化剂对氧化偶氮苯的选择性达到 98%。底物拓展实验证明该 CeO_2 催化剂具有良好的官能团普适性。BET 表征结果表明，催化剂性能的提升与其比表面积增大存在显著相关性。经过 3 次循环使用后，硝基苯还原的转化率下降至 49%，这主要归因于催化剂表面对硝基苯和苯胺的强吸附。最后，我们通过原位红外表征手段对反应机理进行了探究。

尽管高比表面积 CeO_2 通过优化表面活性位点显著提升了热催化硝基苯还原的效能（如反应速率与转化率），但其在选择性控制与能源消耗方面仍面临挑战。热催化依赖高温条件可能导致副反应加剧，且难以精准调控中间产物的路径。为进一步实现绿色、高效的选择性还原，我们将目光转向光催化体系——利用太阳能驱动反应，在温和条件下通过光生载流子的定向迁移优化电子传递路径。例如，构建 CdS/CeO_2 Z 型异质结不仅能保留 CeO_2 的强氧化还原能力，还可通过能带匹配增强光吸收效率与载流子分离，从而协同提升硝基苯还原的选择性与稳定性。这一策略既延续了 CeO_2 基材料的设计优势，又通过异质结工程开拓了光-热协同催化的新维度，为硝基苯的高效定向转化提供了更可持续的解决方案。

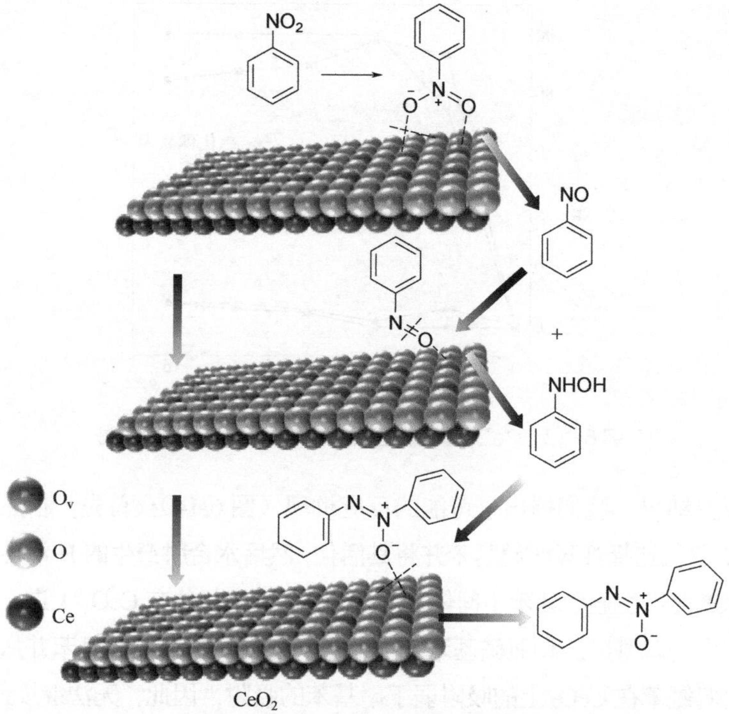

图 6-14　硝基苯还原反应机理图

6.5　光催化硝基苯性能研究

6.5.1　光催化硝基苯性能测试

首先，在白光 LED、N_2 气氛、2 h、10 mg 催化剂的反应条件下，对合成的一系列 CdS/CeO_2 进行了光催化硝基苯还原反应性能测试。如图 6-15 所示，与单独

的 CeO_2 和 CdS 相比，复合材料的光催化性能明显得到了提升，经过对 CdS 负载量进行调整得到最佳的催化剂 CdS/CeO_2-4，可以将硝基苯转化率提高至 99%，苯胺选择性提高至 51%，是单独 CeO_2 的 24 倍。

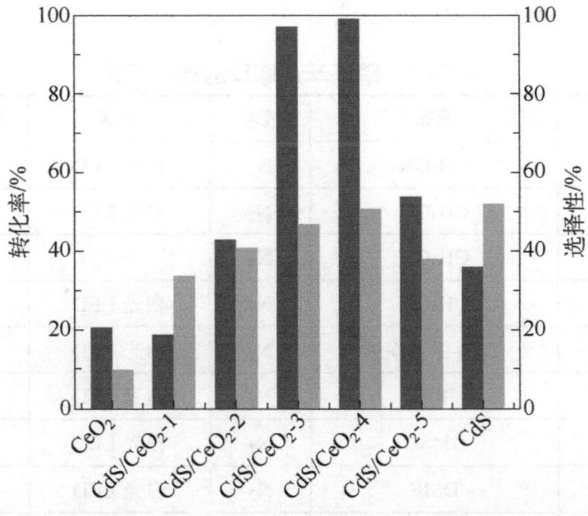

图 6-15　CeO_2、CdS 和不同质量分数的 CdS/CeO_2 光催化硝基苯还原性能测试

随后，我们详细探究了溶剂、光源、气氛、硝基苯和水合肼摩尔比、催化剂用量和时间对反应效率的影响，并通过筛选得到了最佳反应条件。如表 6-6 所示，当该反应中没有催化剂、水合肼或光源的参与时，该反应都无法顺利进行，说明了催化剂、水合肼和光源的必要性（序号 1～3）。序号 4～10 是对溶剂进行筛选，从结果可知当乙腈作溶剂时，光催化性能是最佳的，硝基苯转化率为 99%，苯胺选择性为 51%。序号 11～13 是对光源的优化，当光源为绿光时，硝基苯转化率（14%）和苯胺选择性（39%）均会下降；但是当蓝光为光源时，苯胺选择性会提高为 75%；遗憾的是，红光为光源时，并未检测到产物。这样的反应结果与光催化剂 CdS/CeO_2-4 的光吸收特性相对应。序号 14 和 15 对气氛进行了筛选，由实验结果可知，O_2 气氛完全抑制了反应的进行。序号 16～18 是对硝基苯和水合肼摩尔比的筛选，当水合肼的量增加到 0.9 mmol 时，硝基苯还原反应达到了最佳的硝基苯转化率（＞99%）和苯胺选择性（86%），但是当水合肼的量继续增加到 1.2 mmol 时，苯胺选择性（84%）并没有进一步提升。当反应时间从 2 h 延长至 3 h 时，苯胺选择性会由 75%提高至 93%。当催化剂的量由 10 mg 增加到 15 mg 时，苯胺选择性由 75%仅增加到 79%。最终，我们确定了最优的反应条件：硝基苯 0.3 mmol，4 mL 乙腈为溶剂，催化剂用量为 10 mg，水合肼 0.9 mmol，在蓝色 LED、N_2 气氛下反应 3 h。在该反应条件下，硝基苯的选择性为 99%以上，苯胺选择性为 93%，与先前的报道相比，CdS/CeO_2-4 表现出了较高的光催化硝基苯还原性能（表 6-7）。

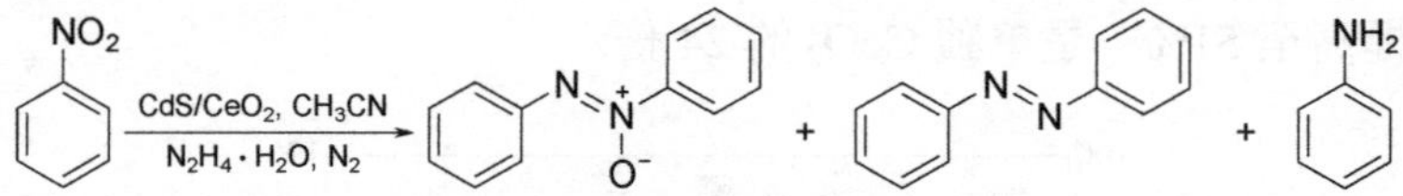

表 6-6　硝基苯还原反应条件优化

序号①	催化剂	溶剂	气氛	光源	转化率/%	选择性②/%
1	—	CH_3CN	N_2	白光 LED	—	—
2③	CdS/CeO_2-4	CH_3CN	N_2	白光 LED	—	—
3	CdS/CeO_2-4	CH_3CN	N_2	—	—	—
4	CdS/CeO_2-4	CH_3CN	N_2	白光 LED	99	51
5	CdS/CeO_2-4	1,4-二噁烷	N_2	白光 LED	1	15
6	CdS/CeO_2-4	甲苯	N_2	白光 LED	31	82
7	CdS/CeO_2-4	DMSO	N_2	白光 LED	98	54
8	CdS/CeO_2-4	DMF	N_2	白光 LED	>99	48
9	CdS/CeO_2-4	DCE	N_2	白光 LED	24	52
10	CdS/CeO_2-4	MeOH	N_2	白光 LED	33	74
11	CdS/CeO_2-4	CH_3CN	N_2	红光 LED	—	—
12	CdS/CeO_2-4	CH_3CN	N_2	蓝光 LED	97	75
13	CdS/CeO_2-4	CH_3CN	N_2	绿光 LED	14	39
14	CdS/CeO_2-4	CH_3CN	空气	蓝光 LED	58	49
15	CdS/CeO_2-4	CH_3CN	O_2	蓝光 LED	—	—
16④	CdS/CeO_2-4	CH_3CN	N_2	蓝光 LED	97	47
17⑤	CdS/CeO_2-4	CH_3CN	N_2	蓝光 LED	>99	86
18⑥	CdS/CeO_2-4	CH_3CN	N_2	蓝光 LED	>99	84
19⑦	CdS/CeO_2-4	CH_3CN	N_2	蓝光 LED	>99	93
20⑧	CdS/CeO_2-4	CH_3CN	N_2	蓝光 LED	>99	79

①反应条件：硝基苯（0.3 mmol），$N_2H_4·H_2O$（0.75 mmol），催化剂（10 mg），溶剂（4 mL），反应 2 h。

②苯胺的选择性。

③无 $N_2H_4·H_2O$。

④$N_2H_4·H_2O$ (0.6 mmol)。

⑤$N_2H_4·H_2O$ (0.9 mmol)。

⑥$N_2H_4·H_2O$ (1.2 mmol)。

⑦反应时间为 3 h。

⑧催化剂用量为 15 mg。

表 6-7　CdS/CeO_2-4 光催化硝基苯还原性能对比

光催化剂	光源	反应条件	效率 /(μmol·g^{-1}·h^{-1})	参考文献
CdS/CeO_2-4	30 W 蓝光 LED	10 mg 催化剂，0.3 mmol 硝基苯；0.9 mmol $N_2H_4·H_2O$，4 mL 乙腈，N_2	9300	本工作
$Bi_2W_{1-x}Mo_xO_6$	300 W 氙灯（λ>420 nm）	30 mg 催化剂，9.75 μmol 硝基苯，5 mL 甲醇，N_2	650	[38]
Sb_2WO_6	300 W 氙灯（λ>420 nm）	10 mg 催化剂，0.1 mmol 硝基苯，1.5 mL $HCOONH_4$，甲醇，Ar	5000	[39]
$Ru(C_6H_6)$基催化剂	10 W 白光 LED	10 mg 催化剂，0.5 mmol 硝基苯，4 mmol $N_2H_4·H_2O$，1 mL 甲醇，N_2	8333	[40]
$Ni/ZnIn_2S_4$	300 W 氙灯（λ>420 nm）	20 mg 催化剂，2 mg 硝基苯，100 mL 含有 10%三乙醇胺的水溶液，Ar	203	[41]
石墨烯-ZnO-Au	500-W 紫外灯（λ>420 nm）	200 mg 催化剂，5 mmol 硝基苯，N_2	10479	[42]
Bi_2MoO_6	300 W 氙灯（λ>420 nm）	30 mg 催化剂，9.75 μmol 苯胺，10 mL 甲醇，N_2	487.5	[43]

为了探究 CdS/CeO_2-4 的普适性，我们对硝基苯的衍生物进行了光催化测试（表 6-8）。实验结果表明，无论硝基苯对位上连有吸电子基还是给电子基，还原反应都表现出了优异的硝基苯衍生物转化率（>99%）和苯胺衍生物选择性（91%～99%）。但是当硝基苯的间位特别是邻位上有取代基时，苯胺衍生物的选择性将会有明显降低（60%～91%）。说明了该反应主要受到了空间位阻的影响。底物拓展实验表明了 CdS/CeO_2-4 复合材料具有一个良好的官能团普适性。

表 6-8　硝基苯还原反应底物拓展

底物①	产物	转化率/%	选择性/%
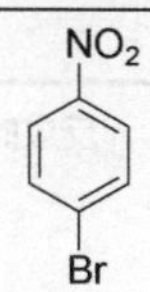	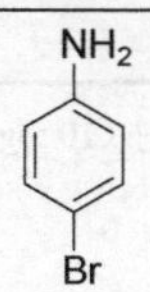	98	93
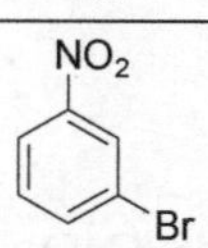	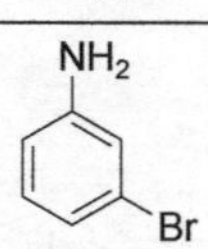	99	91
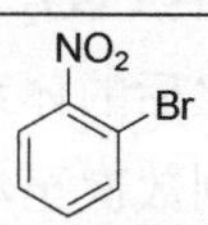	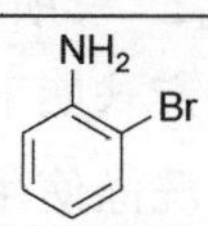	>99	89

续表

底物①	产物	转化率/%	选择性/%
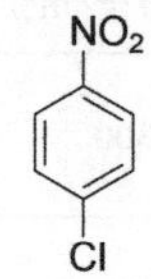	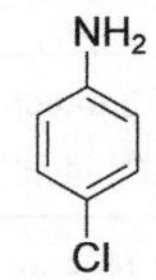	>99	99
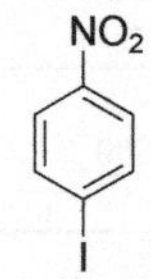	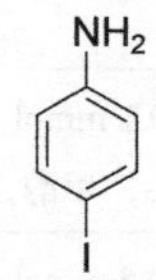	>99	99
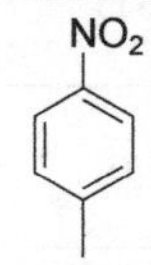	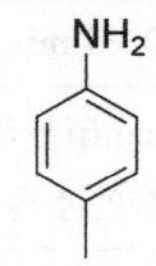	>99	90
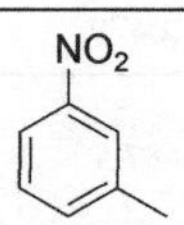	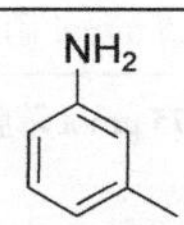	>99	78
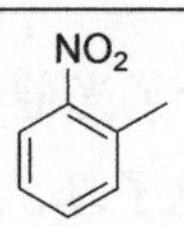	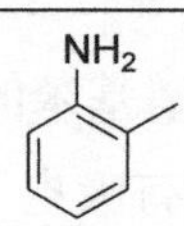	>99	60
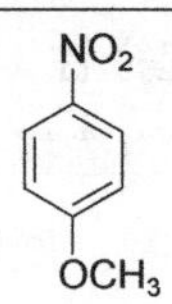	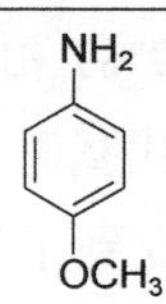	>99	99
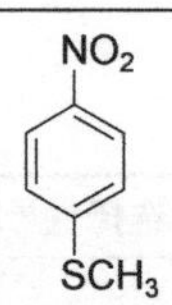	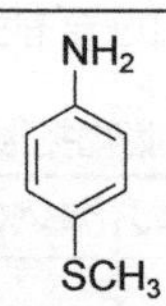	93	89

①反应条件：底物（0.3 mmol），$N_2H_4 \cdot H_2O$（0.9 mmol），催化剂（10 mg），溶剂（4 mL 乙腈），反应时间为 3 h。

6.5.2 CdS/CeO_2-4 催化剂循环性能测试

稳定性一直是评估催化剂性能的重要条件之一，所以我们对 CdS/CeO_2-4 催化剂做了循环测试，探究其循环性能。具体测试方式如下：将反应之后的体系转移至离心管离心分离出催化剂，之后用乙腈和水洗涤使用过的催化剂数次至溶液变为无色，随后在 60 ℃下真空干燥 8 h，得到的干燥的催化剂投入下一次的反应体系。由实验结果可知（图 6-16），经过 5 次循环后，硝基苯转化率并未有明显的变化（>99%），而苯胺选择性有略微的下降（75%），说明该光催化剂具有较为优异的稳定性。在本文第 3 章，CeO_2 的催化性能下降是因为硝基苯和苯胺的难脱附，所以，我们推测复合材料的苯胺选择性下降，也可能是苯胺或者硝基苯在催化剂表面的吸附而造成的。

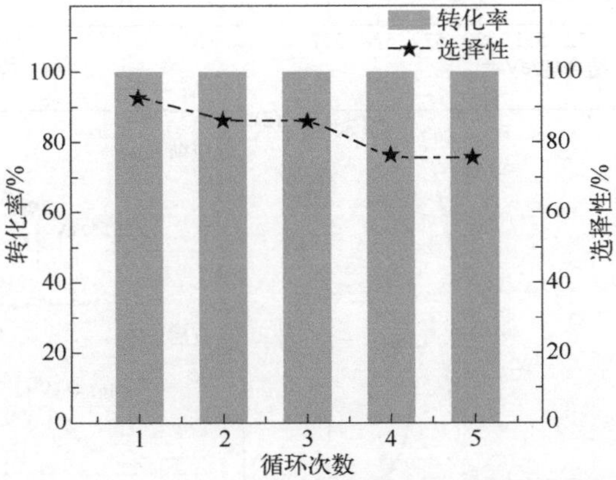

图 6-16　CdS/CeO_2-4 催化硝基苯还原循环性能图

通过 SEM、XRD 和 FTIR 表征手段探究了 CdS/CeO_2-4 光催化剂稳定性良好的原因。首先由图 6-17 CdS/CeO_2-4 循环前后的形貌对比发现，催化剂依旧保持 CeO_2 纳米球上负载 CdS 纳米颗粒的形貌。从循环前后的 XPS 中发现（图 6-18），循环前后 Ce、O、Cd 和 S 元素的 XPS 谱图并未发生明显变化。XRD 图和红外谱图也并没有明显变化（图 6-19）。说明反应前后的光催化剂晶体结构并未发生改变。所以，形貌和晶体结构的稳定可能是催化剂循环性能良好的原因。

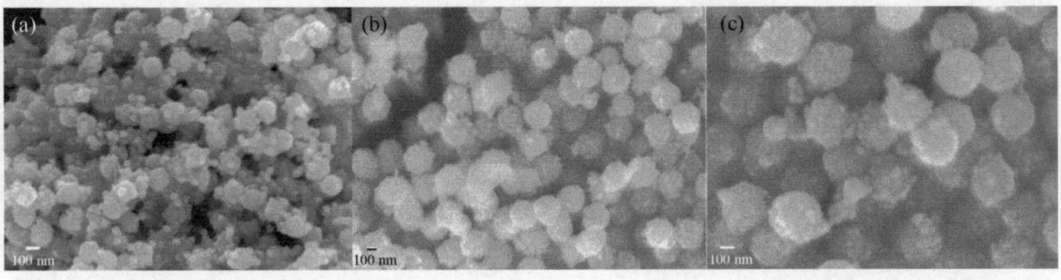

图 6-17　（a）CdS/CeO_2-4 循环前的 SEM 图；（b）（c）CdS/CeO_2-4 稳定性测试后的 SEM 图

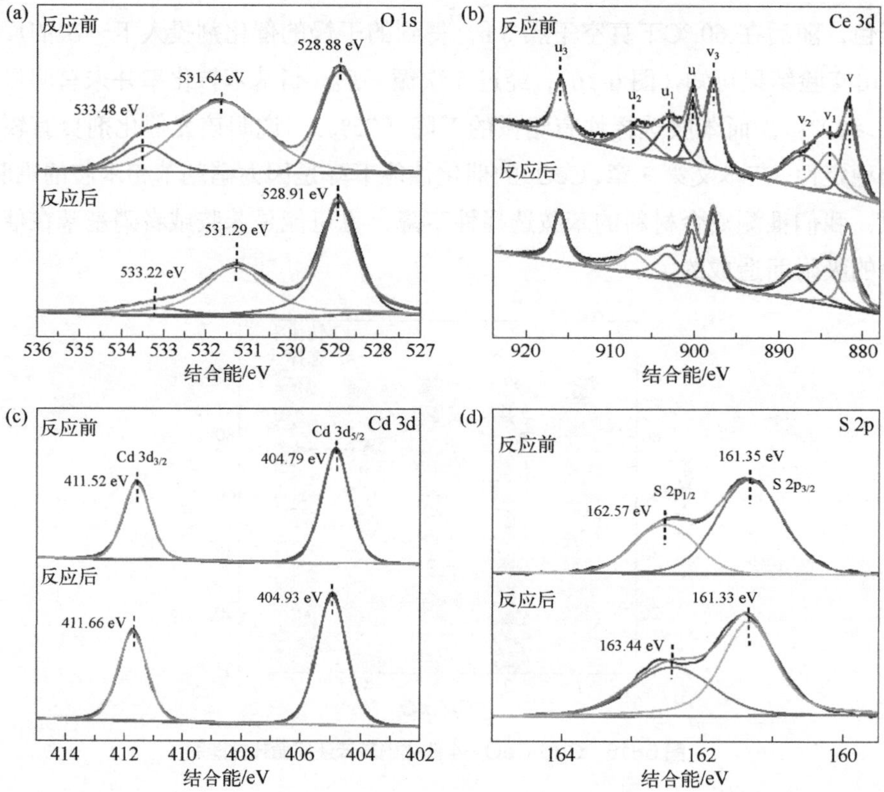

图 6-18 CdS/CeO_2-4 稳定性测试前后的 XPS 谱图：（a）Ce 3d；（b）O 1s；（c）Cd 3d；（d）S 2p

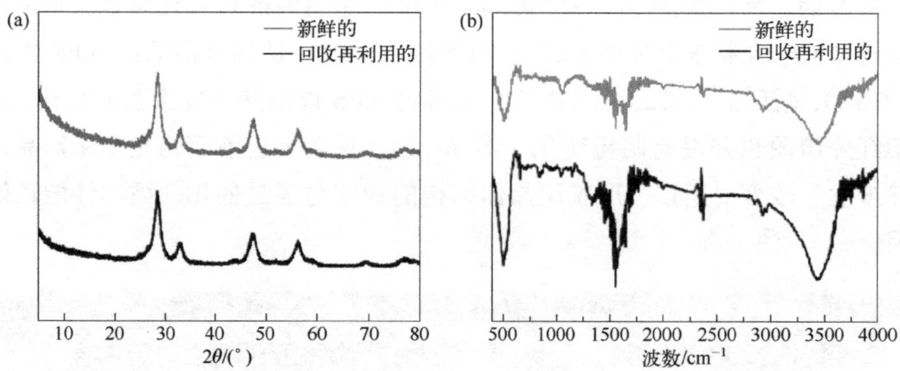

图 6-19 CdS/CeO_2-4 稳定性测试后的 XRD 图（a）和 FTIR 图（b）

6.5.3 机理探究

根据得到的 CeO_2 和 CdS 的价带以及导带的位置，我们推测 CdS/CeO_2 催化剂可能是Ⅱ型异质结或 Z 型异质结。首先，我们通过理论计算表明，CdS 和 CeO_2 之间确实存在电荷转移［图 6-20（b）］。之后，假设 CdS/CeO_2 是Ⅱ型异质结，电子（e^-）将从 CeO_2 的导带转移到 CdS 的导带，空穴（h^+）将从 CdS 的价带转移到 CeO_2 的价带，从而促进光生载流子的分离。在这种情况下，CdS 价带中光生空穴的氧化能力不足以生成羟基自由基（1.99 V，相对于 NHE）[44]，然而，EPR 测试结果表明该催化剂具有生成羟基自由基（·OH）的能力［图 6-20（a）］。因此，CdS/CeO_2 异质结光生电子和空穴的分离和迁移遵循的是 Z 型异质结［图 6-20（d）］而不是Ⅱ型异质结的电荷转移机制［图 6-20（c）］。鉴于硝基苯还原制备苯胺的还原电位为−0.48 eV（相对于 NHE）[45]，而 Z 型异质结的构建保留了催化剂更强的还原能力，这将有利于 CdS/CeO_2 催化硝基苯还原反应的进行。

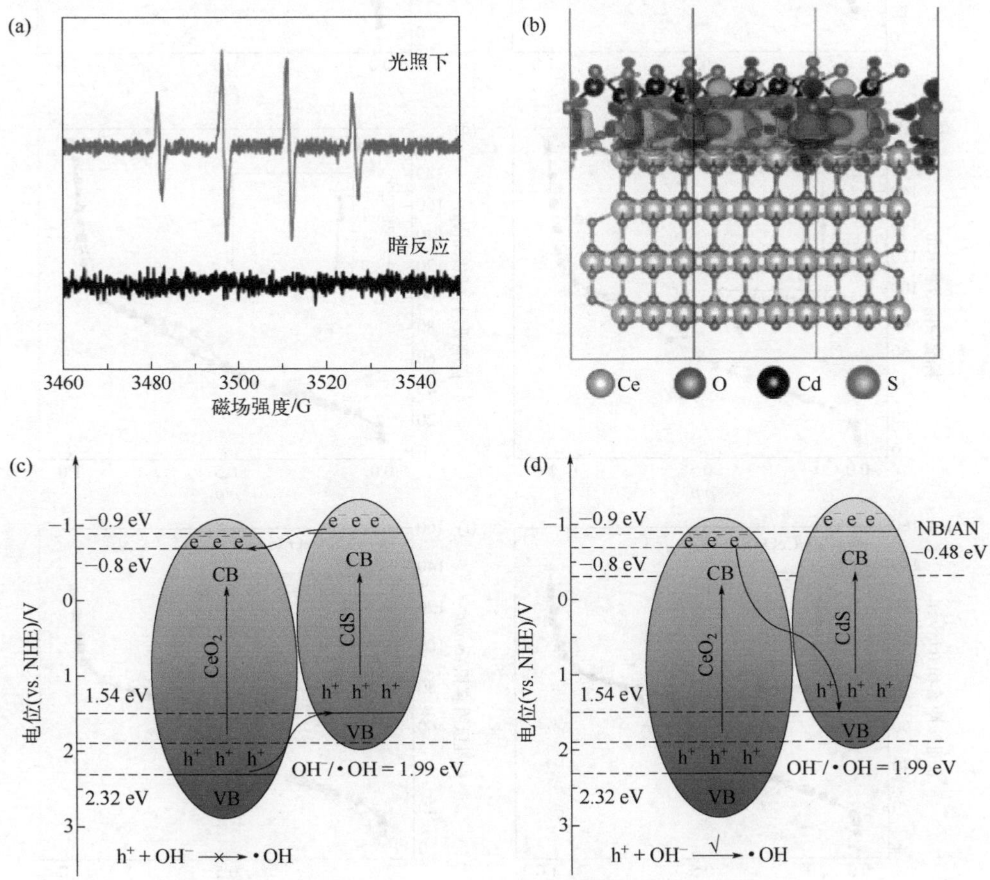

图 6-20 （a）DMPO-·OH 的 EPR 信号；（b）差分电荷密度图；（c）Ⅱ型异质结的电荷转移示意图；（d）Z 型异质结的电荷转移示意图

鉴于 CeO_2 的比表面积对其催化性能具有显著影响（详见第 3 章），我们测试了 CeO_2 及其与 CdS 复合后形成的一系列 CdS/CeO_2 复合材料的比表面积，旨在探究这些材料光催化性能的提升是否与比表面积的增大存在直接关联。由测试结果可知（图 6-21），负载 CdS 前后的 CeO_2 都具有Ⅳ型等温线特征且为介孔结构，由

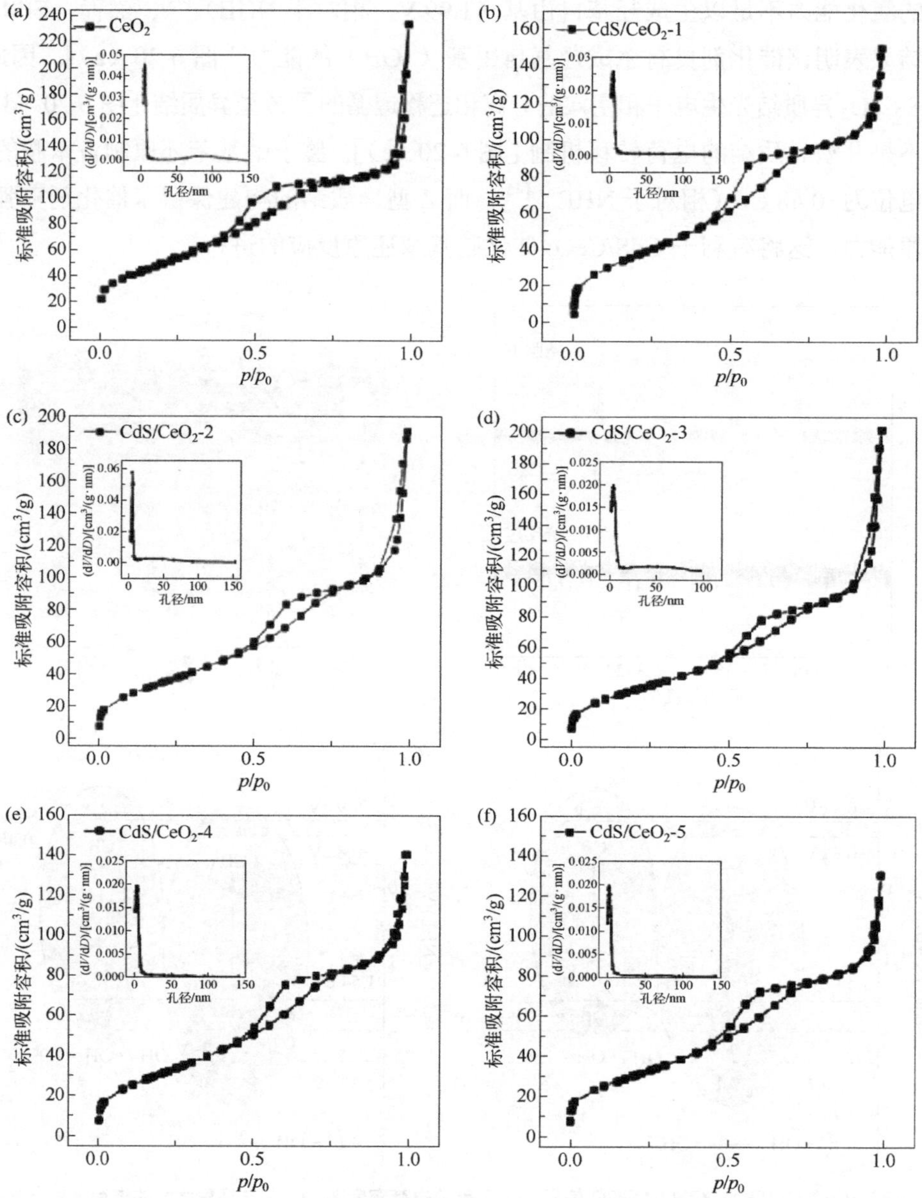

图 6-21　CeO_2 及一系列 CdS/CeO_2 氮气吸附-解吸等温线（插图为孔径分布图）

比表面积大小可知（表 6-9），CdS/CeO_2 的光催化性能与材料的比表面积大小无显著相关性。所以，我们推测光催化性能的提升是因为 Z 型异质结的构建抑制了光生电子和空穴的复合，从而进一步提升光催化硝基苯还原的性能。

表 6-9　CeO_2 及一系列 CdS/CeO_2 的比表面积与平均孔径分析

催化剂	CeO_2	CdS/CeO_2-1	CdS/CeO_2-2	CdS/CeO_2-3	CdS/CeO_2-4	CdS/CeO_2-5
S_{BET}/（m^2/g）	184.1	142.8	132.7	123.9	115.8	112.7
孔径/nm	6.8	6.4	8.9	10.1	7.5	6.8

随后，我们向反应体系中加入自由基捕获剂，进一步探究了反应机理。加入 2,2,6,6-四甲基哌啶-1-氧自由基（TEMPO）作为自由基的捕获剂，异丙醇（IPA）作为·OH 捕获剂，$Mn(OAc)_2$ 和 KI 分别作为 e^- 和 h^+ 的捕获剂。由实验结果（图 6-22）可知，当加入 $Mn(OAc)_2$ 和 KI 时，苯胺的选择性分别会下降到 48%和 85%，说明在该反应中 e^- 和 h^+ 参与反应。由原位红外光谱图（图 6-23）可知，1373 cm^{-1} 和 1556 cm^{-1} 处的峰属于硝基苯的—NO_2 的反对称拉伸振动峰，1640 cm^{-1} 处的峰属于—NH_2 的变形振动，1543 cm^{-1} 属于—N═N 的拉伸峰，1509 cm^{-1} 属于亚硝基苯中—N═O 或者氧化偶氮苯中—N═N—O 的拉伸振动峰[35]。所以，硝基苯还原可能通过了亚硝基苯、苯基羟胺、氧化偶氮苯和偶氮苯中间体。之后为了验证中间体的存在，我们将这些中间体作为底物，在标准反应条件下进行还原反应，结果表明（表 6-10），当使用氧化偶氮苯或者亚硝基苯作为底物时，反应均能顺利进行并生成相应的产物苯胺，再一次证明了亚硝基苯和氧化偶氮苯是该反应的中间体。

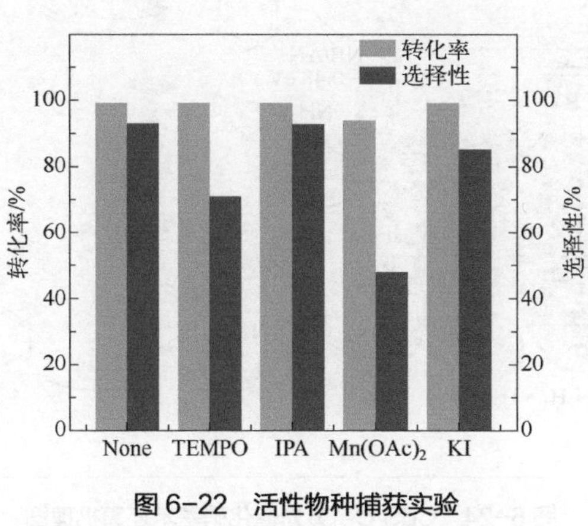

图 6-22　活性物种捕获实验

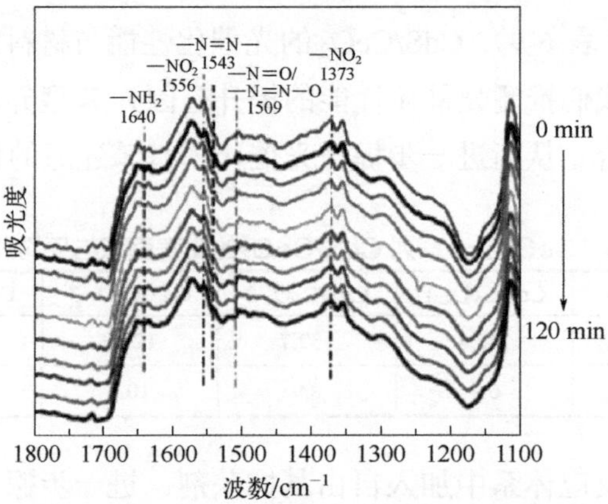

图 6-23　硝基苯还原反应原位红外光谱图

表 6-10　不同底物的光催化活性用于反应途径研究

底物	溶剂	气氛	光源	转化率/%	选择性/%
硝基苯	CH_3CN	N_2	蓝光 LED	>99	94
氧化偶氮苯	CH_3CN	N_2	蓝光 LED	>99	64

反应条件：底物（0.3 mmol），$N_2H_4 \cdot H_2O$（0.9 mmol），催化剂（10 mg），溶剂（4 mL），反应时间为 3 h。

基于以上的实验和表征，我们提出了可能的反应机理（图 6-24）：在光的激发下，CeO_2 和 CdS 产生光生空穴和电子，随后电子分别跃迁至各自的导带上，因为 Z 型异质结的构建，CeO_2 的电子与 CdS 的空穴结合，抑制了催化剂本身的载流子的复合，促进了光生载流子的有效分离和迁移。随后，在空穴的作用下，水合肼

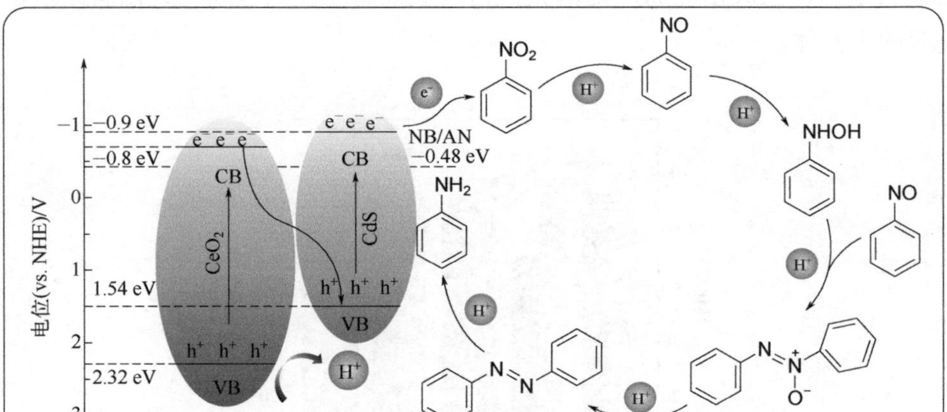

图 6-24　CdS/CeO_2 光催化硝基苯还原机理图

生成了 H^+，硝基苯在 e^-和 H^+的作用下先生成亚硝基苯，然后再生成苯基羟胺，苯基羟胺和亚硝基苯偶联进一步生成氧化偶氮苯和偶氮苯，最后在 H^+的作用下生成苯胺。

6.6 小结

本研究通过系统调控乙酸配位剂浓度及水热反应温度参数，成功制备了具有梯度比表面积的 CeO_2 纳米球催化剂。在硝基苯热催化还原体系中（60 ℃，2 h），该催化剂展现出卓越的催化性能，实现了硝基苯的高效转化（转化率＞99%）与高选择性（98%）定向生成氧化偶氮苯。基于氮气吸附-脱附（BET）的表征分析证实，催化剂比表面积的增大显著提升了活性位点密度，同时优化的孔径分布（3～8 nm）有利于反应物传质与中间产物脱附。进一步结合原位红外光谱技术，揭示了硝基苯经亚硝基苯中间体向氧化偶氮苯转化的逐步脱氧偶联机制。催化剂普适性研究表明，其对含有供电子基（$—CH_3$、$—OCH_3$）与吸电子基（$—NO_2$、—Cl）取代的硝基苯衍生物均保持优异的催化活性（转化率＞95%）。

为突破热催化体系的能源效率限制，创新性地构建了 CdS/CeO_2 Z 型异质结光催化体系。在 N_2 氛围与模拟太阳光谱的蓝色 LED 光源（450 nm）激发下，硝基苯转化率与苯胺选择性分别达到 99%和 93%，且对多取代硝基芳烃展现出良好的官能团兼容性。光电化学表征表明，异质结界面形成的内部电场使瞬态光电流响应提升 3.2 倍，荧光寿命延长至纯 CeO_2 的 5.7 倍，证实其可显著促进光生载流子的空间分离与迁移效率。机理研究表明，Z 型电子传输路径在保留 CeO_2 强氧化能力的同时，有效维持了 CdS 的高还原电势，通过原位红外光谱与电子顺磁共振（ESR）测试，明确了硝基苯经羟基胺中间体逐步加氢生成苯胺的多电子协同反应路径。

参考文献

[1] Yang X-J, Chen B, Zheng L-Q, et al. Highly efficient and selective photocatalytic hydrogenation of functionalized nitrobenzenes[J]. Green Chemistry, 2014, 16(3): 1082-1086.

[2] Song G, Nong D-Z, Li Q, et al. Photochemical synthesis of anilines via Ni-catalyzed coupling of aryl halides with ammonium salts[J]. ACS Catalysis, 2022, 12(24): 15590-15599.

[3] Nie R, Wang J, Wang L, et al. Platinum supported on reduced graphene oxide as a catalyst for hydrogenation of nitroarenes[J]. Carbon, 2012, 50(2): 586-596.

[4] Zuo B, Wang Y, Wang Q, et al. An efficient ruthenium catalyst for selective hydrogenation of ortho-chloronitrobenzene prepared via assembling ruthenium and tin oxide nanoparticles[J]. Journal of Catalysis, 2004, 222(2): 493-498.

[5] Pu Z, Liu Q, Chen C, et al. Promoting surface lattice oxygen and oxygen vacancy of CeO_2 for photothermal methane dry reforming over Ni/CeO_2 catalysts[J]. Chemical Engineering Journal, 2024, 497: 154861.

[6] Colussi S, Fornasiero P, Trovarelli A. Structure-activity relationship in Pd/CeO_2 methane oxidation catalysts[J]. Chinese Journal of Catalysis, 2020, 41(6): 938-950.

[7] Zhang Y, Zhao F, Yang H, et al. Constructing efficient CuO-based CO oxidation catalysts with large specific surface area mesoporous CeO_2 nanosphere support[J]. Nanomaterials, 2024, 14(6): 485.

[8] Wang S, Xue T, Wang Y, et al. Synergistic promotion of phenol hydrogenation by regulating specific surface area and oxygen vacancies based on the morphology dependent effect[J]. Chemical Engineering Journal, 2025, 503: 158335.

[9] Zhang K, Pu Q, Wang J, et al. Promoted oxygen adsorption on porous CeO_2 cubes with abundant oxygen vacancies for efficient gaseous formaldehyde removal[J]. Chemosphere, 2024, 361: 142576.

[10] Li J, Zhang Z, Tian Z, et al. Low pressure induced porous nanorods of ceria with high reducibility and large oxygen storage capacity: synthesis and catalytic applications[J]. Journal of Materials Chemistry A, 2014, 2(39): 16459-16466.

[11] Wang X, Li X, Tian B, et al. Immobilization of bismuth oxychloride on cellulose nanocrystal for photocatalytic sulfonylation of arylacetylenic acids with sodium arylsulfinates under visible light. Arabian Journal of Chemistry 2022, 15 (5): 103708-103719.

[12] Chen W, Liang X, Guan S, et al. Photosynthesis of alkynyl sulfone on BiOI promoted by oxygen vacancy associates. Nano Research, 2025, 18(5): 94907348-94907356.

[13] Xu C, Ravi Anusuyadevi P, Aymonier C, et al. Nanostructured materials for photocatalysis[J]. Chemical Society Reviews, 2019, 48(14): 3868-3902.

[14] Fukui M, Koshida W, Tanaka A, et al. Photocatalytic hydrogenation of nitrobenzenes to anilines over noble metal-free TiO_2 utilizing methylamine as a hydrogen donor[J]. Applied Catalysis B: Environmental, 2020, 268: 118446.

[15] Guo X, Ma J. Photodeposition of highly dispersed MoS_2 nanosheets on CdS nanorods with enhanced photocatalytic activity for reduction of *p*-nitroaniline to *p*-phenylenediamine[J]. Journal of Environmental Chemical Engineering, 2024, 12(1): 111796.

[16] Yan Y-Q, Wu Y-Z, Wu Y-H, et al. Recent advances of CeO_2-based composite materials for photocatalytic applications[J]. ChemSusChem, 2024, 17(14): e202301778.

[17] Li H, Tu W, Zhou Y, et al. Z-scheme photocatalytic systems for promoting photocatalytic performance: recent progress and future challenges[J]. Advanced Science, 2016, 3(11): 1500389.

[18] Yang J, Yang L, Fang M, et al. A compact Z-scheme heterojunction of BiOCl/Bi_2WO_6 for efficiently photocatalytic degradation of gaseous toluene[J]. Journal of Colloid and Interface Science, 2023, 631: 44-54.

[19] Zhao W, Feng Y, Huang H, et al. A novel Z-scheme Ag_3VO_4/$BiVO_4$ heterojunction photocatalyst: study on the excellent photocatalytic performance and photocatalytic mechanism[J]. Applied

Catalysis B: Environmental, 2019, 245: 448-458.

[20] Cheng L, Xiang Q, Liao Y, et al. CdS-based photocatalysts[J]. Energy & Environmental Science, 2018, 11(6): 1362-1391.

[21] Ma Y, Ou P, Wang Z, et al. Interface engineering in CeO_2 (111) facets decorated with CdSe quantum dots for photocatalytic hydrogen evolution[J]. Journal of Colloid and Interface Science, 2020, 579: 707-713.

[22] Wang H, Liao B, Lu T, et al. Enhanced visible-light photocatalytic degradation of tetracycline by a novel hollow BiOCl@CeO_2 heterostructured microspheres: structural characterization and reaction mechanism[J]. Journal of Hazardous Materials, 2020, 385: 121552.

[23] Jiang D, Wang W, Zheng Y, et al. Enhanced photon-to-electron conversion and improved water resistance of hydrogenated ceria in photocatalytic oxidation at gas–solid interface[J]. Applied Catalysis B: Environmental, 2016, 191: 86-93.

[24] Xia H, Dang C, Zhou D, et al. Lamellar cross-linking Ni/CeO_2 as an efficient and durable catalyst for dry reforming of methane[J]. Chemical Engineering Journal, 2024, 489: 151365.

[25] Zhu C, He Q, Wang W, et al. S-scheme photocatalysis induced by $ZnIn_2S_4$ nanoribbons-anchored hierarchical CeO_2 hollow spheres for boosted hydrogen evolution[J]. Journal of Colloid and Interface Science, 2022, 620: 253-262.

[26] Yang S, Shen H, Cheng F, et al. Organometallic precursor induced defect-enriched mesoporous CeO_2 with high specific surface area: preparation and catalytic performance[J]. Journal of Materials Chemistry A, 2020, 8(28): 14006-14014.

[27] Eslek Koyuncu D. D, Okur M. Removal of AV 90 dye using ordered mesoporous carbon materials prepared via nanocasting of KIT-6: adsorption isotherms, kinetics and thermodynamic analysis[J]. Separation and Purification Technology, 2021, 257: 117657.

[28] Meng Q, Liang X, Guo H, et al. Facile preparation of CeO_2 and Co_3O_4 hollow composite with abundant oxygen vacancies and high surface area for improved acetone sensing[J]. Materials Research Bulletin, 2024, 170: 112551.

[29] Zhang T, Xie Z, Jiang L, et al. Selective transfer hydrogenation coupling of nitroaromatics to azoxy/azo compounds by electron-enriched single Ni-N_4 sites on mesoporous N-doped carbon[J]. Chemical Engineering Journal, 2022, 443: 136416.

[30] Ma C, Zhou Y, Yan W, et al. Predominant catalytic performance of nickel nanoparticles embedded into nitrogen-doped carbon quantum dot-based nanosheets for the nitroreduction of halogenated nitrobenzene[J]. ACS Sustainable Chemistry & Engineering, 2022, 10(25): 8162-8171.

[31] Zhou X, Yang Y, Wang J, et al. Enhancing nitrobenzene reduction to azoxybenzene by regulating the O-vacancy defects over rationally tailored CeO_2 nanocrystals[J]. Applied Surface Science, 2022, 572: 151343.

[32] Wu B, Lin T, Yang R, et al. Ru single atoms for efficient chemoselective hydrogenation of nitrobenzene to azoxybenzene[J]. Green Chemistry, 2021, 23(13): 4753-4761.

[33] Zhou X, Zhao H, Liu S, et al. The relationship of morphology and catalytic performance of CeO_2 catalysts for reducing nitrobenzene to azoxybenzene under the base-free condition[J]. Chinese Chemical Letters, 2021, 32(2): 761-764.

[34] Nielsen J. U, Esplandiu M. J, Kolb D. M. 4-nitrothiophenol SAM on Au(111) investigated by in

situ STM, electrochemistry, and XPS[J]. Langmuir, 2001, 17(11): 3454-3459.

[35] Dai Y, Li C, Shen Y, et al. Light-tuned selective photosynthesis of azo- and azoxy-aromatics using graphitic C_3N_4[J]. Nature Communications, 2018, 9(1): 60.

[36] Zhao Y, Xu T, Bai X, et al. Selective electrochemical hydrogenation of nitrobenzene to aniline coupled with efficient 5-hydroxymethylfurfural oxidation in aqueous electrolyte using a broccoli-like CuNi catalyst[J]. Chemical Engineering Journal, 2024, 482: 149054.

[37] Zhang P, Gao D, Tang X, et al. Ordered van der waals hetero-nanoribbon from pressure-induced topochemical polymerization of azobenzene[J]. Journal of the American Chemical Society, 2023, 145(12): 6845-6852.

[38] Xie Y, Liu D, Wang B, et al. Monolayer $Bi_2W_1{-}xMo_xO_6$ solid solutions for structural polarity to boost photocatalytic reduction of nitrobenzene under visible light[J]. ACS Sustainable Chemistry & Engineering, 2021, 9(6): 2465-2474.

[39] Shi Y, Wang H, Wang Z, et al. Pt decorated hierarchical Sb_2WO_6 microspheres as a surface functionalized photocatalyst for the visible-light-driven reduction of nitrobenzene to aniline[J]. Journal of Materials Chemistry A, 2020, 8(36): 18755-18766.

[40] Tang W, Liu Y, Jin Y, et al. Photocatalytic reduction of nitrobenzene to aniline by an Intriguing {$Ru(C_6H_6)$}-based heteropolytungstate[J]. Inorganic Chemistry, 2024, 63(14): 6260-6267.

[41] Huang H, Yu G, Zhao X, et al. Atomic Ni directional-substitution on $ZnIn_2S_4$ nanosheet to achieve the equilibrium of elevated redox capacity and efficient carrier-kinetics performance in photocatalysis[J]. Journal of Energy Chemistry, 2024, 88: 272-281.

[42] Roy P, Periasamy A. P, Liang C-T, et al. Synthesis of gaphene-ZnO-Au nanocomposites for efficient photocatalytic reduction of nitrobenzene[J]. Environmental Science & Technology, 2013, 47(12): 6688-6695.

[43] Xie Y, Shang X, Liu D, et al. Non-noble metal thickness-tunable Bi_2MoO_6 nanosheets for highly efficient visible-light-driven nitrobenzene reduction into aniline[J]. Applied Catalysis B: Environmental, 2019, 259: 118087.

[44] Du C, Nie S, Feng W, et al. Hydroxyl regulating effect on surface structure of BiOBr photocatalyst toward high-efficiency degradation performance[J]. Chemosphere, 2022, 287: 132246.

[45] Jiao J, Sun H, Si C, et al. Photocatalytic multielectron reduction of nitroarenes to anilines by utilizing an electron-storable polyoxometalate-based metal–organic framework[J]. ACS Applied Materials & Interfaces, 2022, 14(14): 16386-16393.

附录 1 盐酸四环素降解小分子中间体 P1～P12 的质谱图

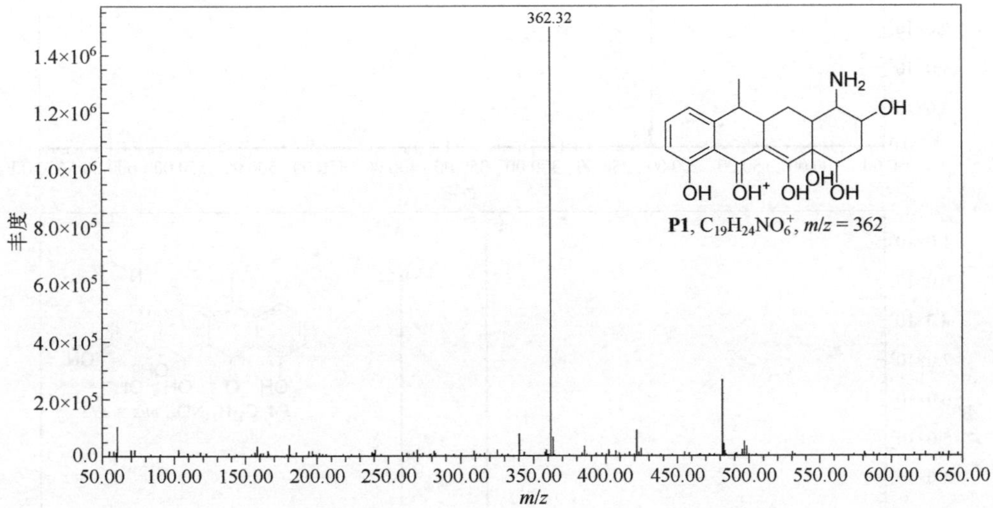

P1, $C_{19}H_{24}NO_6^+$, *m/z* = 362

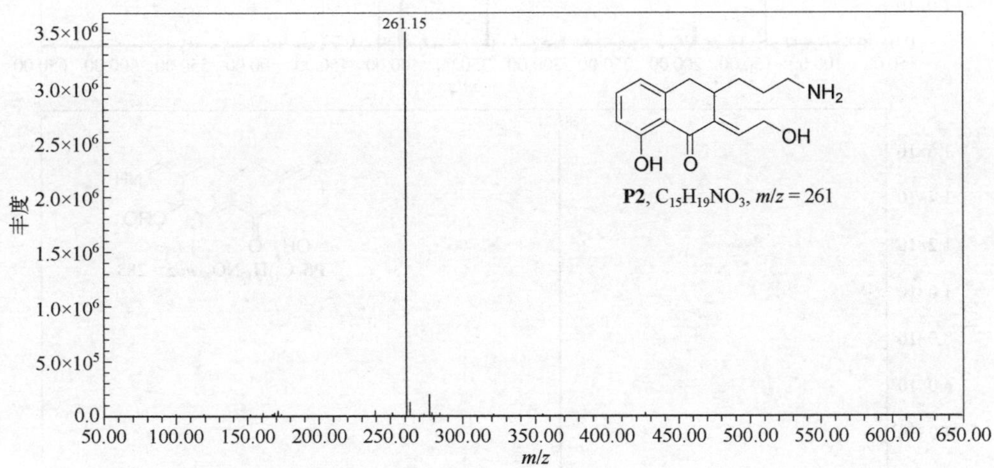

P2, $C_{15}H_{19}NO_3$, *m/z* = 261

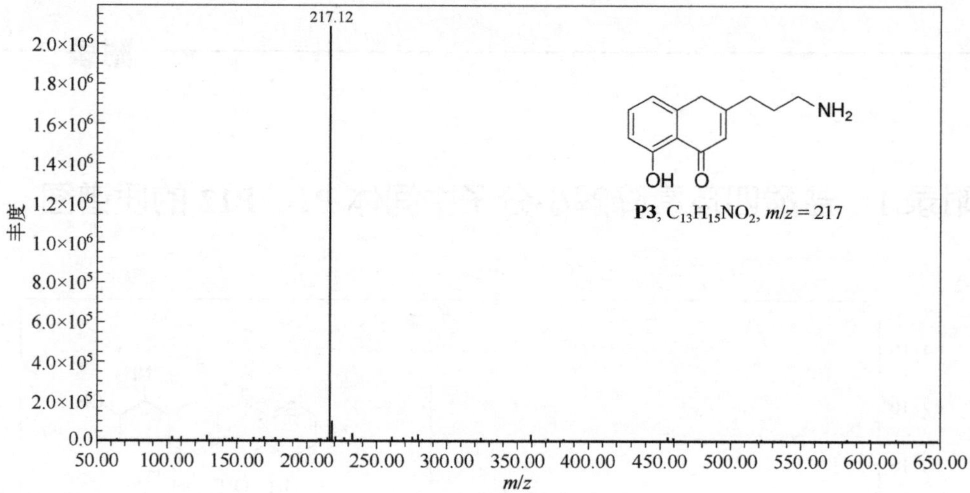
217.12
丰度
m/z
P3, $C_{13}H_{15}NO_2$, m/z = 217
NH₂
OH O

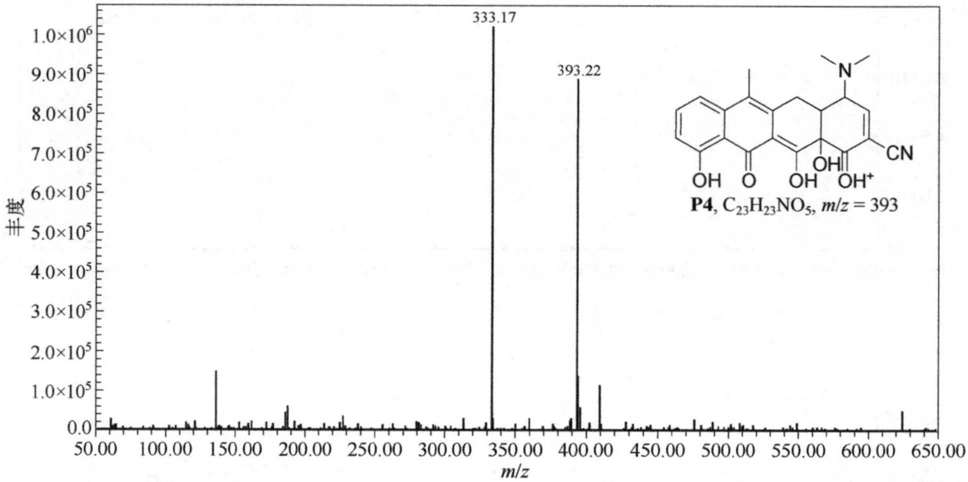
333.17
393.22
丰度
m/z
P4, $C_{23}H_{23}NO_5$, m/z = 393
CN
OH O OH OH OH⁺

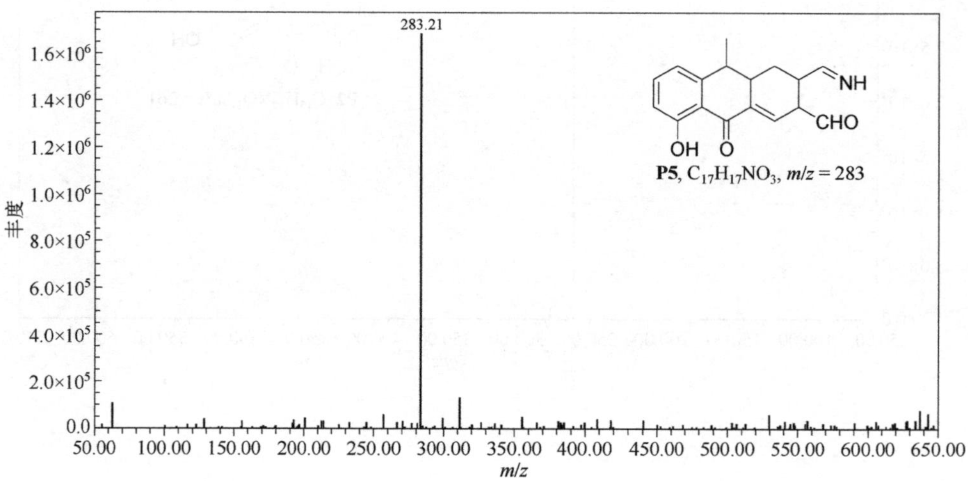
283.21
丰度
m/z
P5, $C_{17}H_{17}NO_3$, m/z = 283
NH
CHO
OH O

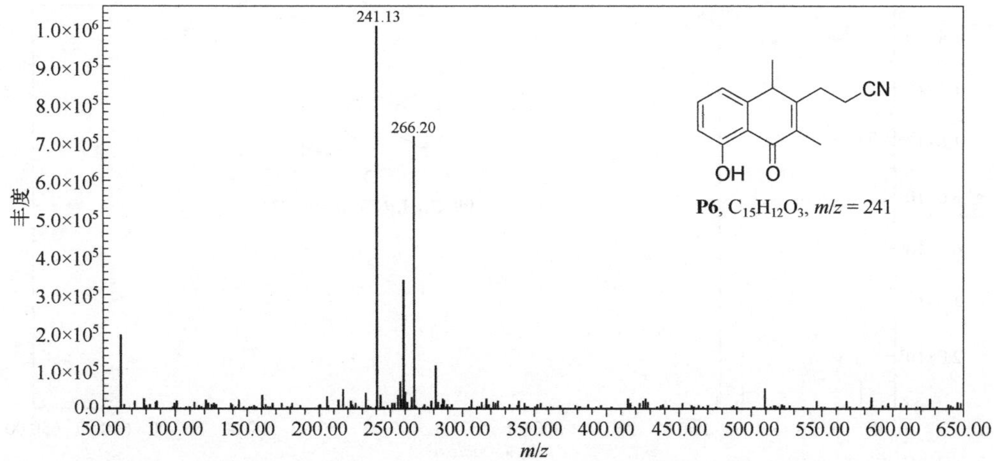

241.13
266.20
丰度
m/z
P6, $C_{15}H_{12}O_3$, m/z = 241

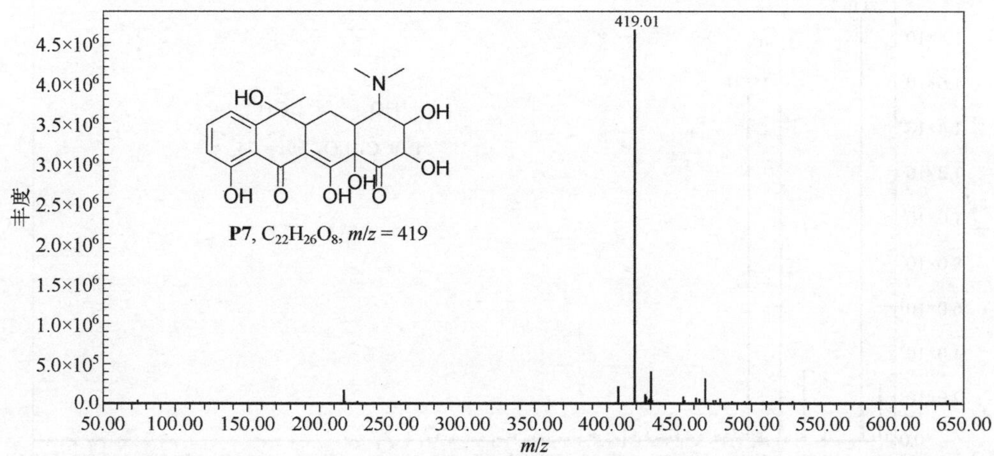

419.01
丰度
m/z
P7, $C_{22}H_{26}O_8$, m/z = 419

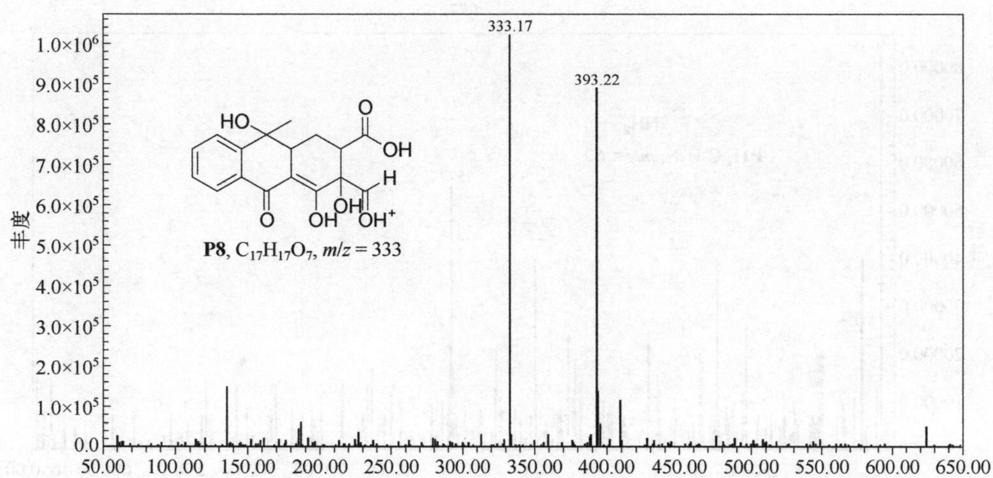

333.17
393.22
丰度
m/z
P8, $C_{17}H_{17}O_7$, m/z = 333

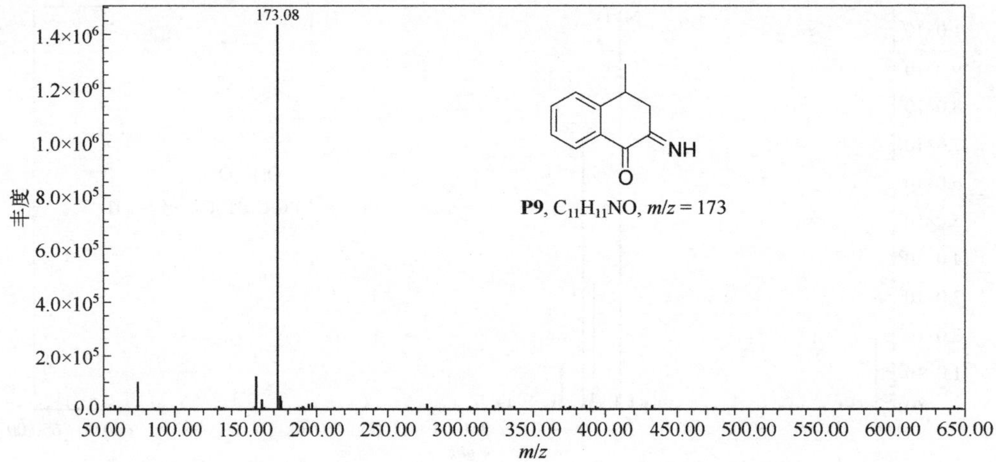
173.08
NH
O
P9, $C_{11}H_{11}NO$, m/z = 173
丰度
m/z

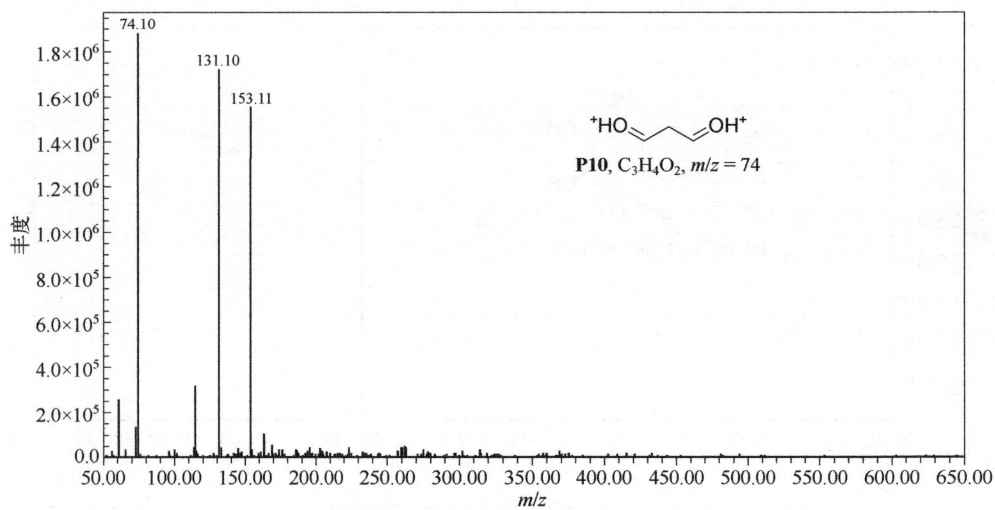
74.10
131.10
153.11
^{+}HO
OH^{+}
P10, $C_3H_4O_2$, m/z = 74
丰度
m/z

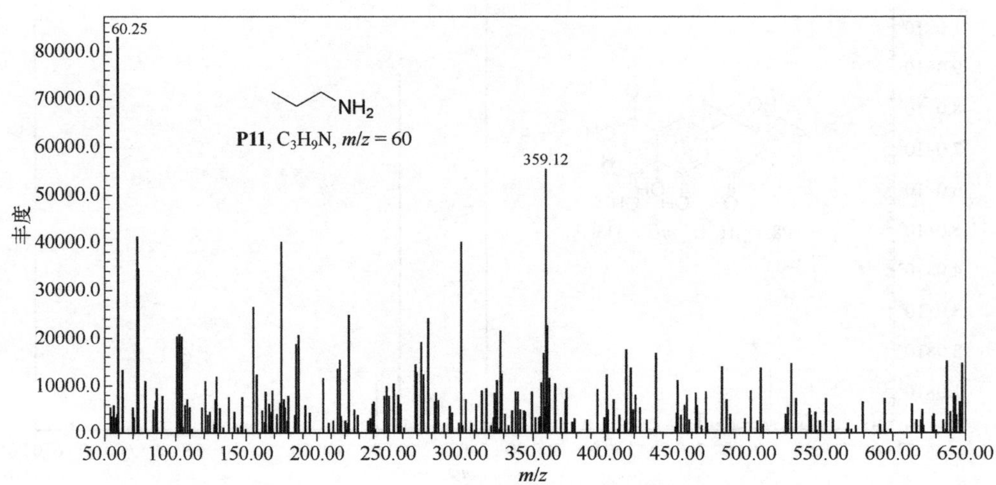
60.25
NH_2
P11, C_3H_9N, m/z = 60
359.12
丰度
m/z

附录 2　硝基苯还原为氧化偶氮苯产物的核磁共振波谱图

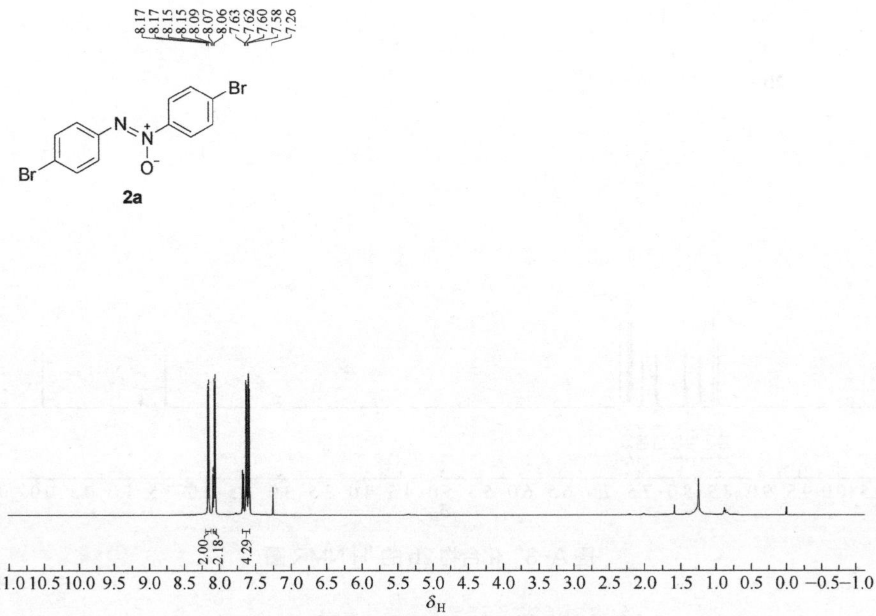

图 A-1　化合物 2a 的 ^{1}H NMR 图

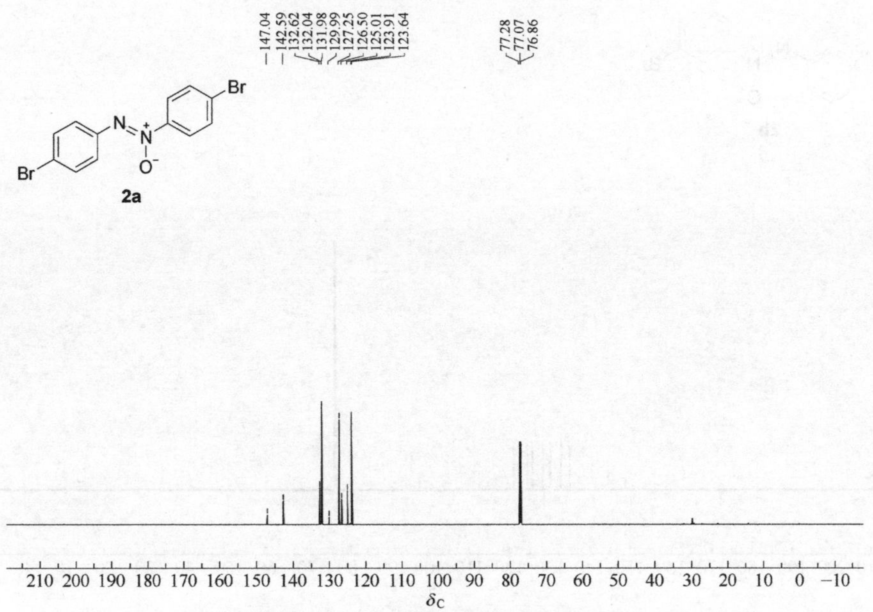

图 A-2　化合物 2a 的 ^{13}C NMR 图

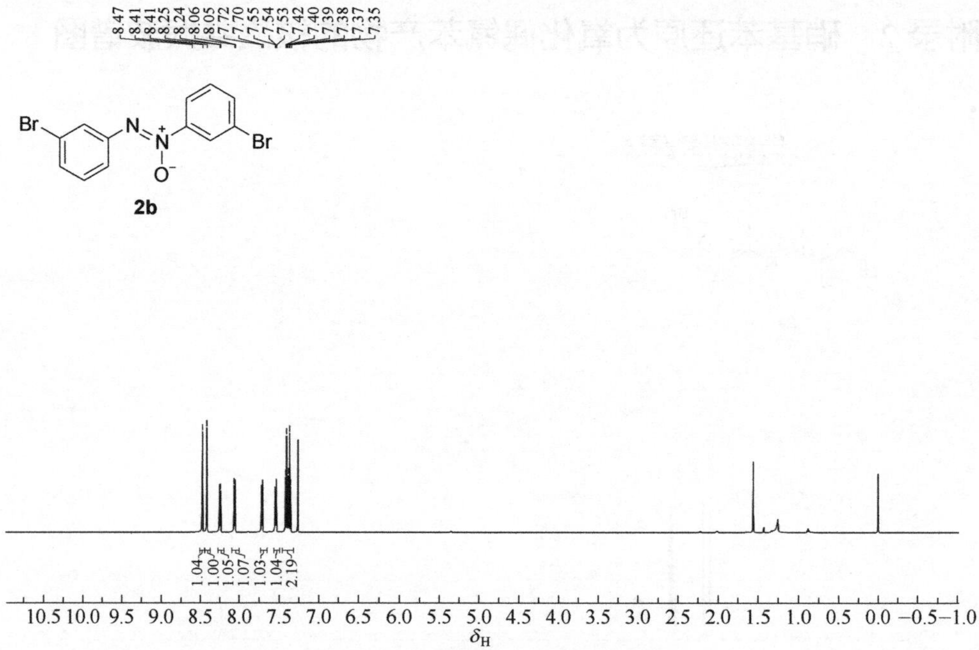

图 A-3　化合物 2b 的 ^{1}H NMR 图

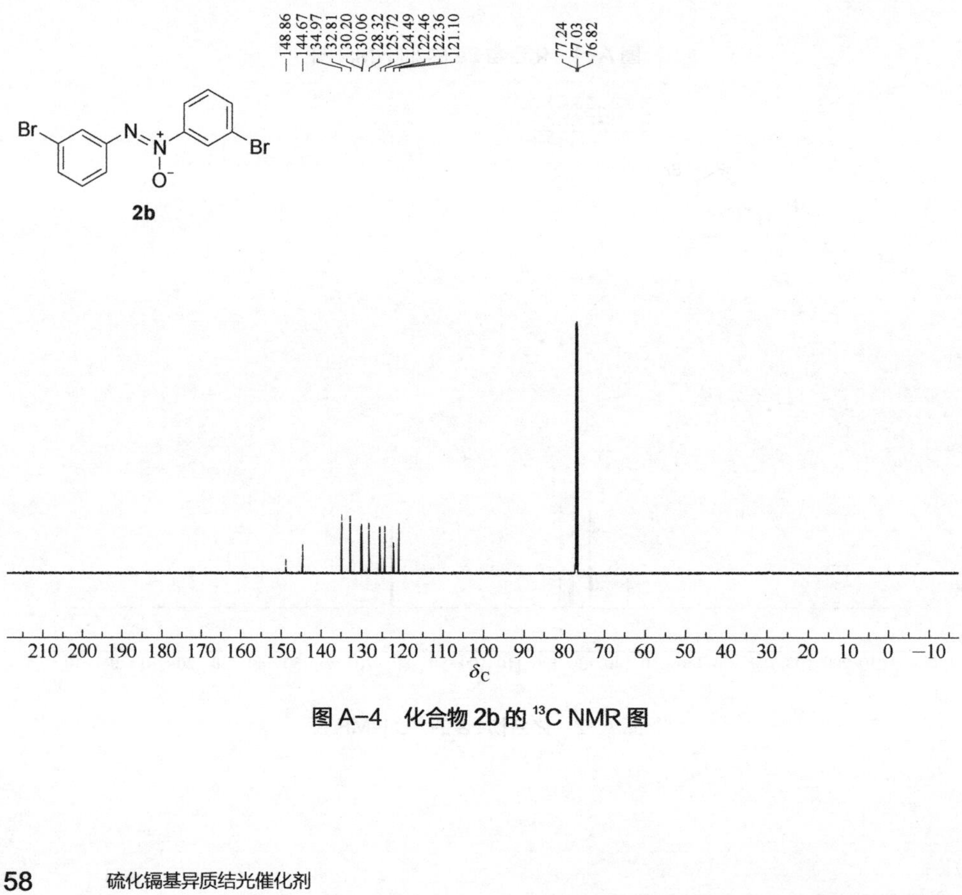

图 A-4　化合物 2b 的 ^{13}C NMR 图

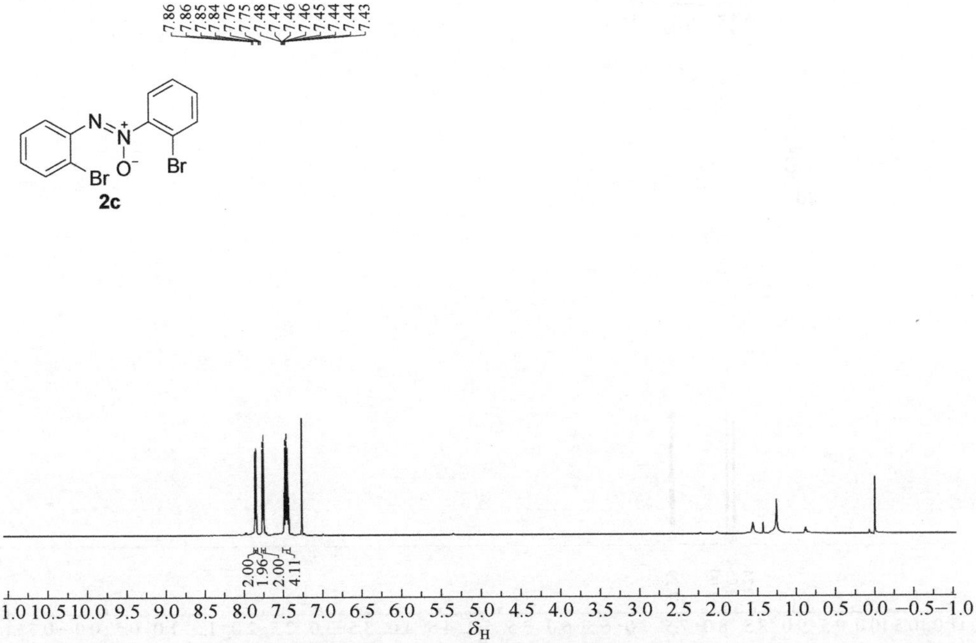

图 A-5 化合物 2c 的 ^{1}H NMR 图

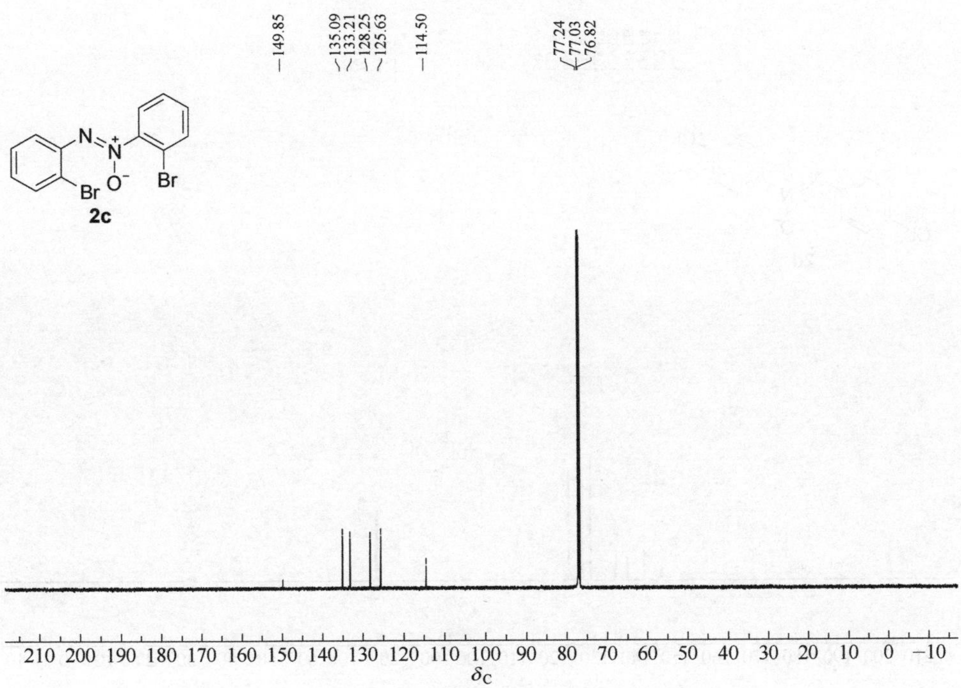

图 A-6 化合物 2c 的 ^{13}C NMR 图

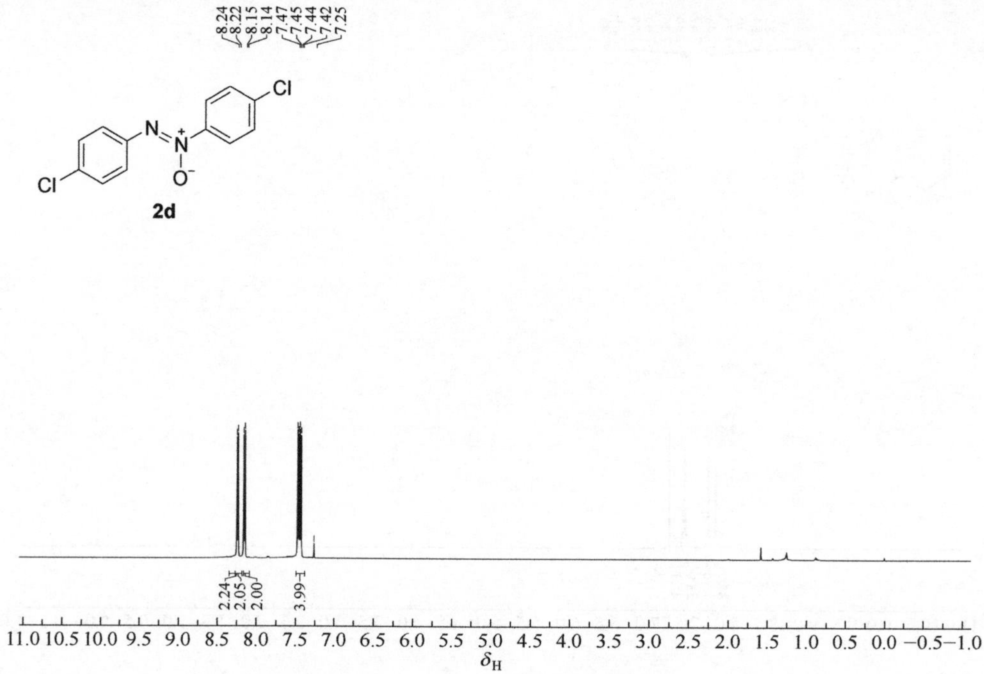

图 A-7 化合物 2d 的 ^{1}H NMR 图

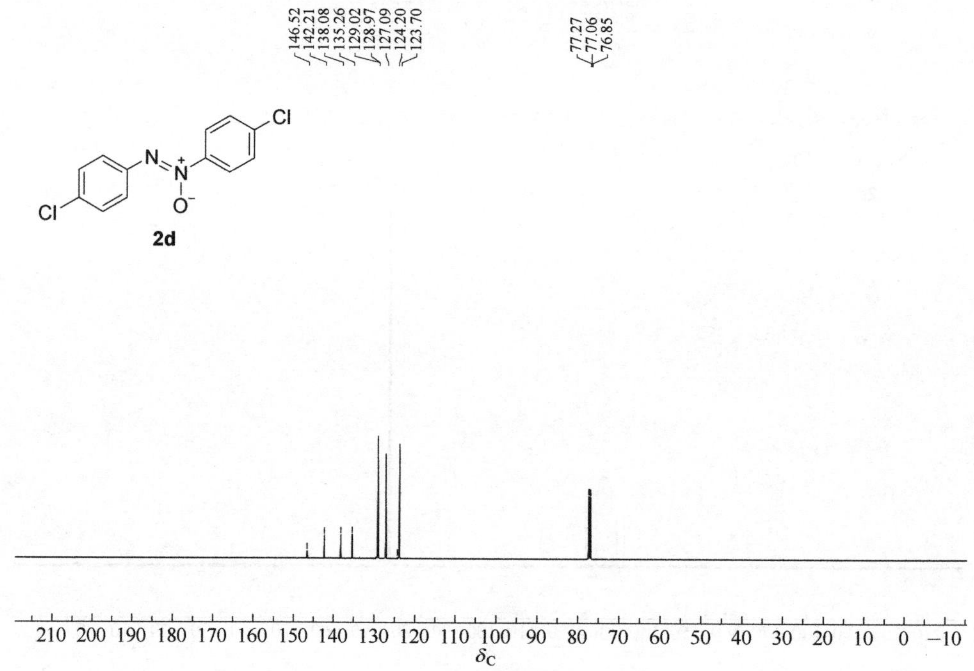

图 A-8 化合物 2d 的 ^{13}C NMR 图

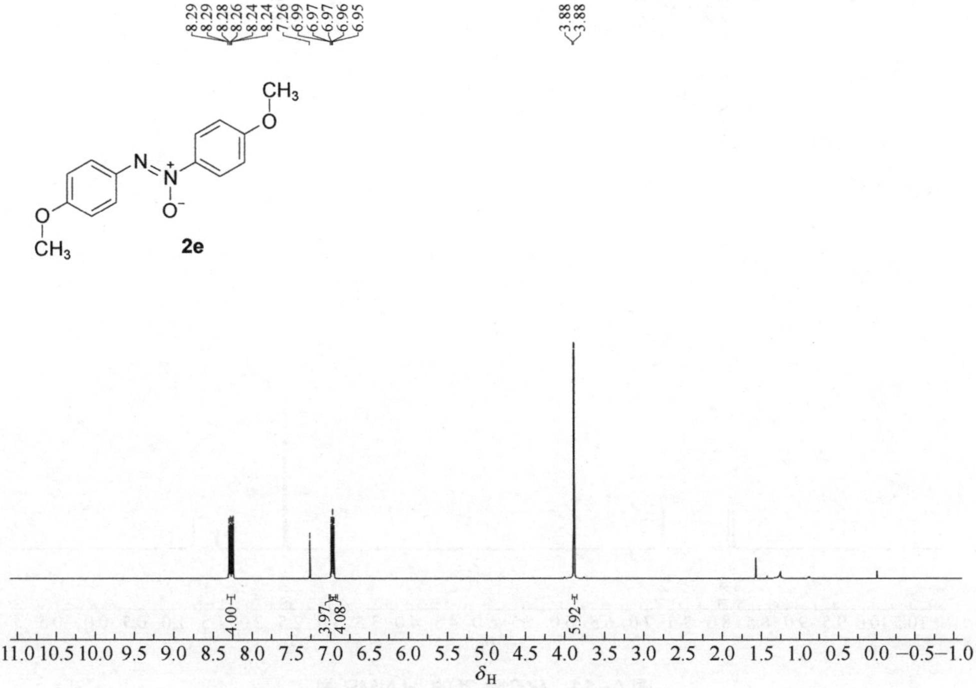

图 A-9　化合物 2e 的 ¹H NMR 图

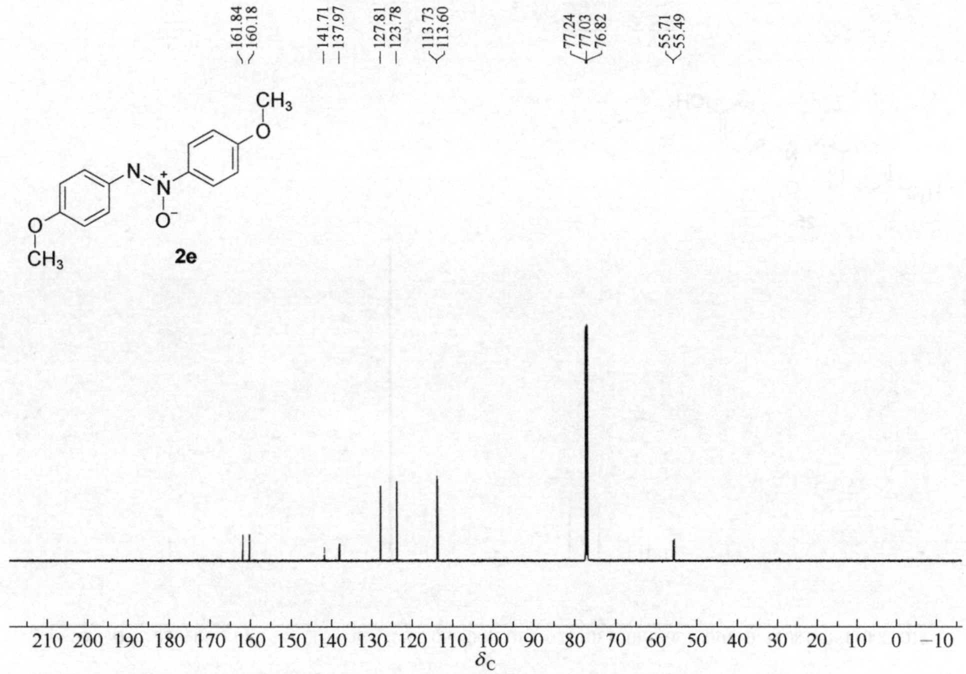

图 A-10　化合物 2e 的 ¹³C NMR 图

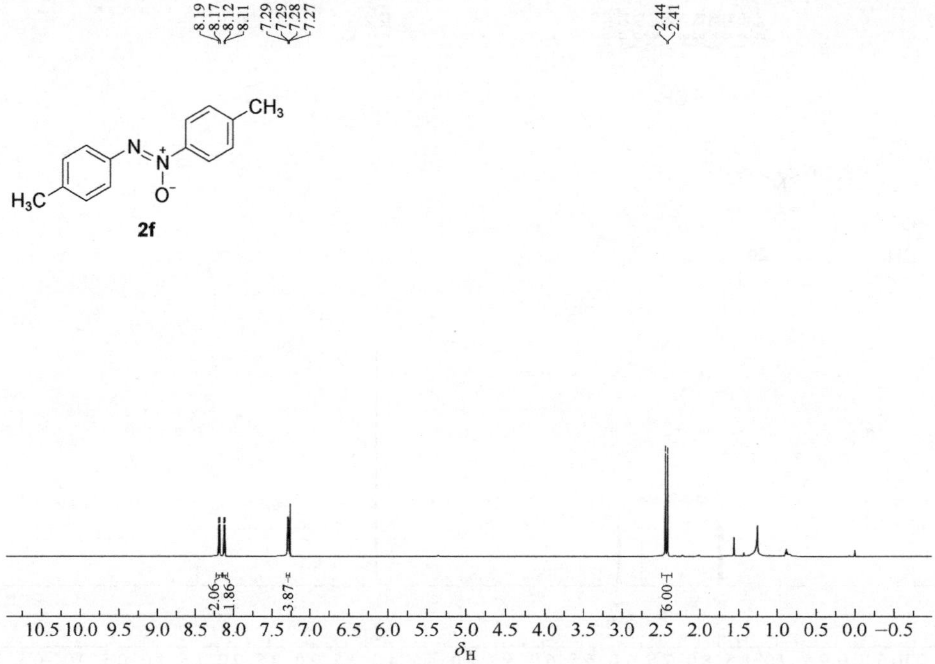

图 A-11 化合物 2f 的 ^{1}H NMR 图

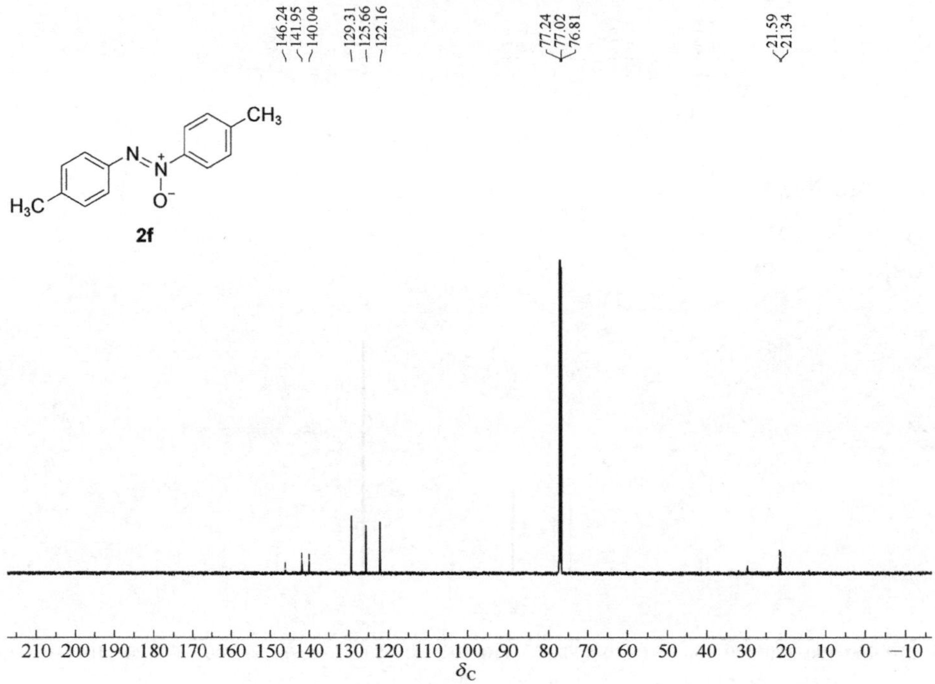

图 A-12 化合物 2f 的 ^{13}C NMR 图

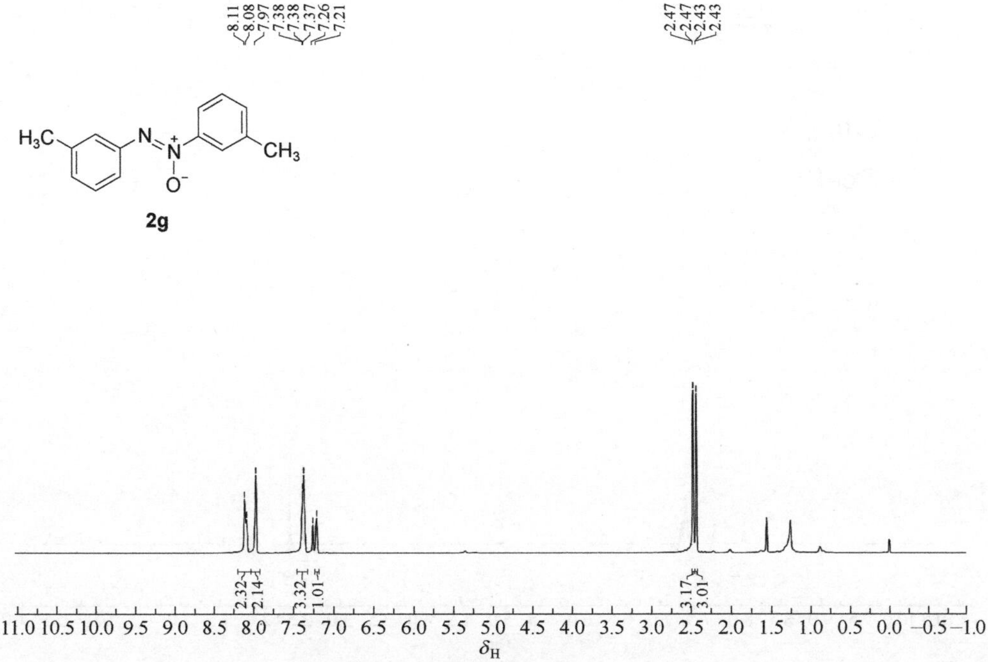

图 A-13　化合物 2g 的 ¹H NMR 图

图 A-14　化合物 2g 的 ¹³C NMR 图

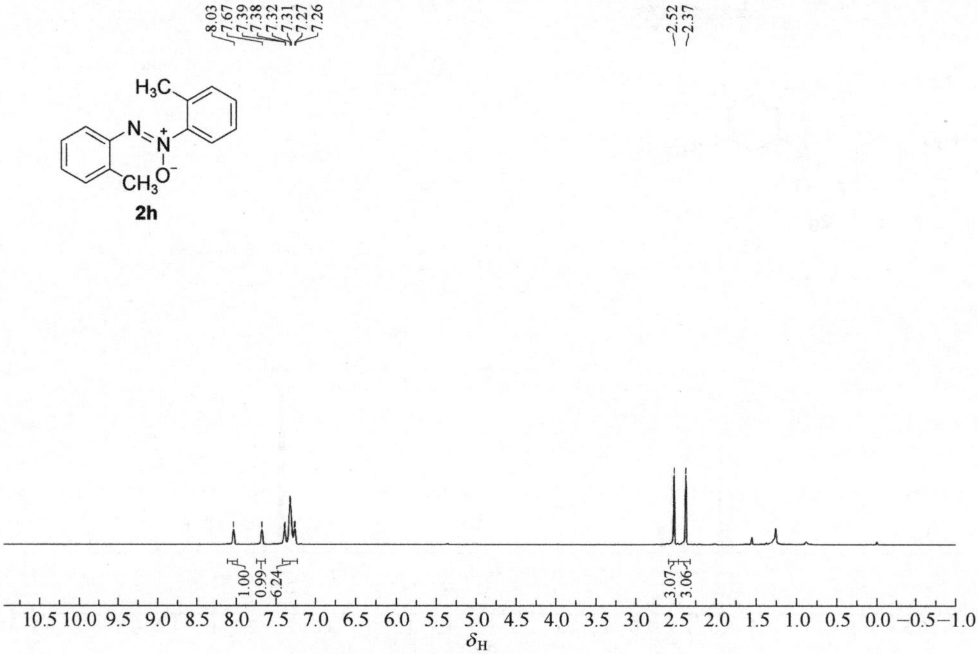

图 A-15 化合物 2h 的 ^{1}H NMR 图

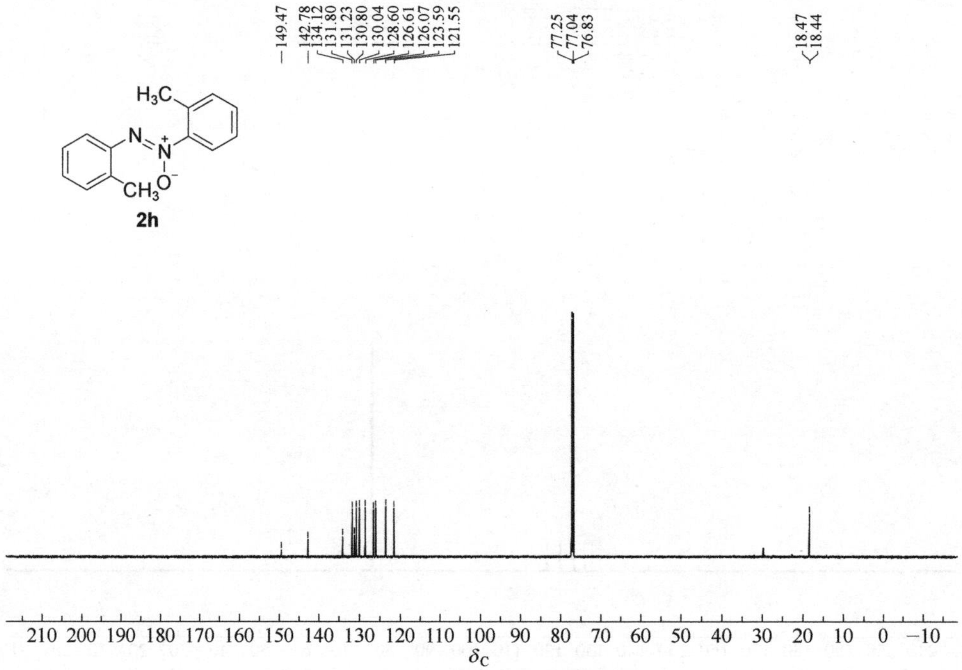

图 A-16 化合物 2h 的 ^{13}C NMR 图

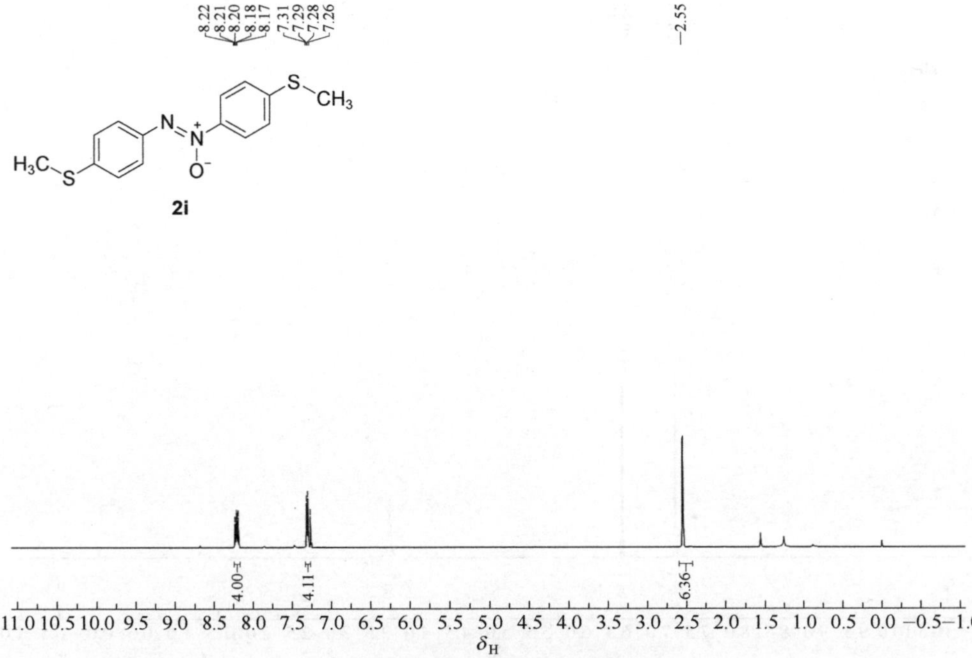

图 A-17　化合物 2i 的 ^{1}H NMR 图

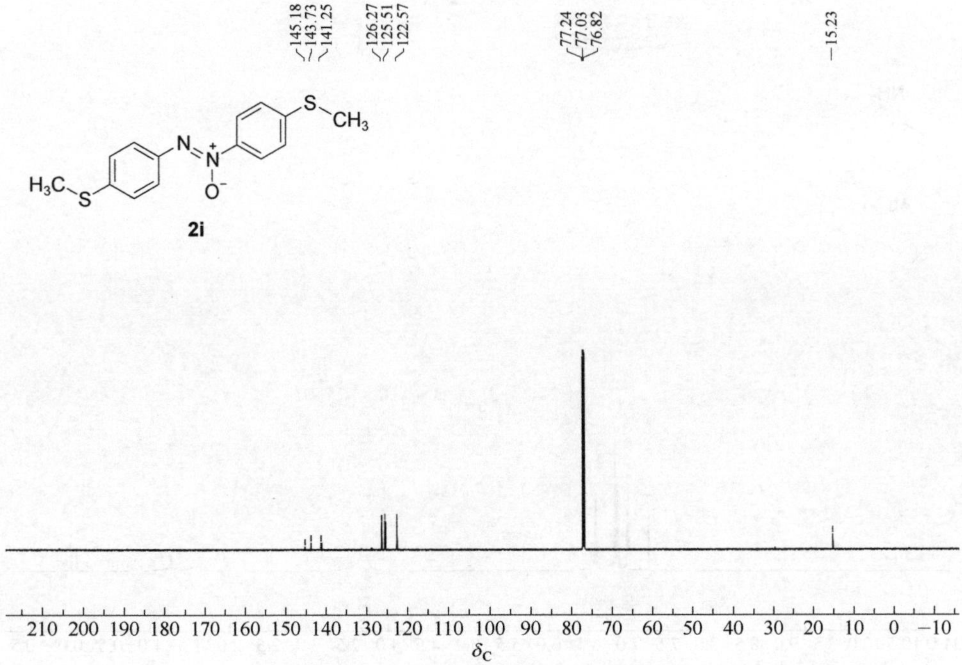

图 A-18　化合物 2i 的 ^{13}C NMR 图

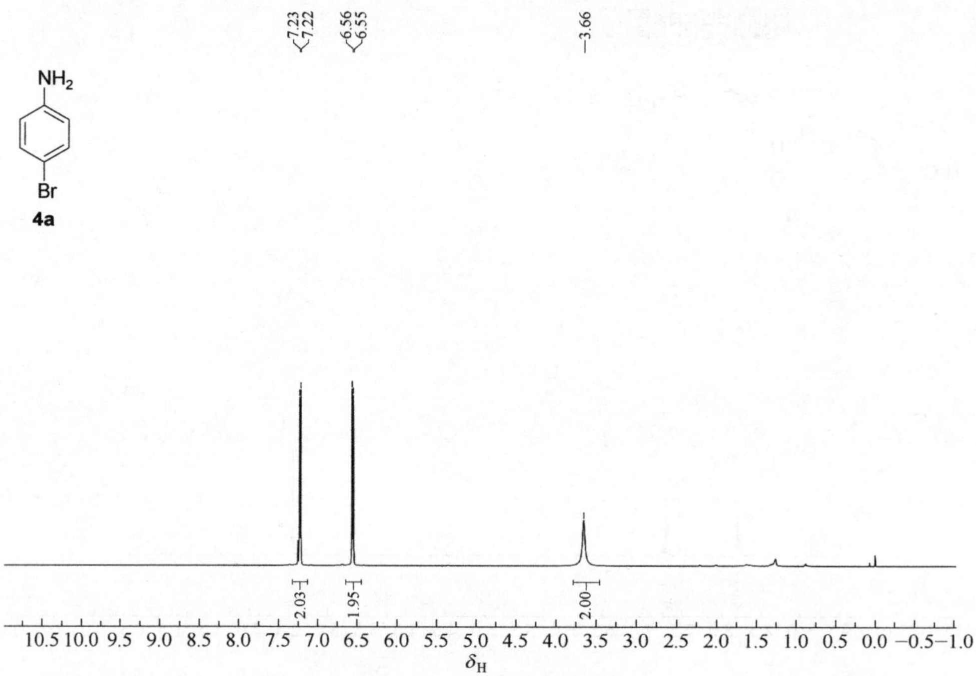

图 A-19 化合 4a 的 ^{1}H NMR 图

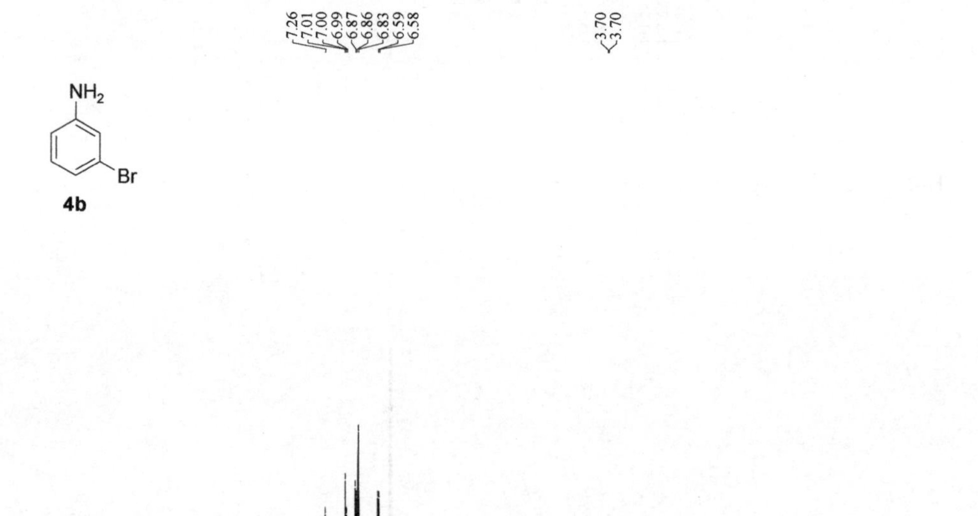

图 A-20 化合 4b 的 ^{1}H NMR 图

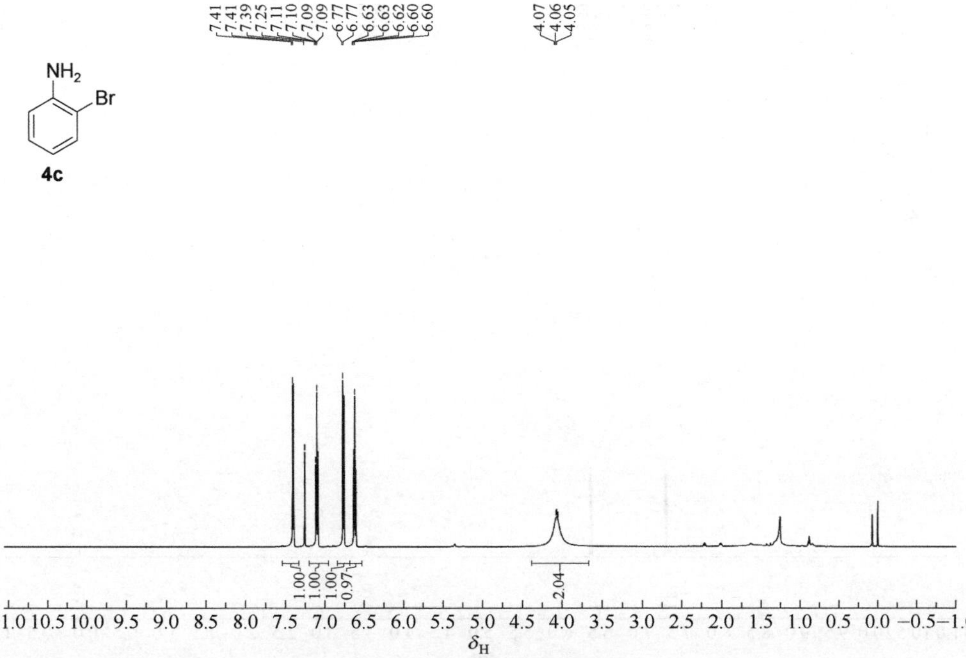

图 A-21 化合 4c 的 ^{1}H NMR 图

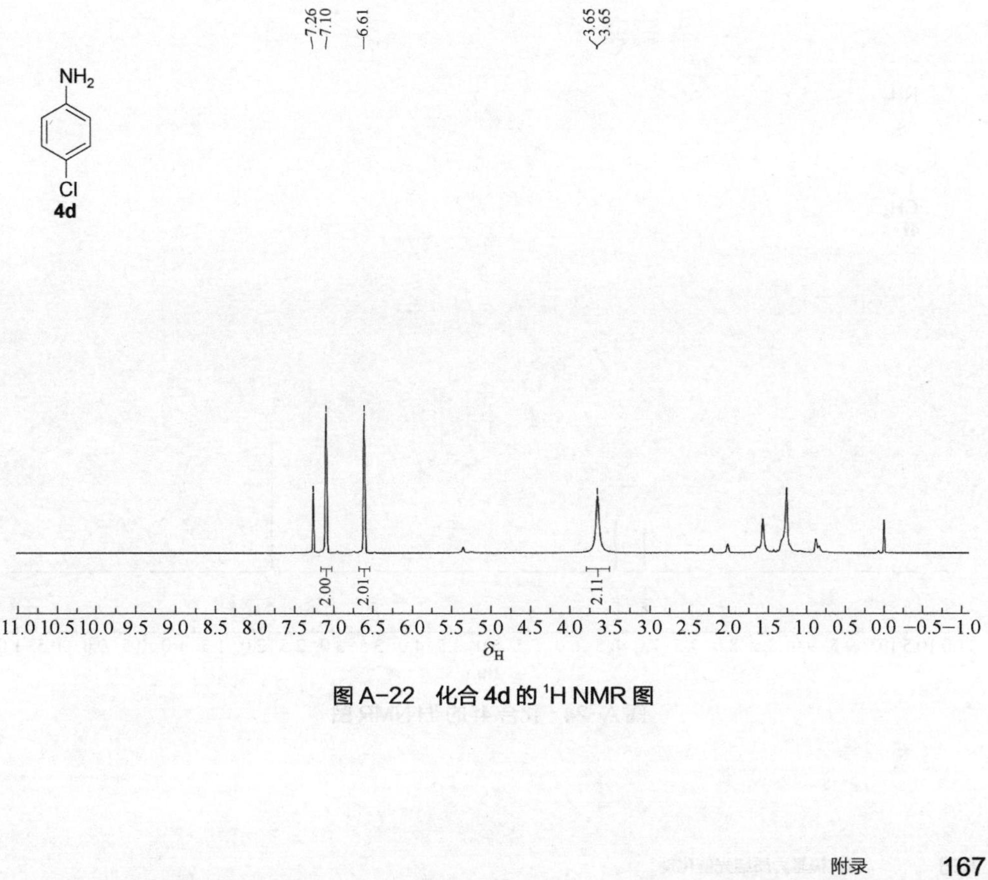

图 A-22 化合 4d 的 ^{1}H NMR 图

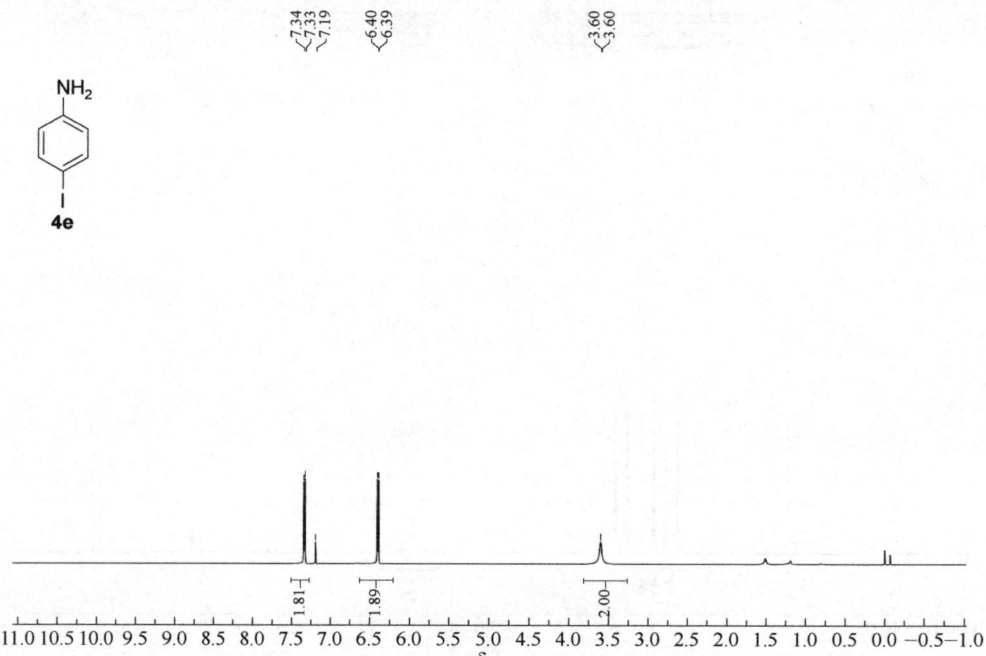

图 A-23 化合 4e 的 ^{1}H NMR 图

图 A-24 化合 4f 的 ^{1}H NMR 图

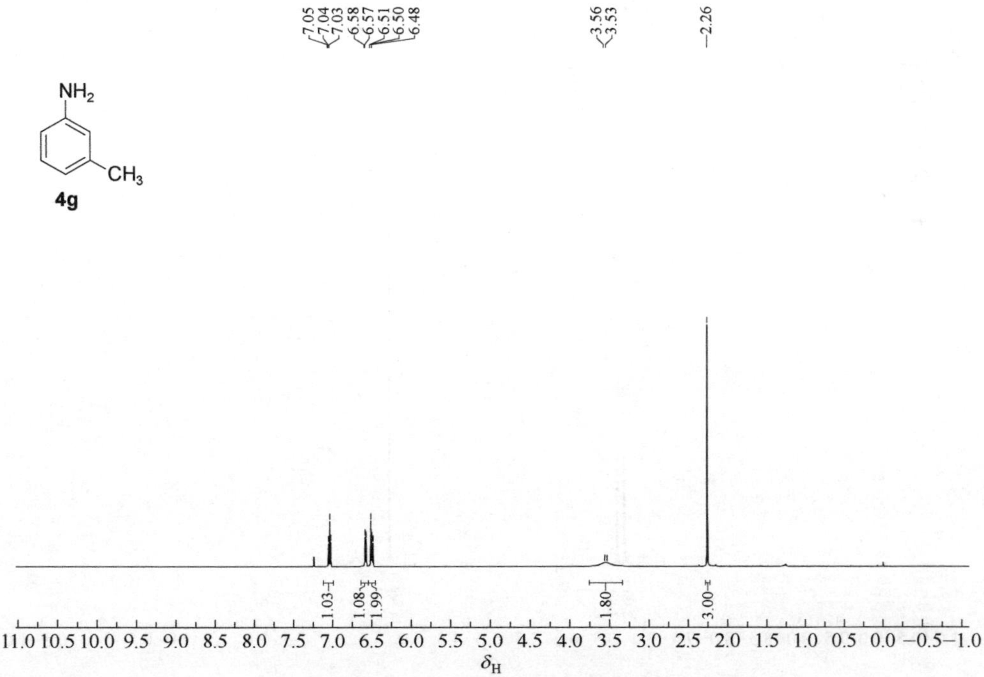

图 A-25 化合 4g 的 ¹H NMR 图

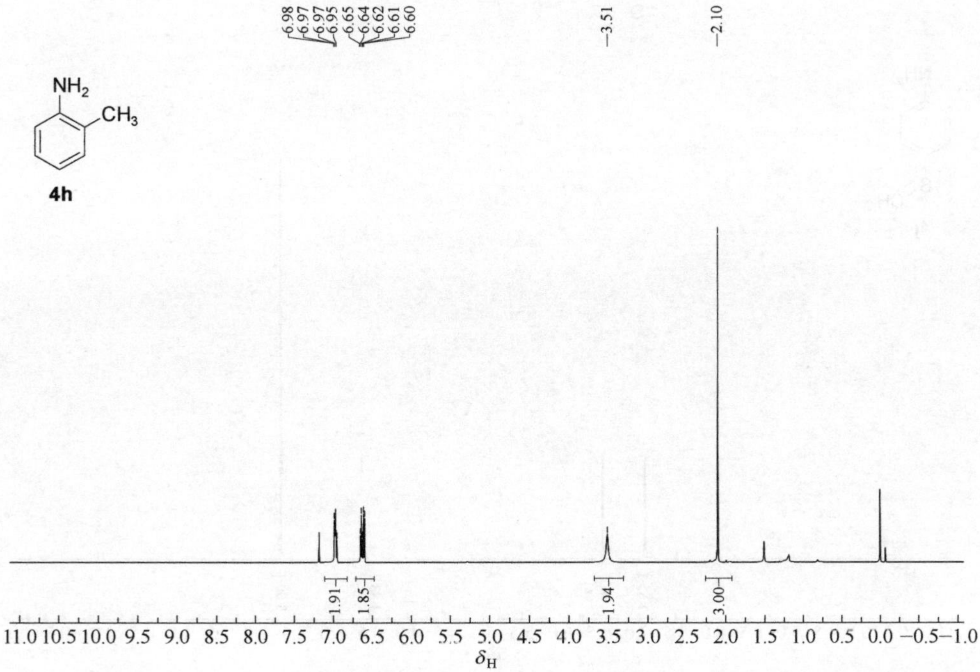

图 A-26 化合 4h 的 ¹H NMR 图

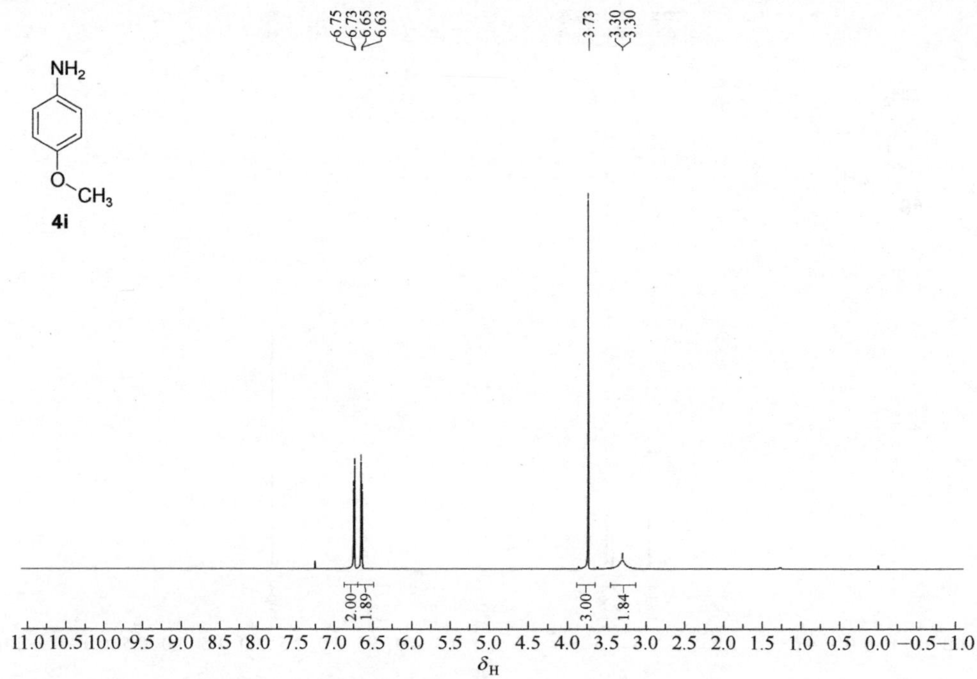

图 A-27 化合 4i 的 ^{1}H NMR 图

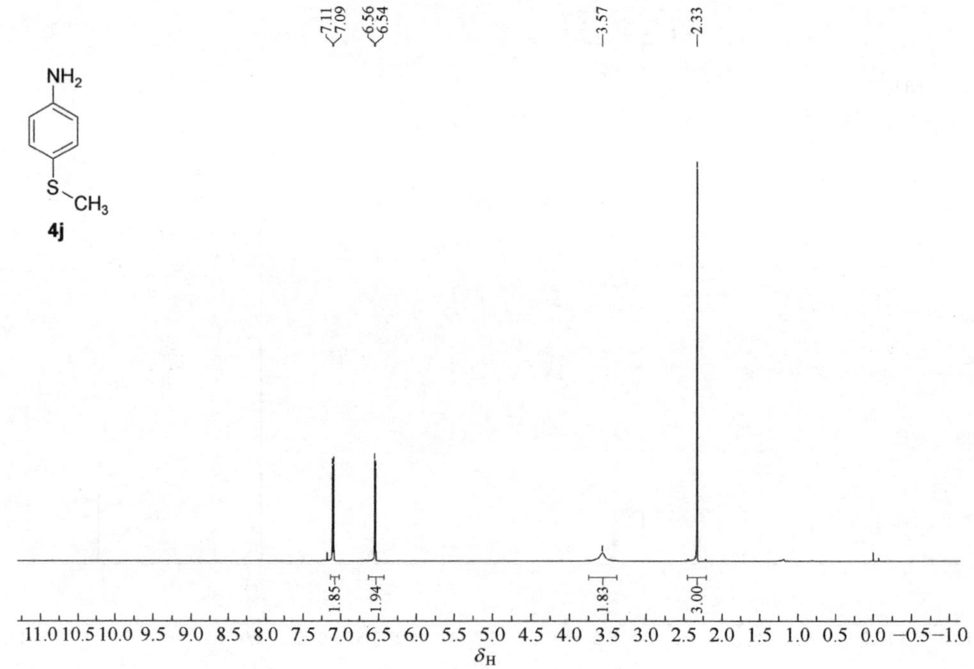

图 A-28 化合 4j 的 ^{1}H NMR 图